李丽霞　杨宗强　何敏禄　主编

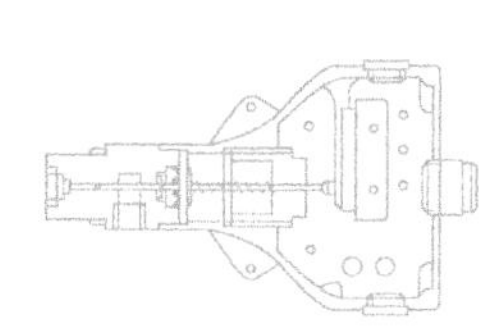
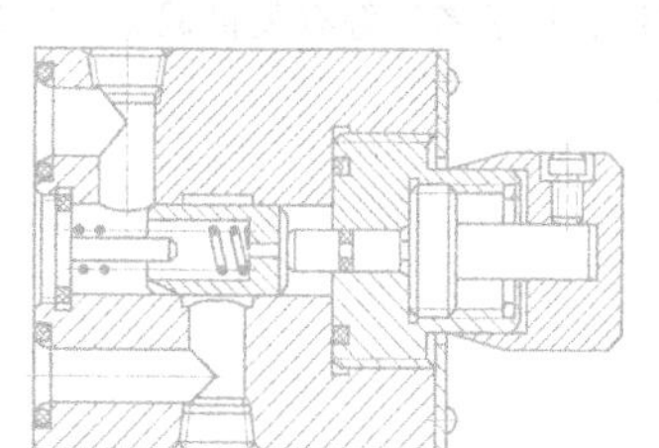

图解液压技术基础

TUJIE
YEYA JISHU JICHU

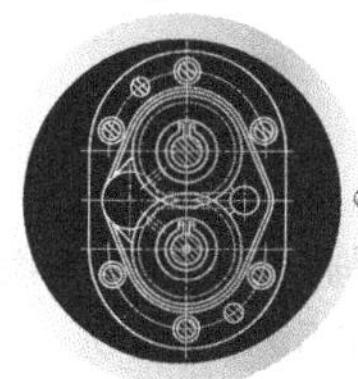
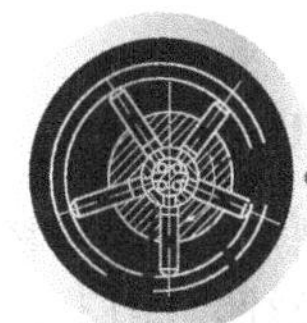
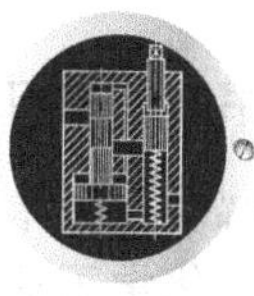

化学工业出版社

·北京·

本书采用图解的形式、用生动的语言由浅入深地介绍液压知识，介绍了液压元件的外观、工作原理和内部结构等液压技术基础知识以及液压元件、液压回路以及液压系统的故障分析和排除、典型回路设计禁忌等。

本书可作为普通大中专院校机电一体化、自动化、机械制造等专业师生的教材或参考用书，也可作为成人高校、自学考试等有关机械类学生参考用书，还可作为企业初、中级工程技术人员的入门读物和工作参考书。

图书在版编目（CIP）数据

图解液压技术基础/李丽霞，杨宗强，何敏禄主编.
北京：化学工业出版社，2013.2（2025.2重印）
ISBN 978-7-122-16250-2

Ⅰ.①图…　Ⅱ.①李…②杨…③何…　Ⅲ.①液压技术-图解　Ⅳ.①TH137-64

中国版本图书馆CIP数据核字（2013）第002793号

责任编辑：黄　滢　　文字编辑：张绪瑞
责任校对：宋　玮　　装帧设计：尹琳琳

出版发行：化学工业出版社（北京市东城区青年湖南街13号　邮政编码100011）
印　　装：北京科印技术咨询服务有限公司数码印刷分部
787mm×1092mm　1/16　印张14　字数372千字　2025年2月北京第1版第18次印刷

购书咨询：010-64518888　　售后服务：010-64518899
网　　址：http://www.cip.com.cn
凡购买本书，如有缺损质量问题，本社销售中心负责调换。

定　　价：49.00元

前言

液压与气压技术是机电一体化人才所应具备的控制与伺服驱动技术的组成部分。液压技术学习的任务是使专业技术人员掌握液压传动的基础知识，掌握各种液压元件的工作原理、特点、应用和选用方法，熟悉各类液压基本回路的功用、组成和应用场合，了解国内外先进技术成果在机械设备中的应用。

本书采用图解的形式、用生动的语言由浅入深地介绍了液压维修技能，介绍了液压元件的外观、工作原理和内部结构等液压技术基础知识及其液压元件、液压回路以及液压系统的故障分析和排除、典型回路设计禁忌等。

本书编写过程中，旨在以最通俗、最直接有效的方式帮助广大读者理解和掌握液压技术及其应用方面的知识，力求贯彻少而精和理论联系实际的原则，针对从事液压维修工作的需要和各类机械电子工程专业的读者。通过本书的学习能够达到：

（1）液压基础知识　用实际应用中的典型实例引出液压系统的组成和基本概念，使初学者能读懂、理解和建立起液压系统的概念。

（2）元件　主要介绍常用元件工作原理、常见故障诊断与维修，能使读者很快地掌握液压维修基本知识和操作技能。

（3）回路　主要分类介绍典型回路的组成、工作原理以及回路设计禁忌，使读者能够逐步把液压技术知识和技能有机结合，学会回路设计技巧。

（4）系统　主要介绍工程应用中典型液压系统的分析及读图方法，学会液压系统分析方法并掌握复杂液压系统设计、调试和维修技能。

（5）典型实例训练　重在实际应用实例分析与液压专用设备操作技巧，使液压维修技术人员具备液压系统设计能力，具备系统组接、调试、排查故障等能力及基本操作安全知识，并能正确运用，安全工作。

书中的元件图形符号、典型回路及液压系统原理图采用中华人民共和国标准 GB/T 786.1—1993 绘制。

全书包括 7 章，由李丽霞、杨宗强、何敏禄主编并统稿。参加本书编写的有：李丽霞（第 1、2、7 章），杨宗强、王猛（第 6 章），何敏禄、毛向阳（第 4 章、第 5 章），苗宏宇、王勤峰、张燕、陈庆华（第 3 章）。唐春霞、王玉芳、杨全利、张建、肖利克、张瑗等也参加了编写工作。

本书可作为普通大中专院校机电一体化、自动化、机械制造等专业师生的教材或参考用书，也可作为成人高校、自学考试等有关机械类学生参考用书，还可作为企业初、中级工程技术人员的入门读物和工作参考书。

限于编者水平，书中难免存在缺点和不足，恳请广大读者批评指正。

编者

第 1 章　液压技术基础　1

第 2 章　液压油　9

第 3 章　液压元件　16

第4章 方向控制典型回路设计 116

第 5 章 流量控制典型回路设计基础 142

第 6 章 压力控制典型回路设计基础 164

第 7 章 液压系统分析及设计禁忌 196

参考文献 216

液压技术基础

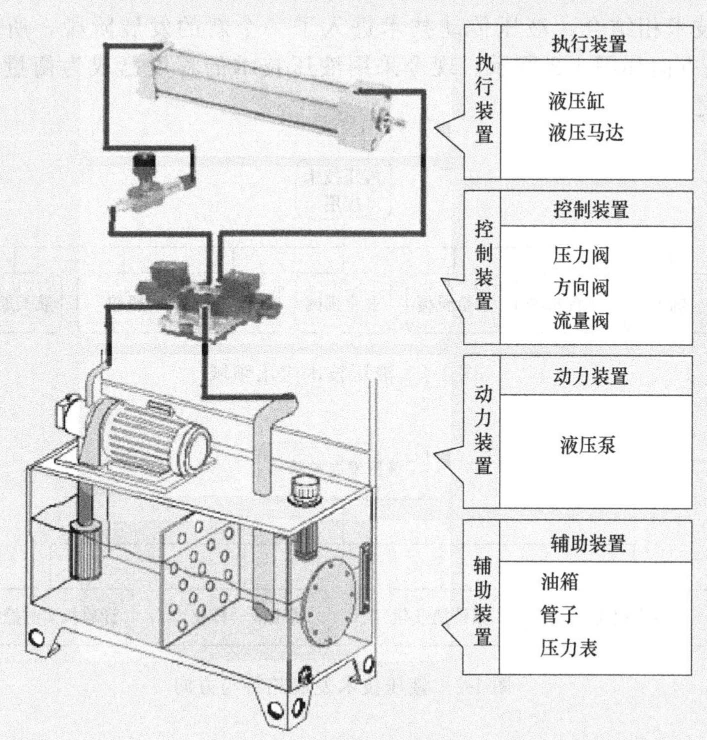

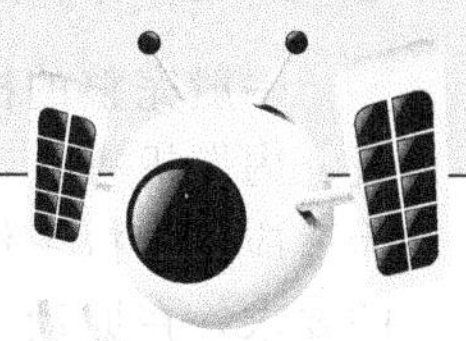

本章重点内容

- 用液压千斤顶实例，理解液压传动工作原理及特征
- 掌握液压系统的组成及各部分的典型元件名称
- 了解液压系统应用领域
- 熟悉液压系统的特点

1.1 概述

1.1.1 液压技术应用领域与发展趋势

液压传动又称液压技术，相对于机械传动来说是一门新兴技术，是机械设备中发展速度最快的技术之一。虽然从17世纪中叶帕斯卡提出的静压原理、18世纪末英国制造出世界第一台水压机算起已有几百年的历史，但液压技术在工业上被广泛采用和有较大幅度的发展却是20世纪中期以后的事情，特别是近年来随着机电一体化技术的发展，与微电子、计算机技术相结合，液压传动技术进入了一个新的发展阶段，所涉及的领域如图1-1所示，发展方向如图1-2所示。现今采用液压技术的程度已成为衡量一个国家工业水平的重要标志之一。

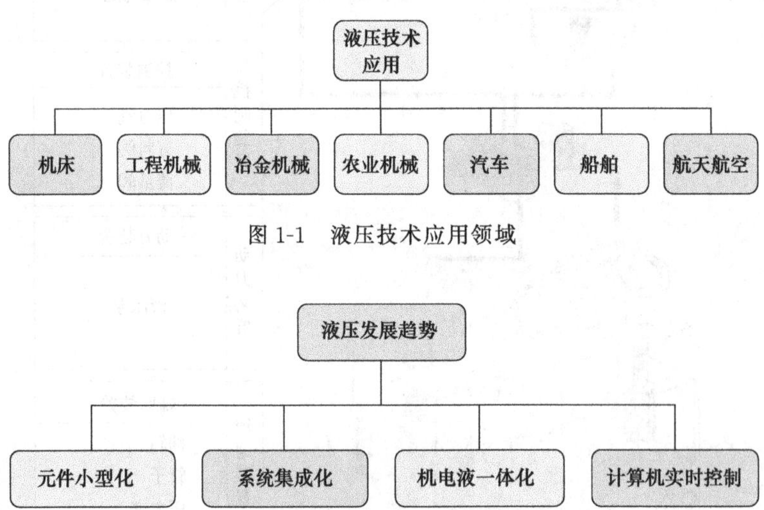

图 1-1 液压技术应用领域

图 1-2 液压技术发展趋势与方向

1.1.2 传动机构与液压传动的概念

一般完整的机器主要由三部分组成，即原动机、传动机构和工作机。原动机包括电动机、内燃机等。工作机是完成该机器工作任务的直接部分，如车床的刀架、车刀、卡盘等。为适应工作机工作力和工作速度变化反应较宽的要求以及其他操作性能（如停止、换向等）的要求，在原动机和工作机之间设置了传动装置（或称传动机构）。

(1) 传动机构分类

传动机构通常分为机械传动、电气传动和流体传动，其特点如表1-1所示。

表 1-1 传动机构的分类

机械传动	电气传动	流体传动
通过齿轮、齿条、蜗轮、蜗杆等机件直接把动力传送到执行机构的传递方式	利用电力设备，通过调节电参数来传递或控制动力的传动方式	以流体为工作介质进行能量的转换、传递和控制的传动方式

(2) 流体传动分类

流体传动的分类如图1-3所示。

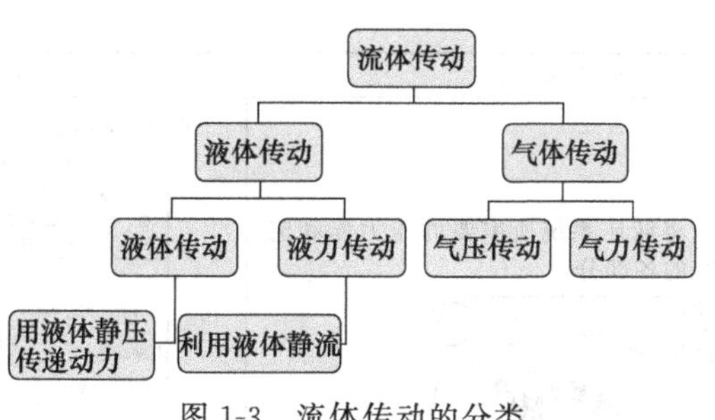

图 1-3　流体传动的分类

1.2 液压传动系统的组成及作用

(1)液压系统的组成

液压系统的组成如图 1-4 所示。

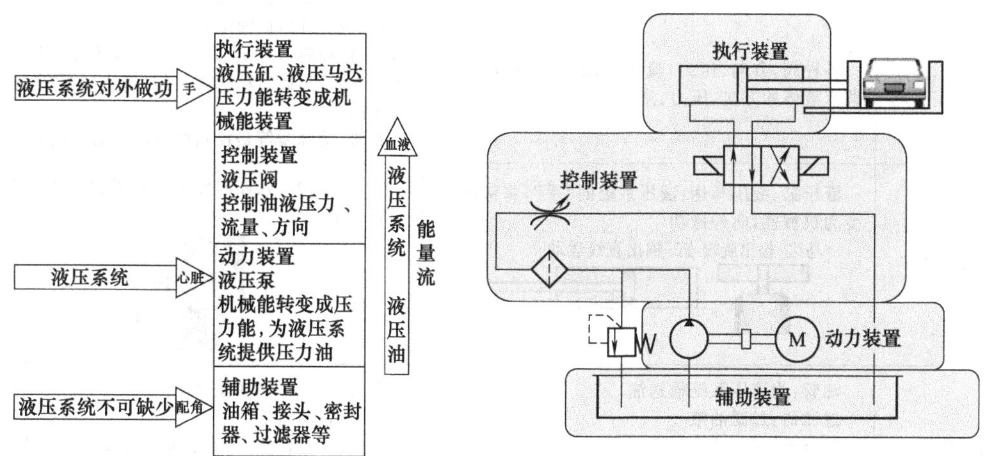

图 1-4　液压系统组成及元件符号图

(2)液压系统与人体血液循环比较

可以把液压系统与人体血液循环系统做一比较，见表 1-2 所示内容，能够清楚了解液压系统的组成及工作过程。

表 1-2　液压系统与人体血液循环系统比较

项目	液 压 系 统	人体血液循环系统
组成	液压执行装置　负载 流量控制阀　液压油管　方向控制阀 过滤器　溢流阀　液压泵　电机 油箱	上腔静脉　右肺　左肺 肺动脉干 肝脏　胃　心脏　腹腔干 肾动脉干 下腔静脉　肠系膜上动脉　膀胱
能量来源	电能→电机→泵→供应液压系统压力能	食物→消化系统→供给全身营养

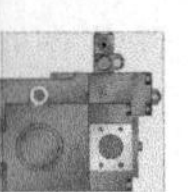

续表

项目	液 压 系 统	人体血液循环系统
动力装置	泵的作用是将液压系统所需要的压力能和流量输送到系统的各部分 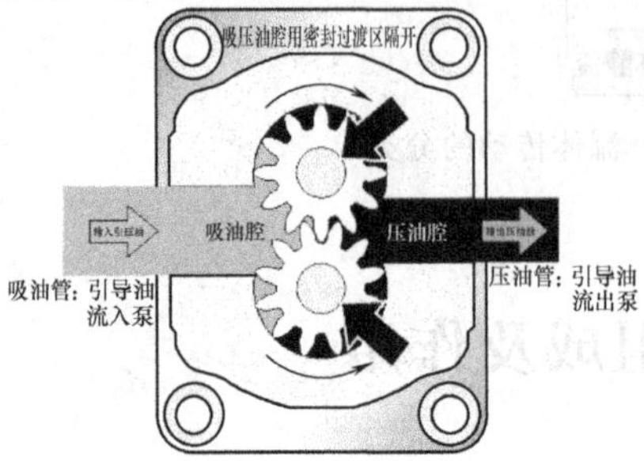	心脏：是由肌肉组成的中空“泵” 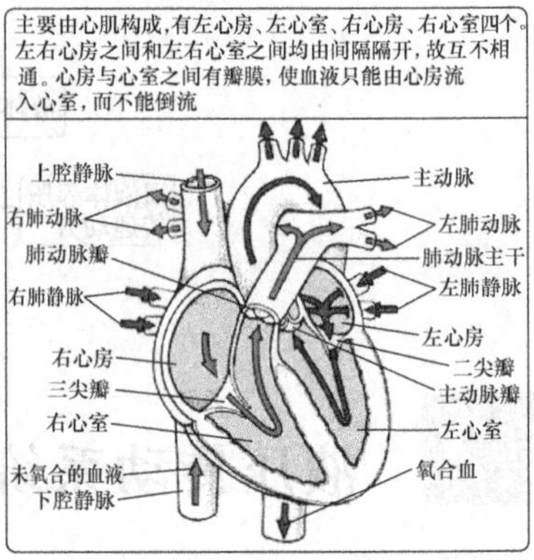 主要由心肌构成，有左心房、左心室、右心房、右心室四个。左右心房之间和左右心室之间均由间隔隔开，故互不相通。心房与心室之间有瓣膜，使血液只能由心房流入心室，而不能倒流 作用：推动血液流动，向器官组织提供充足的血流量，以供应氧和各种营养，并带走代谢的终产物，使细胞维持正常的代谢和功能
控制装置	各种阀：方向、压力、流量控制阀，分别控制或调节液体的方向、压力、流量	心肌收缩时，血液从心房流向心室，又由心室流入动脉；心肌舒张时，心室和心房扩张，静脉的血液进入心房，此时动脉瓣关闭，进入动脉的血液不会流回心脏 心肌、动脉瓣等是控制血液流动的控制元件
执行装置	液压缸、液压马达：液压系统的“手”，将液压能变为机械能，向外做功 马达：输出旋转 缸：输出直线运动 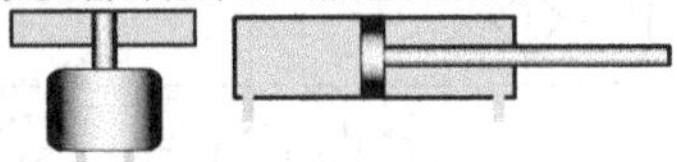	手、脚、肩膀：人体向外进行各种操作的部分，例如肩挑手提等 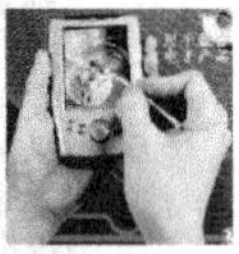
辅助装置	油管：为液压系统输送油 过滤器：过滤油液 蓄能器：储蓄油液 调温器：调节油液温度 油箱：储存系统所需油液	血管：为人体输送血液 肾脏：过滤血液 肝脏：储存营养、清除血液中的废物和有毒物质 皮肤：是人体最大感觉器官，是人体的天然屏障，还能散热

1.3 液压传动工作原理的特征

1.3.1 液压传动工作原理

（1）液压千斤顶的工作过程

液压传动技术是以高压流体（压力油）为工作介质进行能量传递、转换和控制的传动形式。液压泵密封空间增大，完成吸油过程；液压泵密封空间缩小，完成压油过程。图 1-5 所示是液压千斤顶的传动原理图。

（2）液压千斤顶的工作状态

液压千斤顶的工作状态描述如图 1-6、图 1-7 所示。通过液压千斤顶工作过程分析，可以初步了解到液压传动工作原理：利用有压力的油液作为传递动力的工作介质，是一个先将机械能转换成压力能，又将压力能转换为机械能的不同能量的转换过程。

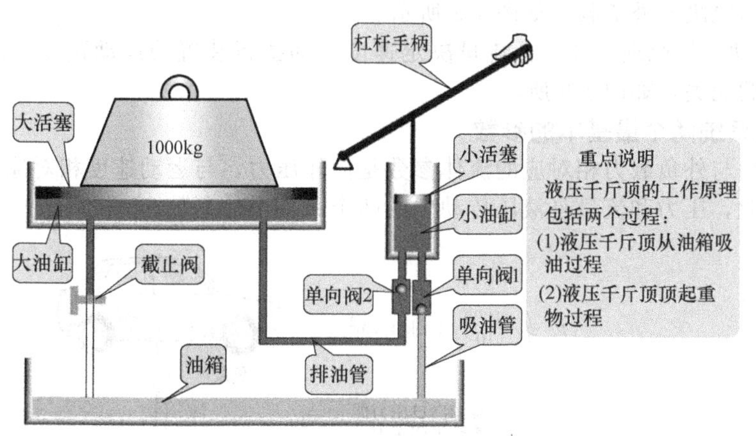

图 1-5 液压千斤顶传动原理图

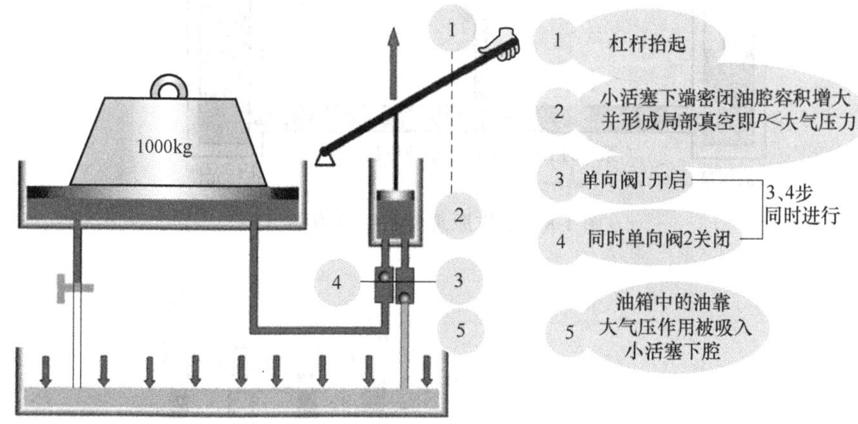

图 1-6 千斤顶工作吸油过程和状态

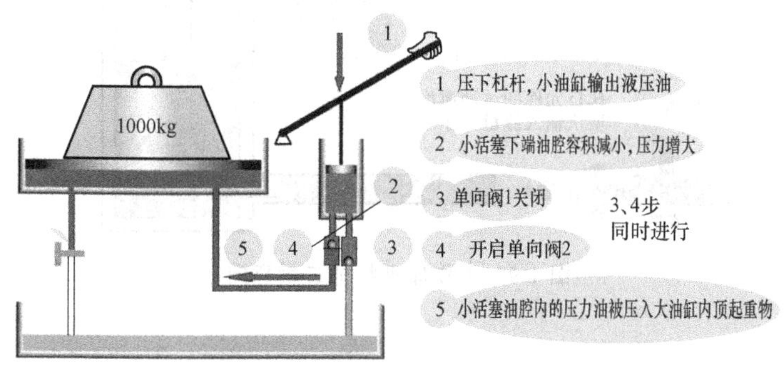

图 1-7 小油缸排油至大油缸顶起重物工作状态

1.3.2 液压传动工作原理特征

(1) 液压传动工作原理特征

在液压传动系统中，力的传递遵循帕斯卡原理——等压特性，运动的传递遵循容积变化相等的原则——等体积特性原则。

① 液压传动工作原理特征一：液压系统的工作压力取决于外负载，即动力装置提供给

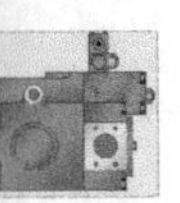

系统的工作压力取决于外负载，如图 1-8 所示。

② 液压传动工作原理特征二：流量决定速度，即执行装置的运动速度只取决于输入它的流量，与负载无关，如图 1-9 所示。

（2）液压系统两个最基本的参数

液压系统中与外负载力相对应的流体参数是流体压力，与运动速度相对应的立体参数是流体流量。因此，压力和流量是液压传动中的两个最基本的参数。

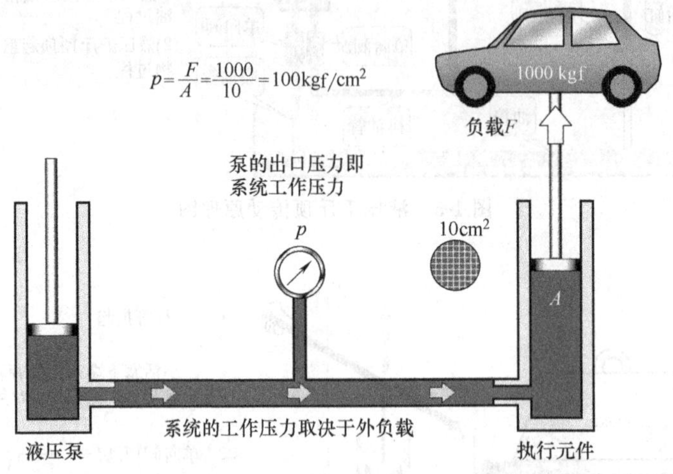

图 1-8　工作原理特征一示意图

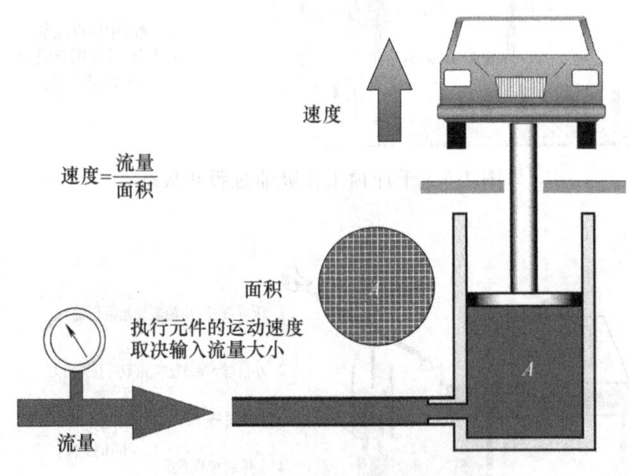

图 1-9　工作原理特征二示意图

1.4　液压传动系统的特点

从液压千斤顶的工作原理可以看出，液压传动是利用具有一定压力的液体来传递运动和动力的；液压传动装置本质上是一种能量转换装置，它首先将机械能转化为液压能，然后又将液压能转换为机械能做功；液压传动必须在密封容器内进行，并且容积要能发生交替变化。

液压系统的优点、缺点见表 1-3 所示。

表 1-3 液压传动系统的特点

优点	①体积小，单位质量的输出功率大，输出力调整容易 ②操作控制方便，易于实现自动控制、中远距离控制和过载保护，不会有过负载的危险 ③可实现无级调速，调速范围可达 2000∶1，易于调速 ④传动平稳，易于实现快速启动、制动和频繁换向，易于自动化 ⑤标准化、系列化、通用化程度高，有利于缩短设计周期、制造周期和降低成本
缺点	①传动效率不高 ②接管不良造成液压油外泄，易污染，易引起火灾 ③油的黏度对温度较敏感 ④液压系统大量使用各式控制阀、接头及管子，为了防止泄漏损耗，元件的加工精度要求较高，维护要求较高

1.5 液压系统压力的单位及表示方法

(1) 压力的单位

压力 $p=\frac{F}{A}$ 和流量 $Q=vA$ 是液压系统的两个重要概念。压力单位是帕 Pa（N/m^2）。1at（工程大气压）$=1kgf/cm^2\approx0.1MPa$；$1bar=0.1MPa$，如图 1-10 所示。

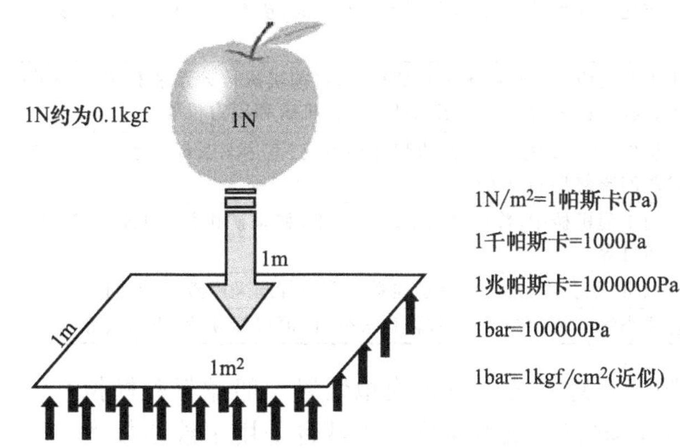

图 1-10 压力单位表示图

(2) 压力的表示方法

压力的几种表述如图 1-11 所示。

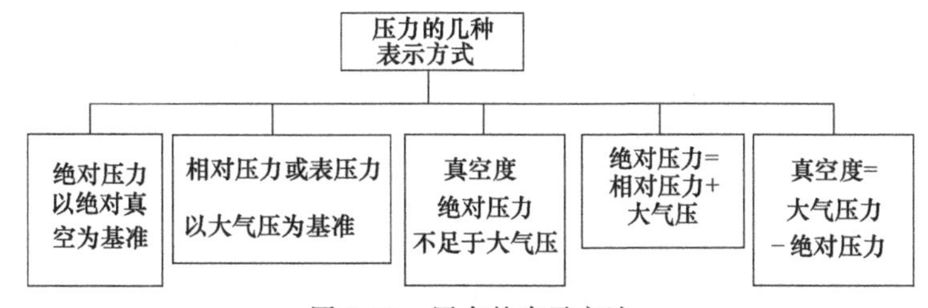

图 1-11 压力的表示方法

1.6 液压传动在机械中的应用

液压技术对现代社会中人们的日常生活、工农业生产、科学研究活动正起着越来越重要

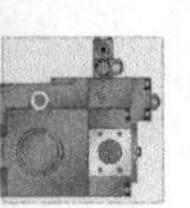

的作用，已成为现代机械设备和装置中的基本技术构成、现代控制工程的基本技术要素和工业及国防自动化的重要手段，并在国民经济各行业以及几乎所有技术领域中日益广泛应用，应用领域及特点见表 1-4 所示。

由于液压传动及控制技术具有独特的优点，因此从民用到国防，从一般传动系统到精度很高的控制系统，都得到了广泛的应用，近 30 年尤其如此。

表 1-4　液压传动在机械中的应用实例

应用领域	应用范围示例
航空机械	航空机械着陆、行走机构的收放、发动机自动调速装置等就是用的液压传动，例如 B707 的行走机构消耗的功率是 150kW，B757 消耗的功率为 370kW。重量轻、操作安全性好、反应灵敏
土木、建设机械	土木、建设机械是液压传动应用最广的领域，约占液压机械中的 1/4～1/3，构造简单，在恶劣环境下能保持良好的工作状态。如打桩机、液压千斤顶、平地机、挖掘机、装载机、推土机、压路机、铲运机等
车辆工程	如自卸式汽车，平板车，高空作业车，汽车中的转向器、减震器，港口龙吊，叉车，装卸机械，汽车吊车等
锻压机械	锻压机械是液压传动应用领域中的典型，在油压力作用下进行金属加工、粉末成型、加热成型等
冶金机械	熔融金属电炉自动控制系统、轧钢机的控制系统、平炉装料装置、转炉和高炉控制系统，带材跑偏及恒张力装置等都采用了液压技术
船舶工业	在船舶工业中，液压技术的应用也很普遍，如液压挖泥船、水翼船、气垫船和船舶辅助装置等
轻纺机械	在轻纺化工和食品行业，如纺织机、印刷机、塑料注射机、食品包装机和瓶装机等也采用了液压技术
机床机械	机床工业是应用液压技术最早的行业，目前机床传动系统有 85%都采用了液压传动及控制技术，如磨床、刨床、铣床、插床、车床、剪床、组合机床和压力机等
军事机械	除飞机外，坦克的稳定系统、火炮随动系统、雷达无线扫描系统、军舰炮塔瞄准系统、稳定装置、导弹和火箭的发射控制系统等
矿山机械	在矿山工程机械中，普遍采用了液压技术，如采矿机械、掘进机、转载机、支护机械、履带推土机、自行铲运机等
农业机械	在拖拉机、联合收割机、农具悬挂系统等中普遍采用液压传动技术
智能机械	折臂式小汽车装卸器、数字式体育锻炼机、模拟驾驶舱、机器人等

近几年来，在太阳能跟踪系统、海浪模拟装置、船舶驾驶模拟系统、地震模拟装置、宇航环境模拟系统、核电站防震系统等高技术领域也采用了液压技术。

总之，一切工程领域，凡是有机械设备的场合，均可采用液压技术。在大功率和自动控制的场合，尤其需要采用液压技术，所以液压技术的应用前景十分光明。

第2章 液压油

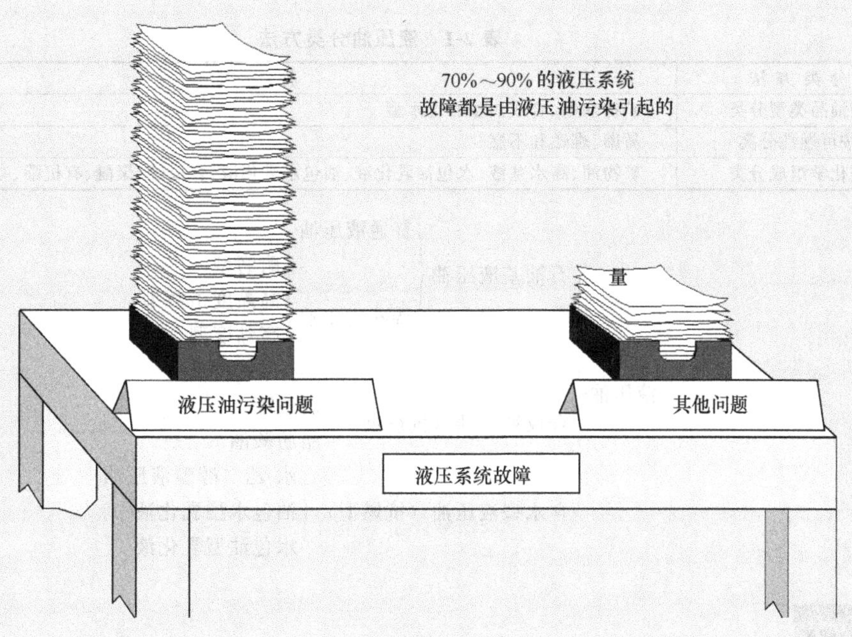

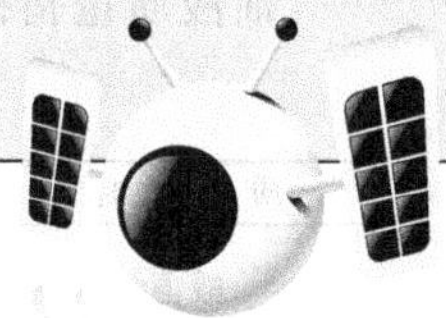

本章重点内容

- 了解液压油的分类、性质
- 熟悉液压油的质量指标
- 了解液压油黏度等级及选择原则
- 掌握油液污染及防护措施

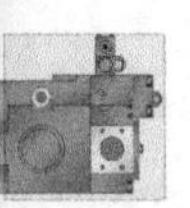

液压油是液压系统的工作介质，是不可缺少的组成部分，其主要作用是完成能量的转换和传递，此外，还有润滑、冷却、防锈、减少磨损和摩擦等作用。液压系统工作的可靠性在很大程度上取决于液压油。在研究液压流体力学之前，首先了解一下液压油。

2.1 液压油的分类

液压传动需要传动介质，由于使用条件的差异，应使用不同种类的油品，用量最多的为矿物型和难燃型两大类。液压系统早期的工作介质主要是水，目前主要是矿物（石）油基液压油，少量地方应用纯水和其他难燃（抗燃）液压油。油是液压系统的血液，对液压系统的性能、寿命和可靠性有重要影响，不同功能的液压系统对油的要求不同。分类方法见表 2-1。

表 2-1 液压油分类方法

分类方法	种类
按油品类型分类	矿物油型、合成油型和含水型
按可燃性分类	易燃、难燃和不燃
按化学组成分类	矿物油、高水基液、水包油乳化液、油包水乳化液、合成烃、聚醚、有机酯、有机硅、卤代烃

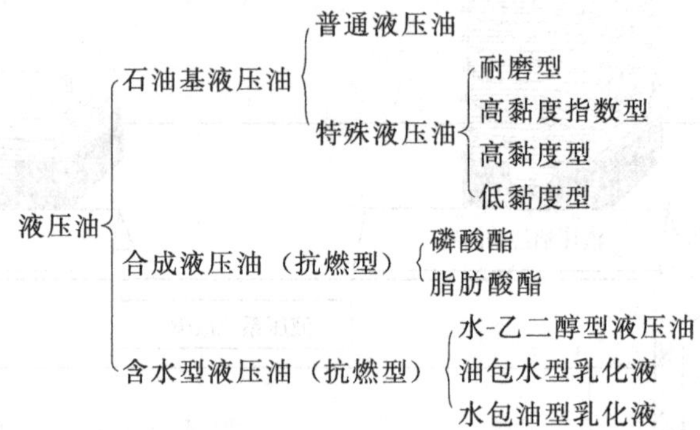

2.2 液压油的几项质量指标

油液质量指标见表 2-2。

表 2-2 液压油的质量指标

质量指标	指标含义
酸值	中和 1g 石油产品所需氢化钾的毫克数称为酸值(毫克 KOH/克)。这是因为矿物油型液压油中常含有少量的环烷酸，它对金属有腐蚀作用。液压油的酸值越低，表明液压油的质量越高
闪点和燃点	随着液压传动技术的迅速发展，系统的工作压力和工作温度会不断提高，如高压工程机械，同时高压油液物理状态的本身就增加了潜在的压燃危险，而且有的液压系统可能要与明火或其他热源接触，这对液压用油提出了防火性能的要求，甚至用难燃液体。油液防火性能指标是闪点和燃点 闪点是加热时挥发的液体与空气的混合物在接触明火时，突然闪火的温度。闪点与液体挥发的关系极为密切，闪点高的油液其挥发性小，闪点低的油液其挥发性大。达到闪点温度后继续加热至油液能自行连续燃烧的温度叫做该液压油的燃点。燃点高的油液难以着火燃烧
流动点、凝固点（凝点）	油液保持其良好流动性的最低温度叫做油液的流动点；油液完全失去其流动性的最高温度叫做油液的凝固点。流动点和凝点对低温操作或冬季室外工作时有很重要的意义
抗乳化度	当蒸汽在试验条件下通入试油，即形成乳化液状态，从乳化液状态中油与水完全分离出来的时间，以分钟计，即为该油的抗乳化程度

续表

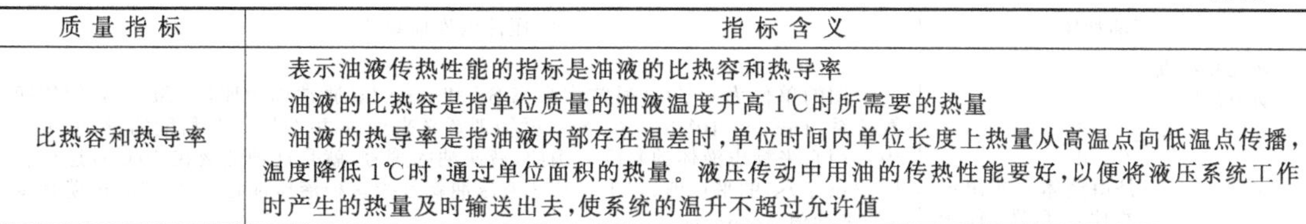

质量指标	指标含义
比热容和热导率	表示油液传热性能的指标是油液的比热容和热导率 油液的比热容是指单位质量的油液温度升高1℃时所需要的热量 油液的热导率是指油液内部存在温差时，单位时间内单位长度上热量从高温点向低温点传播，温度降低1℃时，通过单位面积的热量。液压传动中用油的传热性能要好，以便将液压系统工作时产生的热量及时输送出去，使系统的温升不超过允许值

2.3 液压油的性质

由于液压泵、液压阀、液压缸工作在高压、高速条件下，且液压元件使用的材质、运转时的油温等条件也不同，所以液压油必须具备一些性质和要求，见表2-3。

表2-3 液压油的性质和要求

液压油性质	液压油的性质要求
密度和重度	单位体积液体的质量称为液体的密度，用ρ表示，其单位为kg/m^3 单位体积液体所具有的重量叫重度γ，其单位为N/m^3 $$\rho=\frac{m}{V};\gamma=\rho g$$ 式中，V为液体的体积，m^3；m为液体的质量，kg；g为重力加速度，m/s^2 液压油的密度随着温度的升高而略有减小，随工作压力的升高而略有增加，通常对这种变化忽略不计。一般计算中，常用液压油的密度约为900kg/m^3
可压缩性	在温度不变的情况下，液体的体积随着压力的变化而变化的性质称为液体的可压缩性。其大小用体积压缩率κ表示。即单位压力变化时，所引起体积的相对变化率称为液体的体积压缩率。由于压力增大时液体的体积减小，即dp与dV的符号始终相反，为保证κ为正值，所以在上式的右边加一负号。κ值越大液体的可压缩性越大，反之液体的可压缩性越小 $$\kappa=-\frac{1}{V}\times\frac{\mathrm{d}V}{\mathrm{d}p}$$ 式中 dV——液体在压强增大Δp时体积的减少量 Δp——压强的增量 V——液体的体积 在工程计算中常取液压油的体积弹性模量$K=(0.7\times1.4)\times10^9$Pa。 对于一般液压系统，可认为液压油是不可压缩的。若液压油中混入空气时，K值将大大减小，其可压缩性将显著增加，并将严重影响液压系统的工作性能。故在液压系统中尽量减小油液中的空气
黏性和黏度 动力黏度： $$F_f=\mu A\frac{\mathrm{d}u}{\mathrm{d}y}$$ 式中 μ——是由液体性质决定的比例系数，称为动力黏性系数，或称动力黏度，Pa·s A——液体层的接触面积，m^2 du/dy——速度梯度，即速度在垂直于该速度方向上的变化率，1/s	液体受外力作用下而流动时，分子间的内聚力要阻止分子间的相对运动而产生一种内摩擦力，这种现象称为液体的黏性。液体流动时才能表现出来黏性，静止不动的液体不呈现黏性。黏性的大小可用黏度来表示，黏度是液体重要的特性之一，是流动液体最基本的物理性质，是液压油的一项主要指标，它直接影响液压系统的正常工作、效率和灵敏性。在机械系统中所用的油液主要是根据黏度来选择的，其表示方法有三种，即动力黏度、运动黏度和相对黏度。黏度大时会增加流体流动阻力，使工作过程中的能量损失增加而造成温升，液压泵的吸入性能差，可能出现气穴现象；黏度过小，则泄漏增多，容积效率降低，相对运动件之间的润滑油膜有可能被切破，导致润滑性能差而产生磨损加剧，并使系统内泄漏增加，甚至因无油润滑产生烧结现象 根据牛顿内摩擦定律而导出的黏度单位叫动力黏度。动力黏度与液体密度的比值为运动黏度$\nu=\frac{\mu}{\rho}$。液体的运动黏度没有明确的物理意义。因为它的单位只有长度和时间的量纲，所以被称为运动黏度。在国际单位制中的单位为m^2/s，工程上

续表

液压油性质	液压油的性质要求
黏性和黏度 动力黏度： $$F_f=\mu A\frac{du}{dy}$$ 式中 μ——是由液体性质决定的比例系数，称为动力黏性系数，或称动力黏度，Pa·s A——液体层的接触面积，m^2 du/dy——速度梯度，即速度在垂直于该速度方向上的变化率，1/s	常用的单位为 cm^2/s（通常称为泡 St）和 mm^2/s（通常称为厘泡 cSt）。它们的换算关系：$1m^2/s=10^4St=10^6cSt$。就物理意义来说，ν 并不是一个黏度的量，但工程中常用它来标志液体的黏度。例如，液压油的牌号，就是这种油液在 40℃时运动黏度 ν（mm^2/s）的平均值，如 L-AN32 液压油就是指这种液压油在 40℃时的运动黏度 ν 的平均值 $32mm^2/s$ 油液的黏度对温度的变化敏感，当油液的温度升高时，其黏度显著降低。油液黏度的变化直接影响液压系统的性能和泄漏量，因此希望油液的黏度随温度的变化越小越好 液体所受的压力增大时，分子间的距离将减小，内摩擦力增大，黏度也随之增大。对于一般的液压系统，当压力在 20MPa 以下时，压力对黏度的影响很小，可以不考虑。当压力较高或压力变化较大时，黏度的变化则不容忽视
其他性质	液压油液还有其他一些物理化学性质，如抗燃性、抗氧化性、抗凝性、抗泡沫性、抗乳化性、防锈性、润滑性、导热性、稳定性以及相容性（主要指对密封材料、软管等不侵蚀、不溶胀的性质）等，这些性质对液压系统的工作性能有重要影响。对于不同品种的液压油液，这些性质的指标是不同的，具体应用时可查油类产品手册

2.4 对液压油使用性能的要求

液压油的物理、化学性能对液压系统能否正常工作有很大影响，即使一个设计优良的液压系统，如果液压油选用不当或性能低劣，也会使其传动效率低，甚至不能正常工作。

2.4.1 液压油的使用性能

液压油的使用性能见表 2-4。

表 2-4 液压油的使用性能

使用性能	定 义	说 明
热稳定性	油液抵抗其受热时发生化学变化的能力叫做热稳定性	当温度升高时，热稳定性差的油容易使油分子裂化或聚合，产生树脂状沥青、焦油等物质。这种化学反应的速度随温度的增高而加快，故一般把液压油的工作温度限制在 65℃以下
抗乳化性和水解稳定性	乳化性：阻止油液与水混合形成乳化液的能力 水解稳定性：油液抵抗其遇水分解变质的能力，即指油液抵抗与水起化学反应的能力	几乎所有矿物基油液都具有不同程度的吸水性，以致达到饱和状态。当含水量超过饱和状态时，过量的水则以水珠状态悬浮在油液中，或以自由状态沉积在油液底部。自由状态的水在系统中经过激烈搅动（如通过阀口等）能成乳化液（微小水珠分散在作为连续的油液中），很难从油液中分离出来 水解变质后的油液会降低黏度，增加腐蚀性 水是油液中非常有害的物质。为清除油液中的水分，应在油液中加入适量破乳剂，使水不易与油液形成乳化液，而是处于游离状态，以便分离出来
氧化稳定性（化学稳定性）	油液抵抗其与空气中的氧或其他含氧物质发生化学反应的能力	如果油液的该性能差，则抵抗与含氧物质的化学反应能力就低，如与空气或其他氧化剂接触，就会氧化而生成酸质，使油液质量变坏并腐蚀金属零件的表面，降低元件的寿命；溶解橡胶密封元件，破坏密封效果；与油漆、塑料件等反应产生悬浮物，阻塞元件及系统中的管道，影响液压系统的正常工作
防锈性和润滑性	防锈性是指油液对金属遭受油中水分锈蚀的保护能力，润滑性是指油液在金属表面上形成牢固油膜的能力	
相容性	相容性是指油液抵抗与系统中各种常用材料（如密封件、软管、涂料等）起化学反应的能力	不起反应或少起反应的相容性好，反之则差 相容性差的油液会使橡胶密封件等溶解，使液压系统密封失效，溶解后的胶状生成物又会使油液受污染

2.4.2 对液压油的要求

不同的液压传动系统、不同的使用情况对液压油的要求有很大的不同，为了更好地传递动力和运动，液压系统使用的液压油应具备一些性能，见表 2-5。

表 2-5 液压油具备性能

性　能	要　求
黏温特性好	在使用温度范围内，油液黏度随温度的变化愈小愈好
具有良好的润滑性	即油液润滑时产生的油膜强度高，以免产生干摩擦
成分要纯净	不应含有腐蚀性物质，以免侵蚀机件和密封元件
具有良好的化学稳定性	油液不易氧化，不易变质，以防产生黏质沉淀物影响系统工作，防止氧化后油液变为酸性，对金属表面起腐蚀作用
抗泡沫性好，抗乳化性好	对金属和密封件有良好的相容性
体积膨胀系数低，比热容和传热系数高；流动点和凝固点低，闪点和燃点高	

2.5 油品名称

GB 11118.1—94 规定了五种系列产品标准，见表 2-6，其代号为 HL、HM、HG、HV 和 HS，与国际标准分类相同。

表 2-6 国际油品名称

代　号	油品名称
HL	通用机床油。具有防锈抗氧性能的精制矿物润滑油
HM	抗磨液压油。具有防锈抗氧、抗磨性能的精制矿物润滑油
HG	液压导轨油。具有防锈抗氧和抗黏滑行的精制矿物润滑油
HV	低温液压油。具有防锈抗氧、抗磨性能，加增黏剂的精制矿物润滑油
HS	合成烃低温液压油。具有防锈抗氧、抗磨性能的合成烃油

2.6 各油品的黏度等级

由于液压系统最适宜温度为 40℃左右，所以以上五种产品按 40℃运动黏度分 41 个等级。液压油黏度等级见表 2-7。

表 2-7 液压油黏度等级

代　号	油品名称
HL	一等品有 15、22、32、46、68、100
HM	一等品有 15、22、32、46、68、100
HG	一等品有 32、68
HV	优等品有 10、15、22、32、46、68；一等品有 15、22、32、46、68、100、150
HS	一等品有 10、15、22、32、46

2.7 液压油的选择

正确合理地选择液压油，对保证液压系统正常工作、延长液压系统和液压元件的使用寿命、提高液压系统的工作可靠性等都有重要影响。

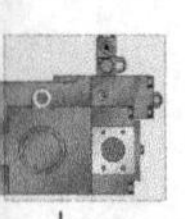

液压油的选用，首先应根据液压系统的工作环境和工作条件选择合适的液压油类型，然后再选择液压油的牌号。

2.7.1 油液黏度等级的选择

对液压油牌号的选择，主要是对油液黏度等级的选择，这是因为黏度对液压系统的稳定性、可靠性、效率、温升以及磨损都有很大的影响。在选择黏度时应注意以下几方面情况。

(1) 液压系统的工作压力

工作压力较高的液压系统宜选用黏度较大的液压油，以便于密封，减少泄漏；反之，可选用黏度较小的液压油。

(2) 环境温度

环境温度较高时宜选用黏度较大的液压油，主要目的是减少泄漏，因为环境温度高会使液压油的黏度下降；反之，选用黏度较小的液压油。

(3) 运动速度

当工作部件的运动速度较高时，为减少液流的摩擦损失，宜选用黏度较小的液压油；反之，为了减少泄漏，应选用黏度较大的液压油。

在液压系统中，液压泵对液压油的要求最严格，因为泵内零件的运动速度最高，承受的压力最大，且承压时间长，温升高。因此常根据液压泵的类型及其要求来选择液压油的黏度。

2.7.2 根据环境及工况条件选择

(1) 液压油的选择

根据环境及工况条件选择液压油，见表 2-8。

表 2-8 根据环境及工况条件选择液压油实例

	压力:小于 7MPa 温度 50℃以下	压力:7～14MPa 温度 50℃以下	压力:7～14MPa 温度 50～ 80℃以下	压力:14MPa 以上 温度 80～100℃
室内、固定液压设备	HL	HL 或 HM	HM	HM
露天、寒冷或严寒区	HR 或 HV	HR 或 HS	HV 或 HS	HV 或 HS
高温或明火附近，井下	HFAS 或 HFAM	HFB、HFC 或 HFAM	HFDR	HFDR

(2) 厂家推荐选择液压油

见表 2-9。

表 2-9 厂家推荐的液压泵、液压马达的使用黏度范围

厂家	元件	推荐黏度/$mm^2 \cdot s^{-1}$		
		黏度上限	黏度下限	正常工作范围
VicKers	直轴式柱塞泵、液压马达	220	13	13～54
	齿轮式、叶片式、弯轴式泵、液压马达	860	13	13～54
	低速大扭矩叶片马达	110	13	13～54
	普通阀	500	13	13～54
	比例阀	500	13	13～54
	伺服阀	220	13	13～54
Rexroth	柱塞泵、液压马达	1000	10	16～36
	齿轮泵	1000	10	10～300
Bosch	各类元件	200～800	10	12～100
Denison	轴向柱塞泵	160	10	30
	叶片泵	110	10	30

2.8 液压油的污染与防污

液压油的污染，常常是系统发生故障的主要原因。据统计，液压系统的故障有70%（伺服阀中因液压油污染而造成的事故占80%）以上是由于液压油不符合技术要求引起的。因此，液压油的正确使用、管理和防污是保证液压系统可靠工作的重要内容，必须给予重视。

2.8.1 液压油的污染

污染是指油中含有水分、空气、微小固体物、橡胶黏状物等。产生污染的渠道如图2-1所示。

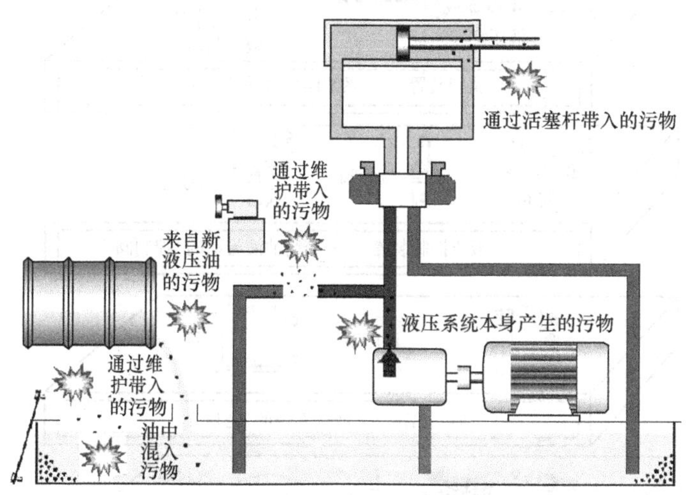

图2-1 液压传动系统产生污染渠道

(1) 污染的危害

① 堵塞滤油器，使泵吸油困难，产生噪声。

② 堵塞元件的微小孔道和缝隙，使元件动作失灵；加速零件的磨损，使元件不能正常工作；擦伤密封件，增加泄漏量。

③ 水分和空气的混入使液压油的润滑能力降低并使它加速氧化变质；产生汽蚀，使液压元件加速腐蚀；使液压系统出现振动、爬行等现象。

(2) 污染的原因

① 潜在污染：制造、储存、运输、安装、维修过程中的残留物。

② 侵入污染：空气、水、灰尘的侵入。

③ 再生污染：工作过程中发生反应后的生成物。

2.8.2 液压油的防污措施

液压油污染的原因很复杂，而且不可避免。为了延长液压元件的寿命，保证液压系统可靠地工作，必须采取一些措施：①液压油使用前保持清洁；②使液压系统在装配后、运转前保持清洁；③使液压油在工作中保持清洁；④采用合适的过滤器；⑤定期更换液压油；⑥控制液压油的工作温度。

第3章 液压元件

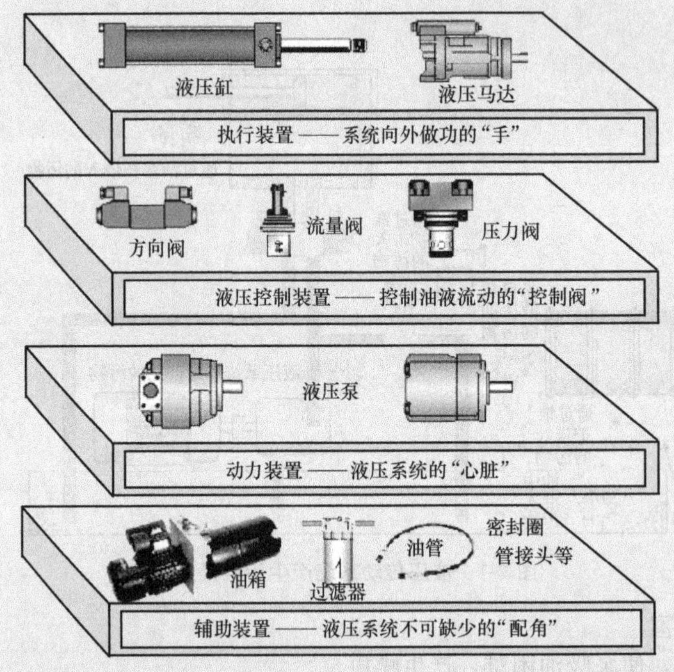

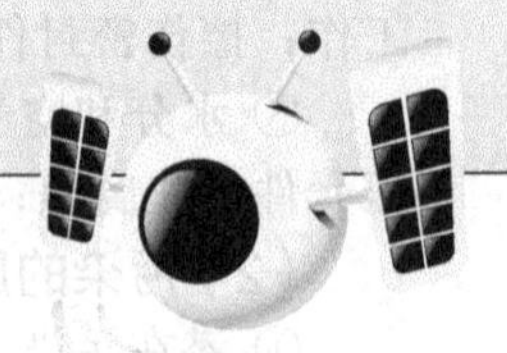

本章重点内容

- 理解各部分液压元件的基本要求
- 了解各部分液压元件的种类及基本功用
- 理解液压元件的结构及工作原理
- 了解液压元件故障检测及维修方法
- 熟悉各部分液压元件的图形符号的表示

液压元件是由各种零部件制作成的；液压典型回路又是由液压元件组装在一起并能完成一种特定工作要求的；液压系统又是由典型回路组装在一起并能完成许多的工作功能要求的。所以液压元件直接影响着液压系统的性能。任何一个液压系统，不论其如何简单，都不能缺少液压元件；同一工业目的的液压机械设备，通过液压元件的不同组合使用，可以组成油路结构截然不同的多种液压系统方案。因此，液压元件是液压技术中品种与规格最多、应用最广泛、最活跃的部分（元件）；一个新设计或正在运转的液压系统，能否按照既定要求正常可靠地运行，在很大程度上取决于其中所采用的各种液压元件的性能优劣及参数匹配是否合理。

3.1 常用液压元件图形符号及表示的意义

液压元件图形符号表示元件的功能，而不表示元件的具体结构和参数。一般采用国标GB/T 786.1—93 规定的图形符号易于绘制液压系统图，可使液压系统简单明了。

3.1.1 名词术语

液压系统图中使用的图形符号的有关名词术语见表 3-1。

表 3-1 名词术语

名 词 术 语	术 语 说 明
符号要素	用符号来辨识元(辅)件、装置、管路等所采用的基本图线或图形
功能要素	用符号来表示元件、装置的功能或动作所采用的基本图线或图形
简化符号	为简化绘图而省略一部分符号或用其他简单符号代替所采用的符号
一般符号	不必明确表示元(辅)件、装置的详细功能或形式时，所采用的代表符号
详细符号	详细表示元(辅)件功能时所采用的符号。与简化或一般符号对照使用
直接压力控制	元件的位置由控制压力直接控制的方式
先导压力控制	依靠元件内部组装的先导阀所产生的压力使主阀动作的控制方式
内部压力控制	从被控制元件内部提供控制用流体的方式
外部压力控制	从被控制元件外部提供控制用流体的方式
内部泄油	泄油通路接在元件内部的回油通路上，使泄油与回油合流的方式
外部泄油	泄油从元件的泄油口单独引出的方式

3.1.2 符号构成

符号由符号要素与功能要素构成。功能要素见表 3-2，符号要素见表 3-3。

表 3-2 功能要素

名称	符号	用途	名称	符号	用途
实心三角形	▶	液压	直箭头或斜箭头	30° 0.37L	直线运动、流体穿过阀的通路和方向、热流方向
空心三角形	▷	气动	弧线箭头	90° L	旋转运动方向

续表

名称	符号	用途	名称	符号	用途
其他		电气符号	其他		弹簧
		封闭油、气路、或油气口			节流
		电磁操纵器		90°	单向阀简化符号的阀座
		温度指示或温度控制			
		原动机			固定符号

表 3-3　符号要素

名称	符号	用途	名称	符号	用途
实线	b	工作管路、控制供给管路、回油管路、电气线路	正方形	L_1	控制元件、除电动机外的原动机
虚线	约$\frac{b}{3}$	控制管路、泄油管路、过滤器、过滤位置		$\frac{1}{2}L_1$	调节元件（过滤器、分离器、油雾器和热交换器）
点画线	约$\frac{b}{3}$	组合元件框线		L_1	蓄能器重锤
双线	$\frac{1}{5}L_1$	机械连接的轴、操纵杆、活塞杆	长方形	$L_2>L_1$ L_2 L_1	缸、阀
大圆	L_1	一般能量转换元件（液压泵、液压马达、压缩机）		$L_1<L_2<2L_1$ $\frac{1}{2}L_1$ L_2	某种控制方法
中圆	$\frac{3}{4}L_1$	测量仪表	长方形	$\frac{1}{4}L_1$ L_1	活塞
小圆	$\frac{1}{3}L_1$	单向元件		$\frac{1}{4}L_1$ $\frac{1}{2}L_1$	执行器中的缓冲器
圆点	$(\frac{1}{8}\sim\frac{1}{5})L_1$	管路连接点、滚轮轴	半矩形	$\frac{1}{2}L_1$ L_2	油箱
半圆	$\frac{1}{2}L_1$ L_2	限定旋转角度的液压马达和液压泵	囊形	L_1 $2L_1$	压力油箱、气罐、蓄能器、辅助气瓶

注：1. 图线宽度 b 按 GB 4457.4 规定。

2. L_1 为基本尺寸。

3.1.3 管路、管路连接口和接头符号

管路、管路连接口和接头符号见表 3-4。

表 3-4 管路、管路连接口和接头符号

名　称	符　号	名　称	符　号
连接管路		带连续措施	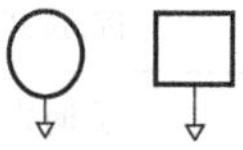
交叉管路		不带单向阀	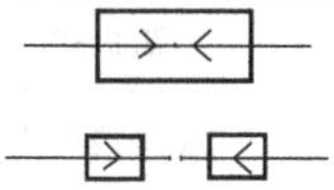
柔性管路			
连续放气		带单向阀	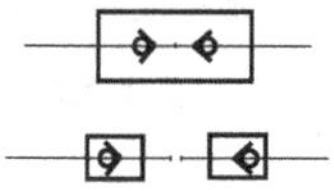
间断放气			
单向放气		单通路	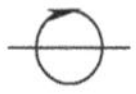
不带连续措施		三通路	

3.1.4 液压泵和液压马达符号

液压泵和液压马达符号见表 3-5。

表 3-5 液压泵和液压马达符号

名　称	符　号	名　称	符　号
单向定量液压泵		单向变量液压泵	
双向定量液压泵		双向变量液压泵	
单向定量马达	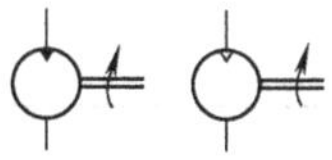	定量液压泵-马达	
双向定量马达	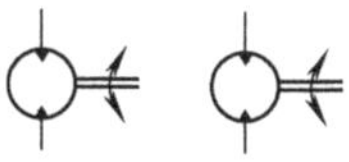	变量液压泵-马达	
单向变量马达	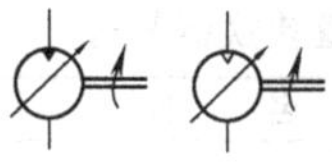	液压整体式传动装置	
双向变量马达	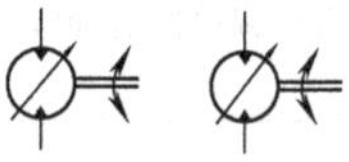	摆动马达	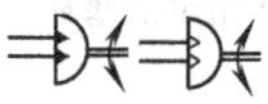

3.1.5 控制机构和控制方法符号

控制机构和控制方法符号见表 3-6。

表 3-6　控制机构和控制方法符号

名　称		符　号	名　称		符　号
定位装置			电气控制	单作用可调电磁操控器（比例电磁铁、力马达）	
人力控制	按钮式			双作用可调电磁操控器（力矩马达）	
	拉钮式			电动机控制	
	按-拉式			单作用电磁铁控制	
	手柄式			双作用电磁铁控制	
	踏板式		卸压先导控制反馈	液压先导控制（内部压力控制、内部泄油）	
	双向踏板式			液压先导控制（内部压力控制、带遥控泄放口）	
直接压力控制	加压或卸压控制			电磁-液压先导控制（单作用电磁铁一次控制、外力控制、外部泄油）	
	差动控制			先导型压力控制阀（带压力调节弹簧、外部泄油、带遥控泄放口）	
	内部压力控制	45°		先导型比例电磁式压力控制器（单作用比例操纵器、内部泄油）	
	外部压力控制			外反馈一般符号	
机械控制	顶杆式机械控制			电机反馈	
	可变行程机械控制			机械内反馈	
	弹簧控制				
	滚轮式机械控制				
	单向滚轮式机械控制				
加压先导控制	电磁-液压先导控制				
	气压先导控制				
	液压先导控制				
	液压二级先导控制				
	气压-液压先导控制				
	电磁-气压先导控制				

3.1.6　液压缸和特殊能量转换器符号

液压缸和特殊能量转换器符号见表 3-7。

表 3-7　液压缸和特殊能量转换器符号

名　称	符　号	名　称	符　号
单作用单活塞缸	不带弹簧　带弹簧	双作用可调单向缓冲缸	
单作用伸缩缸		双作用可调双向缓冲缸	
双作用单活塞缸		双作用伸缩缸	

续表

名　称	符　号	名　称	符　号
双作用双活塞杆缸		气-液转换器	单程作用　连续作用
双作用不可调单向缓冲缸			
双作用不可调双向缓冲缸		增压器	单程作用　连续作用

3.1.7 检测元件及其他元件符号

检测元件及其他元件符号见表3-8。

表3-8　检测元件及其他元件符号

名　称	符　号	名　称	符　号
压力指示器		液面计	
压力计		温度计	
流量计		行程开关	
转速仪		模拟传感器	
转矩仪		气动消声器	
压力继电器		气动报警器	

3.1.8 油箱及流体调节元件符号

油箱及流体调节元件符号见表3-9。

表3-9　油箱及流体调节元件符号

名　称	符　号	名　称	符　号
管端在液面以上的油箱		带磁性滤芯的过滤器	
管端在液面以下的油箱（带空气过滤器）		分水排水器	人工排出　自动排出
局部泄油或回油			
管端连接于油箱底部		空气过滤器	人工排出　自动排出
加压油箱或密封油箱		除油器	人工排出　自动排出
过滤器			

续表

名称	符号	名称	符号
油雾器		空气干燥器	
冷却器		气源调节装置	详细符号　简化符号
带冷却剂管路指示的冷却器		加热器	
带污染指示器的过滤器		温度调节器	

3.1.9 能量储存器及动力源符号

能量储存器及动力源符号见表 3-10。

表 3-10　能量储存器及动力源符号

名称	符号	名称	符号
蓄能器的一般符号		重锤式蓄能器	
气体隔离式蓄能器		弹簧式蓄能器	
辅助气瓶		电动机一般符号	M
液压源		原动机的一般符号	M
气压源			

3.1.10 常用控制阀符号

① 方向控制阀符号见表 3-11。

表 3-11　换向阀符号

名称	符号	名称	符号
二位二通换向阀	常闭　常开	二位五通换向阀	
二位三通换向阀		三位六通换向阀	
二位四通换向阀		四通电液换向阀（带电反馈三级）	
三位四通换向阀		四通电液换向阀（二级）	

② 压力控制阀符号见表 3-12 所示。

表 3-12　压力控制阀符号

名　称	符　号	名　称	符　号
一般符号或直动型溢流阀	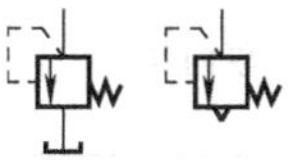	平衡阀(单向顺序阀)	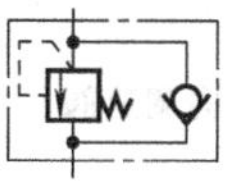
先导型溢流阀		一般符号或直动型卸荷阀	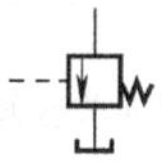
先导型电磁溢流阀	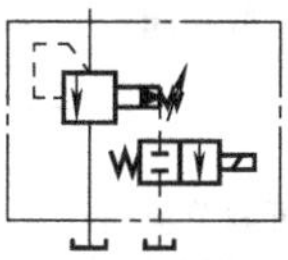	一般符号或直动型顺序阀	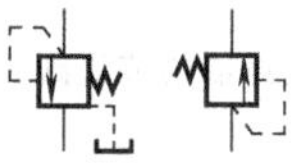
先导型比例电磁溢流阀	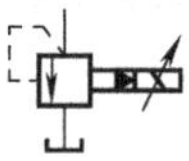	先导型顺序阀	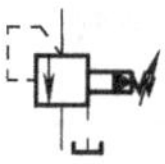
卸荷溢流阀	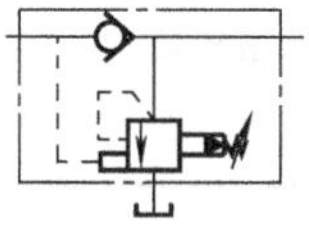	溢流减压阀	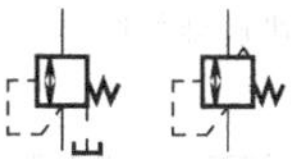
一般符号或直动型减压阀	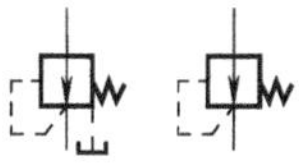	先导型比例电磁溢流减压阀	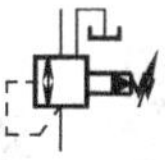
先导型减压阀		定比减压阀	 3
制动阀	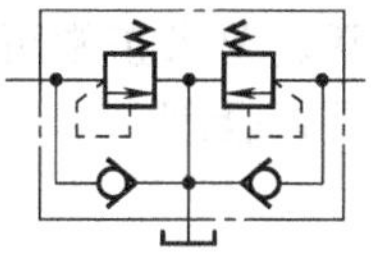	定差减压阀	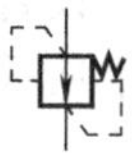

③ 流量控制阀符号见表 3-13。

表 3-13　流量控制阀符号

名　称	符　号	名　称	符　号
带温度补偿调速阀	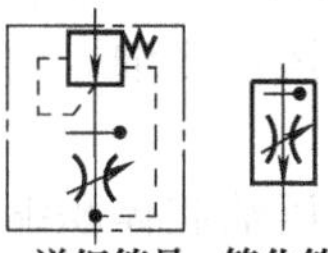 详细符号　简化符号	或门型梭阀	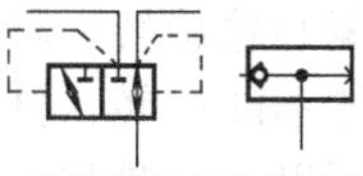 详细符号　简化符号
旁通型调速阀	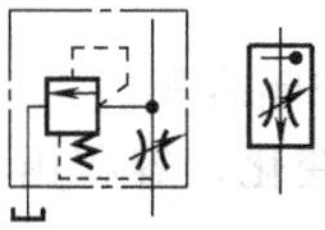 详细符号　简化符号	分流阀	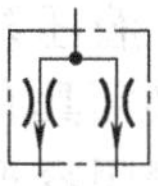
		集流阀	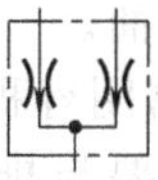
调速阀	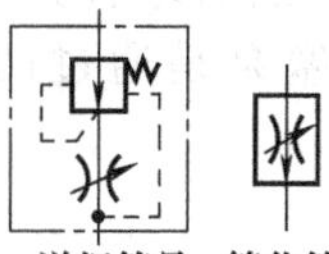 详细符号　简化符号	分流集流阀	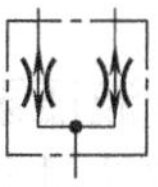

续表

名　称	符　号	名　称	符　号
单向调速阀		单向阀	
可调单向节流阀		液控单向阀	
带消声器的节流阀		截止阀	
减速阀		可调节流阀 不可调节流阀	
快速排气阀	详细符号　简化符号	液压锁	

3.2 液压动力元件（泵）

液压元件是任何一个液压系统的重要组成部分，其性能好坏对整个液压系统的工作可靠性有着至关重要的影响，液压阀是液压技术中品种与规格最多、应用最广泛、最活跃的部分；一个新设计或正在安装的液压系统，能否按照既定要求正常可靠地运行，在很大程度上取决于其中所采用的液压泵的性能优劣及参数匹配是否合理。

3.2.1 液压泵的概述

（1）液压泵的基本工作原理

液压泵是将电机输入的机械能转换为液体的压力能的装置，它为液压系统提供足够流量和压力的液压油，必要时可以改变供油的流向和流量。

如图 3-1 所示为单柱塞式液压泵吸油过程工作原理图，单柱塞式液压泵排油过程与之相反。偏心轮旋转一转，柱塞上下往复运动一次，向下运动吸油，向上运动排油。原动机驱动偏心轮不断旋转，液压泵就不断地完成吸油和压油。

所以，泵是靠吸油腔体积扩大吸入工作液体，靠压油腔体积缩小排除液体，所以液压泵是靠“容积变化”完成机械能转换成压力能进行工作的。

（2）液压泵正常工作的三个必备条件

① 必须具有一个由运动件和非运动件所构成的密闭容积。

② 密闭容积的大小随运动件的运动作周期性的变化，容积由小变大——吸油，由大变小——压油。

③ 密闭容积增大到极限时，先要与吸油腔隔开，然后才转为排油；密闭容积减小到极限时，先要与排油腔隔开，然后才转为吸油。单柱塞泵是通过两个单向阀来实现这一要求的。

（3）液压泵分类

① 按流量分：定量泵、变量泵。

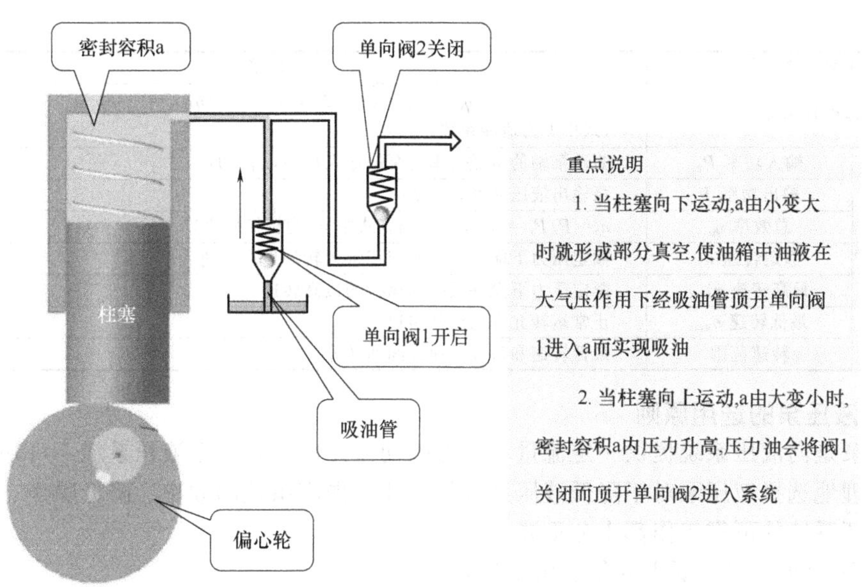

图 3-1　单柱塞式液压泵吸油过程工作原理图

② 按压力分：低压 0～0.25MPa；中压 2.5～8MPa；中高压 8～16MPa；高压 16～32MPa；超高压 32MPa 以上。

③ 按主要运动部件结构分：齿轮泵、叶片泵、柱塞泵，如图 3-2 所示。

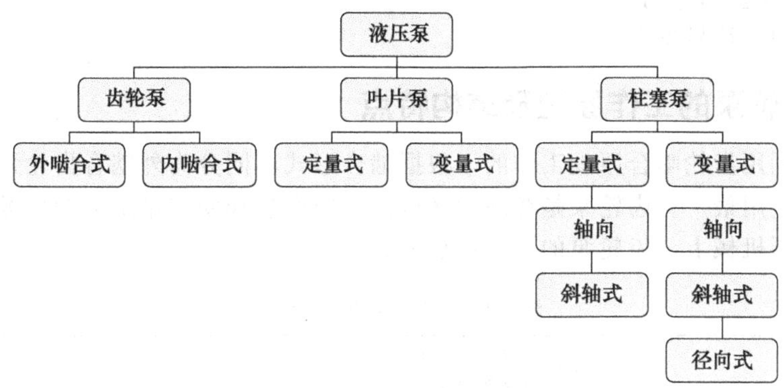

图 3-2　泵按主要运动部件结构分类

（4）液压泵的主要性能参数

液压泵的主要性能参数见表 3-14。

表 3-14　液压泵的主要性能参数

液压泵工作参数		参数意义
泵压力	工作压力 p	泵工作时的出口压力,大小取决于负载
	额定压力 p_s	正常工作条件下按实验标准连续运转的最高压力
	吸入压力	泵的进口处的压力
排量 V		液压泵每转一转理论上应排除的油液体积,又称为理论排量或几何排量。常用单位为 cm^3/r。排量的大小仅与泵的几何尺寸有关
流量	平均理论流量 q_t	泵在单位时间内理论上排出的油液体积,$q_t=nV$,单位为 m^3/s 或 L/min
	实际流量 q	泵在单位时间内实际排出的油液体积。在泵的出口压力≠0 时,因存在泄漏流量 Δq,因此 $q=q_t-\Delta q$
	瞬时理论流量 q_{sh}	任一瞬时理论输出的流量,一般泵的瞬时理论流量是脉动的,即 $q_{sh}\neq q_t$
	额定流量 q_s	泵在额定压力、额定转速下允许连续运转的流量

续表

液压泵工作参数		参数意义
容积效率 η_v		$\eta_v=q/q_t=(q_t-\Delta q)/q_t=1-\Delta q/q_t=1-kp/nV$ (式中 k 为泄漏系数)
功率和效率	输入功率 P_r	驱动泵轴的机械功率为泵的输入功率，$P_r=T\omega$
	输出功率 P	泵输出液压功率，$P=pq$
	总效率 η_p	$\eta_p=P/P_r=pq/T\omega=\eta_v\eta_m$(式中 η_m 为机械效率)
转速	额定转速 n_s	额定压力下能连续长时间正常运转的最高转速
	最高转速 n_{max}	额定压力下允许短时间运行的最高转速
	最低转速 n_{min}	正常运转允许的最低转速
	转速范围	最低转速和最高转速之间的转速

(5) 液压泵的选用原则

液压泵是向液压系统提供一定流量和压力的动力元件，是每个液压系统不可缺少的核心元件，合理地选择液压泵对于降低液压系统的能耗、提高系统的效率、降低噪声、改善工作性能和保证系统的可靠工作都十分重要。

① 是否要求变量，要求变量选用变量泵。

② 最大工作压力，柱塞泵的额定压力最高。

③ 工作环境，污染敏感度，齿轮泵的抗污能力最好。

④ 噪声指标，双作用叶片泵和螺杆泵属低噪声泵。

⑤ 效率，轴向柱塞泵的总效率最高。

(6) 液压泵图形符号

液压泵的图形符号见表 3-5。

3.2.2 齿轮泵的工作原理及结构特点

齿轮泵是利用齿轮啮合原理工作的，根据啮合形式不同分为外啮合齿轮泵、内啮合齿轮泵，外齿轮泵应用最广。齿轮泵是在现代液压技术中产量和使用量最大的泵类元件，被广泛应用在各种液压机械上。齿轮泵的主要特点如表 3-15 所示。

表 3-15 齿轮泵的主要特点

优　点	在泵中结构最简单
	自吸能力好
	对油液污染不敏感，工作可靠
	制造容易，体积小，价格便宜
主要缺点	不能变量
	不能承受径向液压力。不易平衡
	容积效率低
一般齿轮泵的工作压力为 2.5～17.5MPa，流量为 2.5～200L/min。流量脉动大，多用于精度要求不高的传动系统	

(1) 外啮合齿轮泵

① 外啮合齿轮泵的结构及工作原理　CB-B 齿轮泵结构如图 3-3 所示，它主要是由壳体、一对外啮合齿轮和两个端盖等主要零件组成的。

当齿轮的主动齿轮由电机带动不断旋转时，轮齿逐渐脱开，密封工作腔的容积逐渐增大，形成部分真空。因此，油箱中的油液在大气压作用下，经吸油管进入吸油腔，将齿间槽充满，并随着齿轮旋转，把油液带到左侧压油腔去。因轮齿逐渐进入啮合，密封工作腔容积不断减小，齿间槽中的油液被挤出，通过泵的出口输出。外啮合齿轮泵的工作原理如图 3-4 所示。

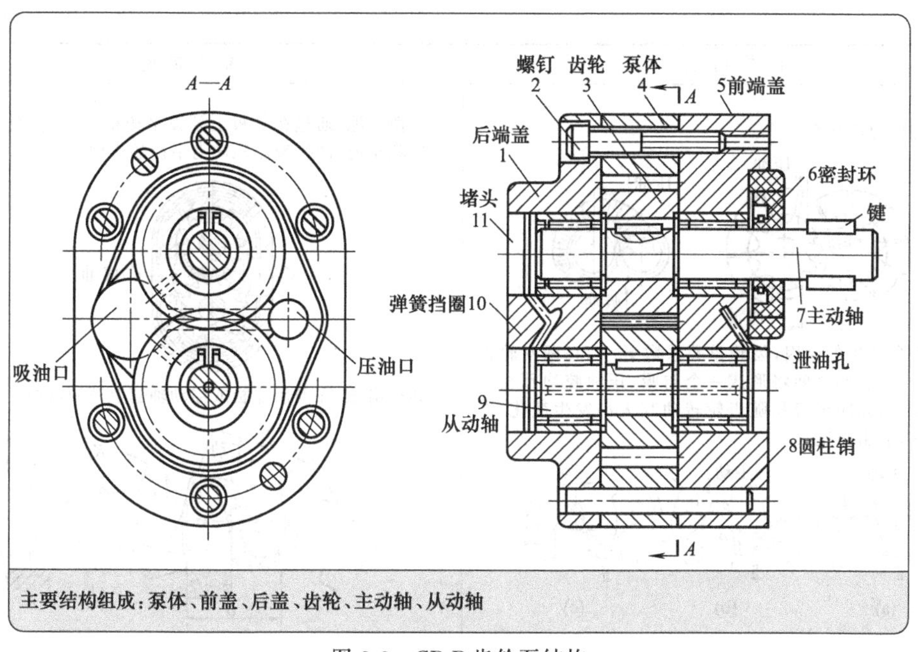

图 3-3 CB-B 齿轮泵结构

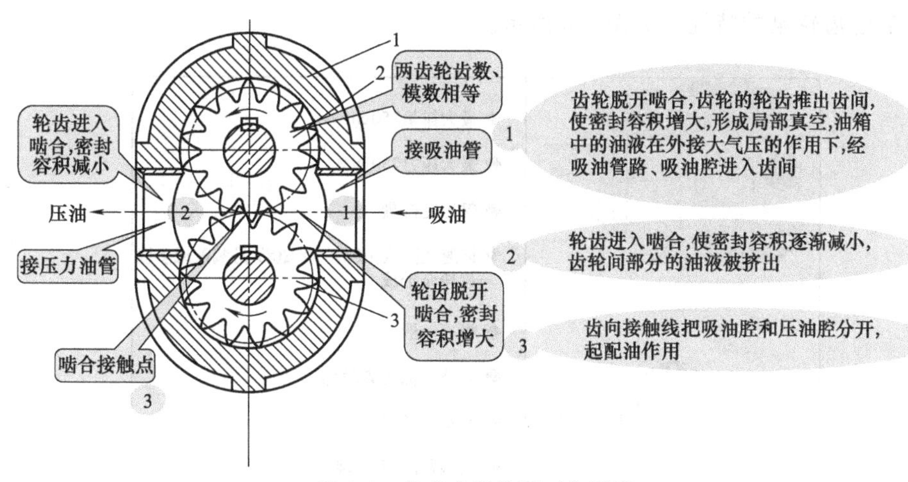

图 3-4 外啮合齿轮泵工作原理

② 外啮合齿轮泵的特点 结构特点及补偿措施见表 3-16。

表 3-16 外啮合齿轮泵的结构特点及补偿措施

结构特点	补充措施
齿轮泵存在端面泄漏、径向泄漏和轮齿啮合处泄漏。端面泄漏占 80%～85%	端面间隙补偿采用静压平衡措施 补偿零件 浮动轴套 浮动侧板 反推力 固定轴套 压紧力 在背面引入压力油 作用在背面的液压力大于正面液压力，其差值由一层油膜承受 反推力 压紧力

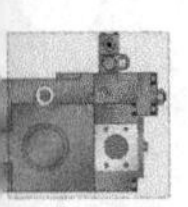

续表

结构特点	补充措施
液压径向力不平衡 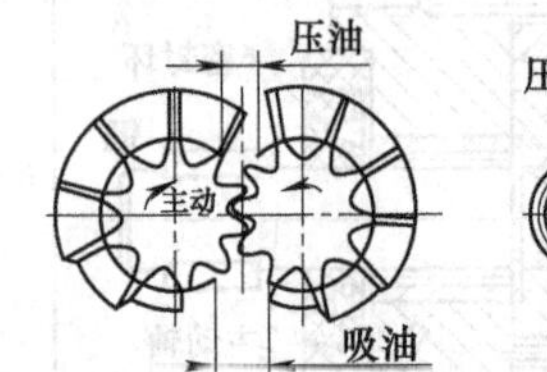 困油现象产生的原因，齿轮重叠系数 ε＞1，在两对轮齿同时啮合时，它们之间将形成一个与吸、压油腔均不相通的闭死容积，此闭死容积随齿轮转动其大小发生变化，先由大变小，后由小变大 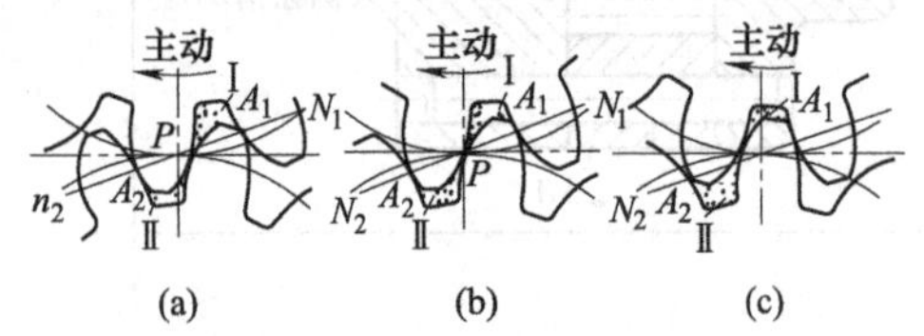	平衡措施：通过在盖板上开设平衡槽，使它们分别与低、高压腔相通，产生液压径向力平衡的作用 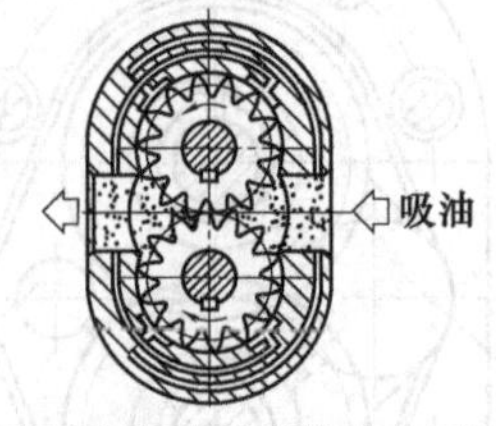 卸荷措施：在前后盖板或浮动轴套上开卸荷槽 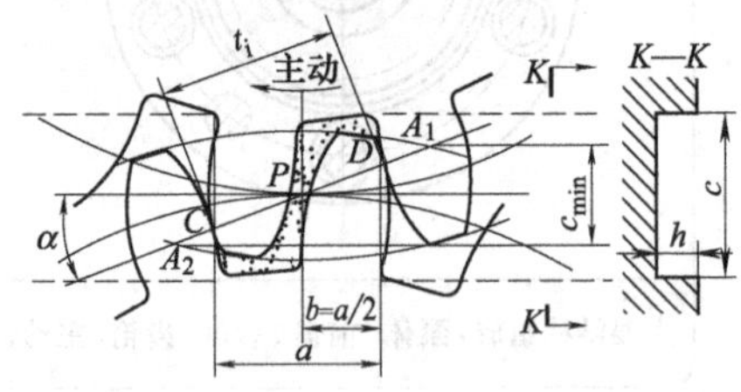

③ 外啮合齿轮泵的特性　如图 3-5 所示。

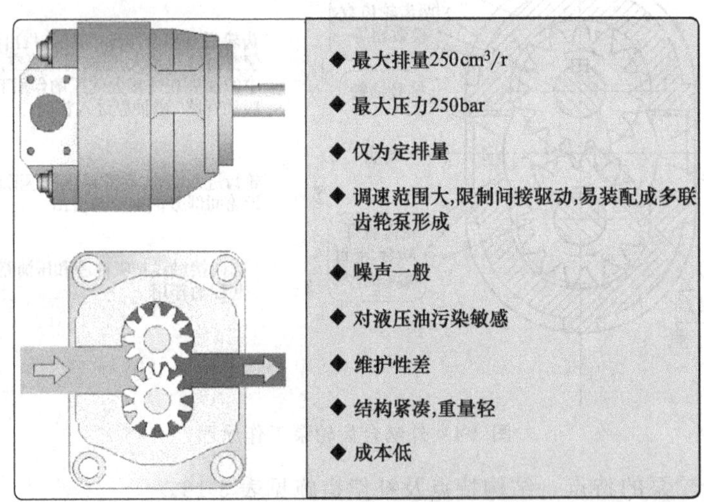

图 3-5　外啮合齿轮泵特性

(2) 内啮合齿轮泵

① 内啮合齿轮泵结构及工作原理　内啮合齿轮泵有渐开线齿轮泵和摆线齿轮泵（又名转子泵）两种。

如图 3-6 所示，一对相互啮合的小齿轮和内齿轮与侧板所围成的密闭容积被齿啮合线分割成两部分，当传动轴带动小齿轮旋转时，轮齿脱开啮合的一侧密闭容积增大，为吸油腔；轮齿进入啮合的一侧密闭容积减小，为压油腔。

② 内啮合齿轮泵特点　与外啮合齿轮泵相比，无困油现象，流量脉动小，噪声低，采取间隙补偿措施后，泵的额定压力可达 30MPa，工作效率高。

③ 内啮合齿轮泵特性　如图 3-7 所示。

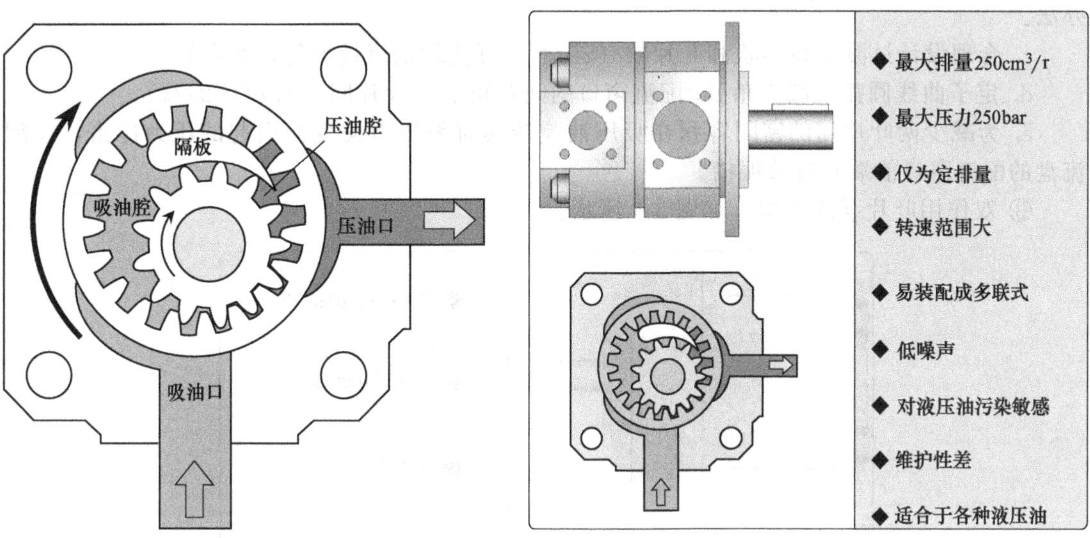

图 3-6 内啮合齿轮工作原理　　图 3-7 内啮合齿轮泵特性

3.2.3 叶片泵工作原理及结构特点

叶片泵是一种常见的液压泵，可以分为单作用叶片泵和双作用叶片泵两种。前者用作变量泵；后者为定量泵。

(1) 双作用叶片泵

① 双作用叶片泵的工作原理　双作用叶片泵的工作原理如图 3-8 所示，由定子、转子、叶片、配流盘和泵体组成。转子与定子同心安装，定子的内曲线由两段长半径圆弧、两段短半径圆弧及四段过渡曲线所组成，共有八段曲线。如图 3-8 所示，转子作顺时针旋转，叶片在离心力作用下，径向伸出，其顶部在定子内曲线上滑动。双作用叶片泵每转一转，每个工作腔完成吸油两次和压油两次，所以称其为双作用叶片泵。又因泵的两个吸油窗口与两个压油窗口是径向对称的，作用于转子上的液压力是平衡的，所以又称为平衡式叶片泵。

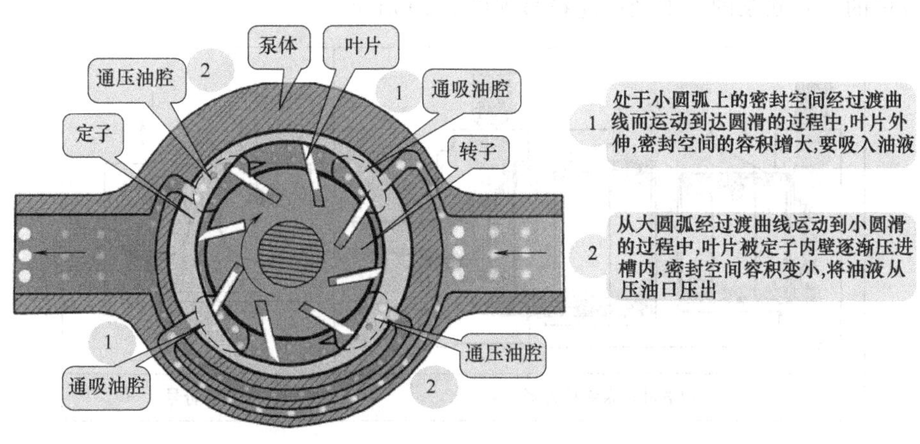

图 3-8 双作用叶片泵的工作原理

② 双作用叶片泵的结构特点

a. 配流盘的两个吸油窗口和两个压油窗口对称布置，因此作用在转子和定子上的液压径向力平衡，轴承承受的径向力小，寿命长。

b. 为保证叶片自由滑动且始终紧贴定子内表面，采用叶片槽根部全部通压力油腔的

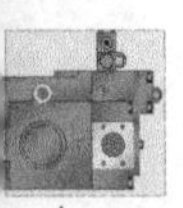

办法。

c. 合理设计过渡曲线形状和叶片数（$z \geqslant 8$），可使理论流量均匀，噪声低。

d. 定子曲线圆弧段圆心角 $\beta \geqslant$ 配流窗口的间距角 $\gamma \geqslant$ 叶片间夹角 $\alpha(=2\pi/z)$。

e. 为减少两叶片间的密闭容积在吸压油腔转换时因压力突变而引起的压力冲击，在配流盘的配流窗口前端开有减振槽。

③ 双作用叶片泵的性能　如图 3-9 所示。

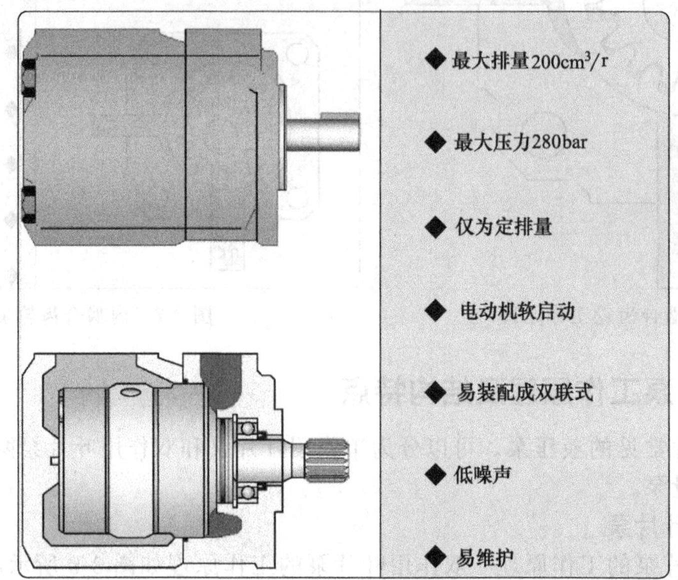

图 3-9　双作用叶片泵性能

④ 双联叶片泵　双联叶片泵相当于两个双作用叶片泵的组合。将两个叶片泵并联在一起，泵的两套转子、定子、配油盘等安装在一个泵体内，两个叶片泵的转子由同一传动轴带动旋转，泵体有一个公共的吸油口和各自独立的出油口，两个泵可以是相等流量的，也可以是不等流量的。双联泵的外形及职能符号如图 3-10 所示。

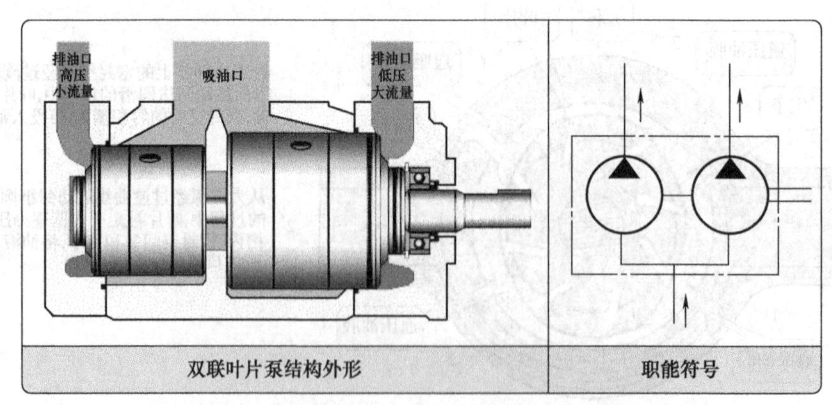

图 3-10　双联叶片泵结构外形及职能符号

在流量变化很大的速度换接回路中，常将高压小流量泵和低压大流量泵并联使用。当快速进给时需要流量很大，两个泵同时供油（此时压力较低）；当工作进给时，压力较高，大流量泵卸荷，只有小流量泵供油。这与采用高压大流量泵相比，可以节省能源，减少油液发热，系统回路元件结构如图 3-11 所示。

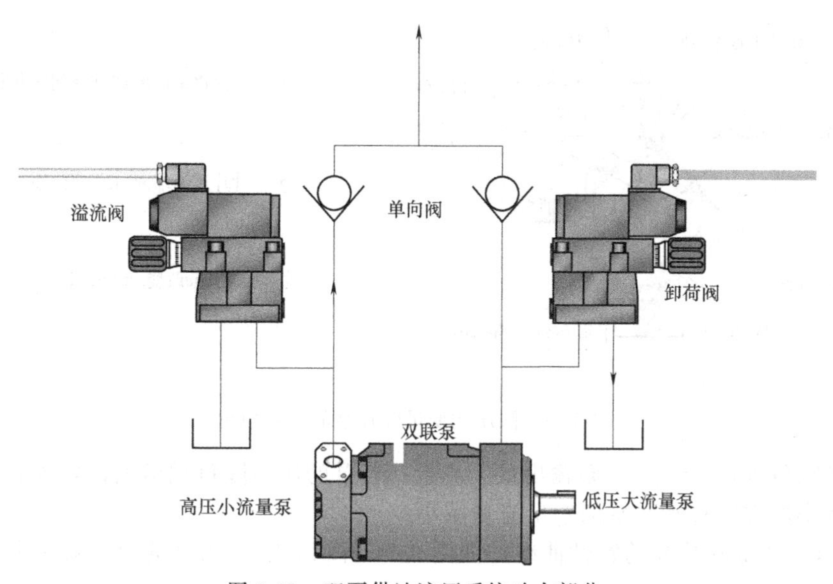

图 3-11 双泵供油液压系统动力部分

(2)单作用叶片泵

① 单作用叶片泵的工作原理 如图 3-12 所示为单作用叶片泵的工作原理。定子的内表面是圆柱形孔，定子和转子中心不重合，相距一偏心距 e。在吸油腔和压油腔之间，有一段封油区，把吸、压油腔隔开。泵的转子每旋转一周，叶片在槽中往复滑动一次，密封工作腔容积增大和缩小各一次，完成一次吸油和压油，故称单作用泵。

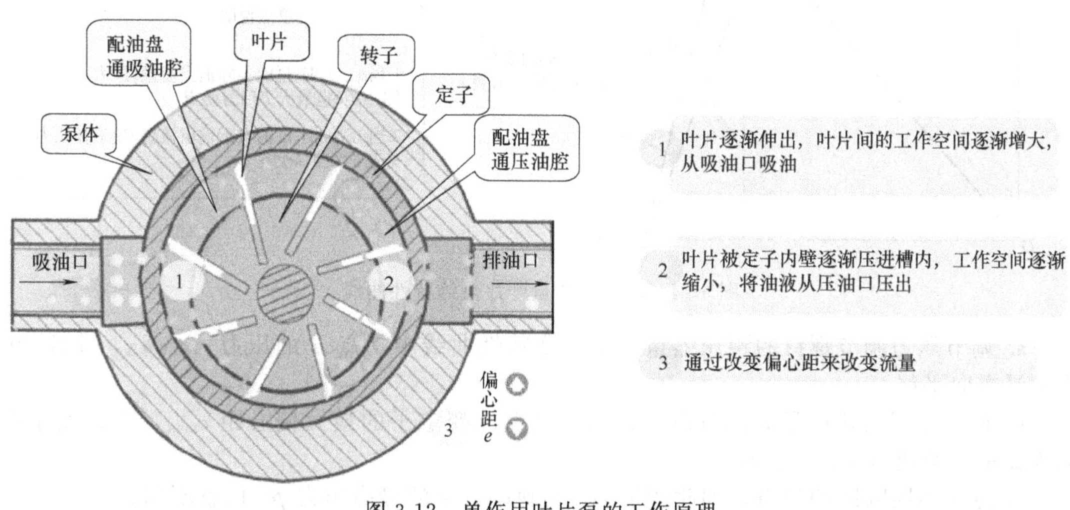

图 3-12 单作用叶片泵的工作原理

② 单作用叶片泵的结构特点

a. 可以通过改变定子的偏心距 e 来调节泵的排量和流量。

b. 叶片槽根部分别通油，叶片厚度对排量无影响。

c. 叶片矢径是转角的函数，瞬时理论流量是脉动的。叶片数取为奇数，可减小流量的脉动。

③ 限压式变量叶片泵工作原理 根据自动调节后泵的压力和流量特性，可分为限压式、恒流量式和恒压式三类。如图 3-13 所示为限压式变量叶片泵的工作原理。

定子右边控制活塞作用着泵的出口压力油，左边作用着调压弹簧力，当 $F<F_t$ 时，定

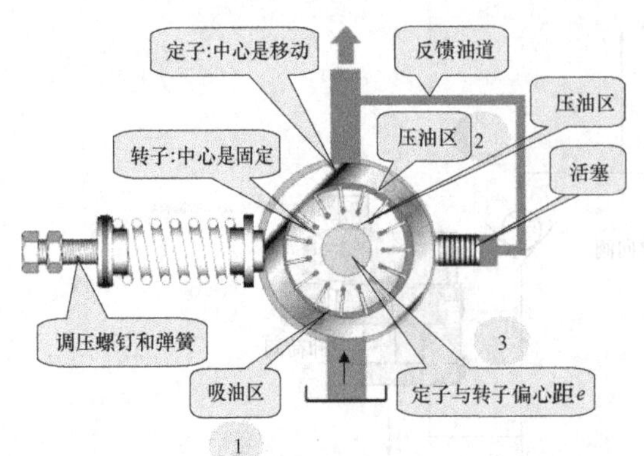

1 叶片逐渐伸出,工作空间逐渐增大

2 叶片逐渐缩回,工作空间逐渐减小

3 偏心距e改变,流量变化

图 3-13 限压式变量叶片泵的工作原理

子处于右极限位置，$e=e_{\max}$，泵输出最大流量；若泵的压力随负载增大，导致 $F>F_t$，定子将向偏心减小的方向移动，泵的输出流量减小。

④ 限压式变量叶片泵的特性曲线 如图 3-14 所示为限压式变量叶片泵的流量和压力特性曲线。

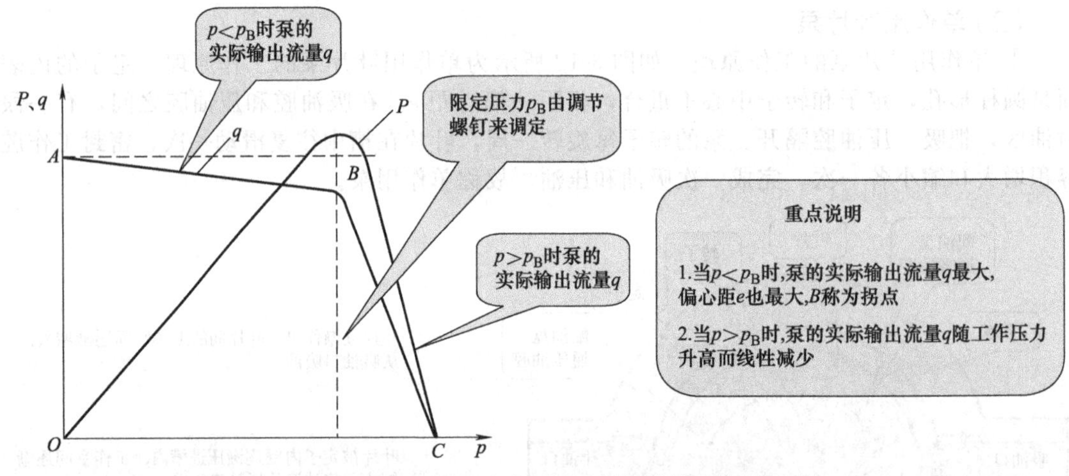

图 3-14 限压式变量叶片泵的特性曲线

a. 调节压力调节螺钉的预压缩量，即改变特性曲线中拐点 B 的压力大小 p_B，曲线 BC 沿水平方向平移。

b. 调节定子右边的最大流量调节螺钉，可以改变定子的最大偏心距 $e_{\max}$，即改变泵的最大流量，曲线 AB 上下移动。

c. 更换不同刚度的弹簧，即改变了 BC 的斜率，泵的最高压力 p_C 也就不同。

3.2.4 柱塞泵工作原理及结构特点

柱塞泵是依靠柱塞在缸体内作往复运动使泵内密封工作腔容积发生变化实现吸油和压油的。柱塞泵一般分为径向柱塞泵和轴向柱塞泵。

（1）轴向柱塞泵

① 轴向柱塞泵的结构 轴向柱塞泵可分为斜盘式和斜轴式两种。如图 3-15 所示是一种国产的斜盘式轴向柱塞泵的结构。该泵是由主体部分（图中左半部）和变量部分（图中右半部）组成的。在主体部分中，传动轴通过花键轴带动缸体旋转，使均匀分布在缸体上的柱塞绕传动轴的轴线旋转，由于每个柱塞的头部通过滑履结构与斜盘连接，因此可以任意转动而

不脱离斜盘。随着缸体的旋转，柱塞在轴向往复运动，使密封工作腔的容积发生周期性的变化，通过配流盘完成吸油和压油工作。在变量机构中，由斜盘的角度来决定泵的排量。而泵的角度是通过液压力和弹簧的作用，使调节柱塞往复运动来调整的。可见这种泵的变量调节机构是自动的。

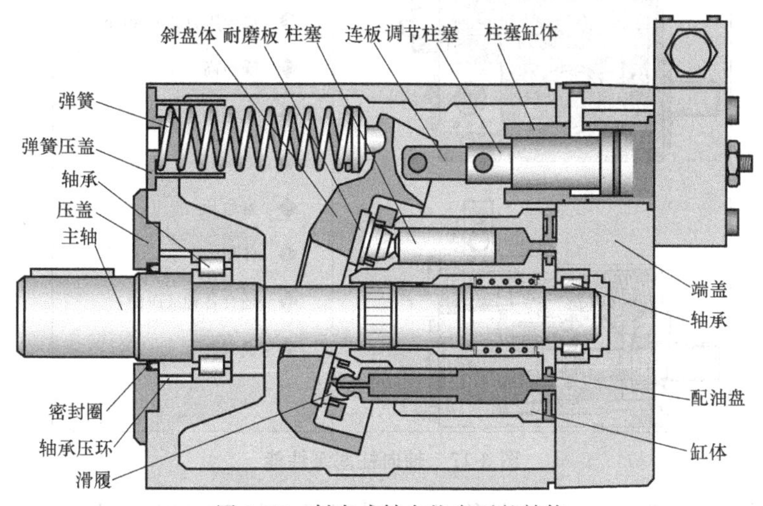

图 3-15 斜盘式轴向柱塞泵的结构

② 轴向柱塞泵的工作原理 斜盘式轴向柱塞泵的工作原理如图 3-16 所示。柱塞轴向均匀排列安装在缸体同一半径圆周处，缸体由电动机带动旋转，柱塞靠机械装置（如滑履）或在低压油的作用下顶在斜盘上。当缸体旋转时，柱塞即在轴向左右移动，使得工作腔容积发生变化。轴向柱塞泵是靠配流盘来配流的，配流盘上的配流窗口分为左右两部分。若缸体如图 3-16 所示方向旋转，则图中左边配流窗口 a 为吸油区（柱塞向左伸出，工作腔容积变大）；右边配流窗口 b 为压油区（柱塞向右缩回，工作腔容积变小）。轴向柱塞泵每旋转一转，工作腔容积变化一次，完成吸油、压油各一次。轴向柱塞泵是靠改变斜盘的倾角，从而改变每个柱塞的行程使得泵的排量发生变化的。

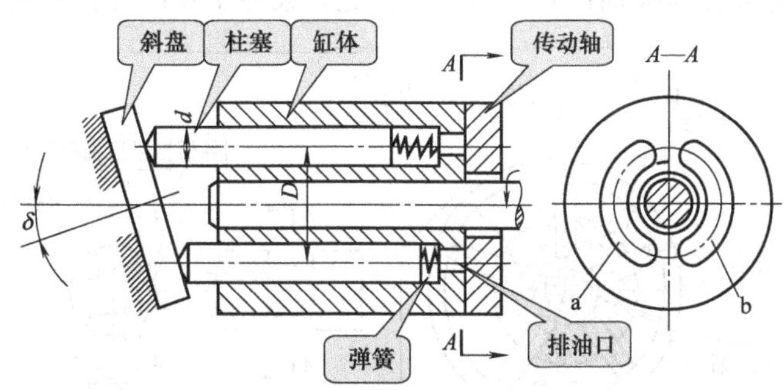

图 3-16 斜盘式轴向柱塞泵的工作原理

③ 斜盘式轴向柱塞泵的结构特点

a. 三对摩擦副：柱塞与缸体孔，缸体与配流盘，滑履与斜盘。容积效率较高，额定压力可达 31.5MPa。

b. 泵体上有泄漏油口。

c. 传动轴是悬臂梁，缸体外有大轴承支承。

d. 为减小瞬时理论流量的脉动性，取柱塞数为奇数：5，7，9。

e. 为防止密闭容积在吸、压油转换时因压力突变引起的压力冲击，在配流盘的配流窗

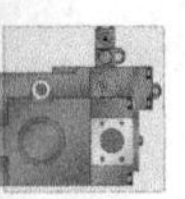

口前端开有减振槽或减振孔。

④ 轴向柱塞泵性能　如图 3-17 所示。

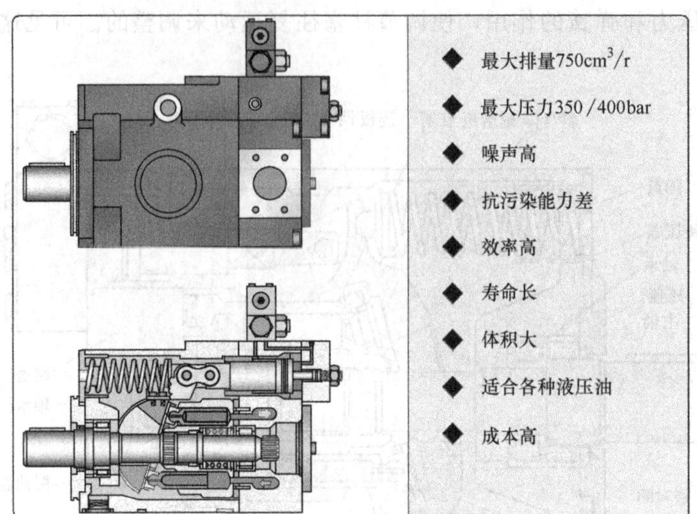

图 3-17　轴向柱塞泵性能

轴向柱塞泵的性能稳定，耐冲击性能好，工作可靠；但其径向尺寸大，结构复杂，自吸能力差，且配油受到不平衡液压力的作用，容易磨损，这些都限制了它的转速和压力的提高。

(2) 径向柱塞泵

① 径向柱塞泵的工作原理　径向柱塞泵的工作原理如图 3-18 所示。转子为缸体，其上均布七个柱塞孔，柱塞底部空间为密闭工作腔。柱塞靠离心力（或在低压油的作用下）使头部滑履顶在定子的内壁上。定子与缸体是偏心安装的。电动机带动→转子（缸体）→柱塞沿径向里外移动→工作容积变化→完成吸压油过程。径向柱塞泵是靠配流轴来配油的，径向柱塞泵每旋转一转，工作腔容积变化一次，完成吸油、压油各一次。改变其偏心距可使其输出流量发生变化，成为变量泵。

由于该泵上下各部分为吸油区和压油区，因此，泵在工作时受到径向不平衡力作用。

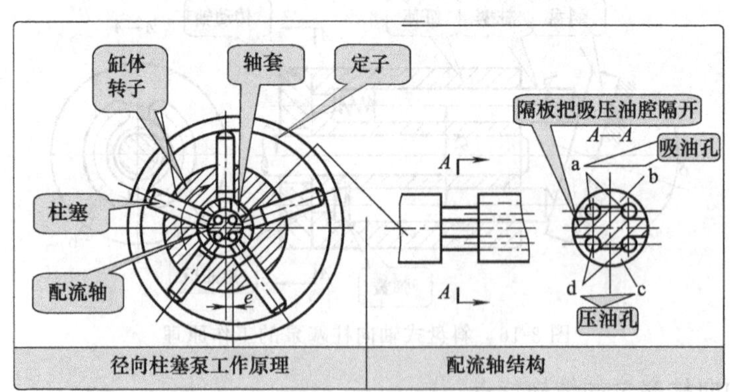

图 3-18　径向柱塞泵的工作原理

径向柱塞泵由于泵中的柱塞在缸体中的移动速度是变化的，泵的输出流量是脉动的，在柱塞数较多却为奇数时，流量脉动较小。

② 配流轴式径向柱塞泵结构特点

a. 配流轴配流，因配流轴上与吸、压油窗口对应的方向开有平衡油槽，使液压径向力得到平衡，容积效率较高。

b. 柱塞头部装有滑履，滑履与定子内圆为面接触，接触面比压很小。

c. 可以实现多泵同轴串联，液压装置结构紧凑。

d. 改变定子相对缸体的偏心距可以改变排量，且变量方式多样。

③ 径向柱塞泵的性能　如图 3-19 所示。

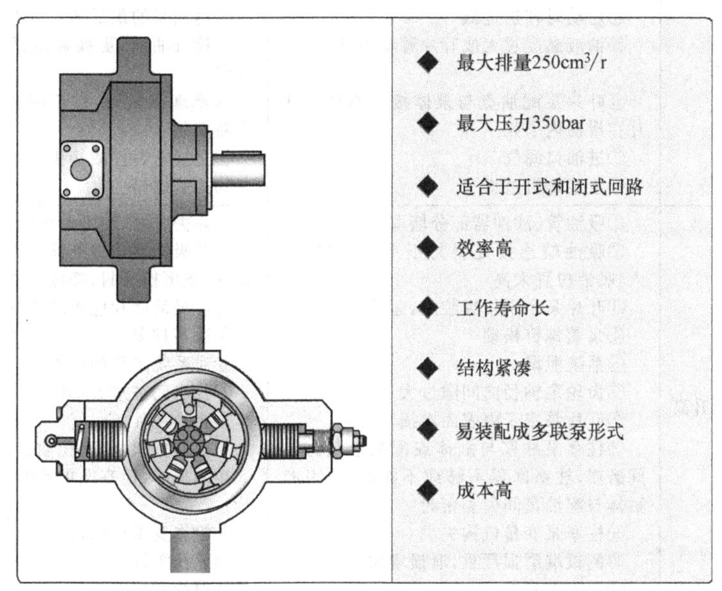

图 3-19　径向柱塞泵性能

④ 负载敏感型径向变量柱塞泵　如图 3-20 所示为负载敏感型径向变量柱塞泵工作原理。

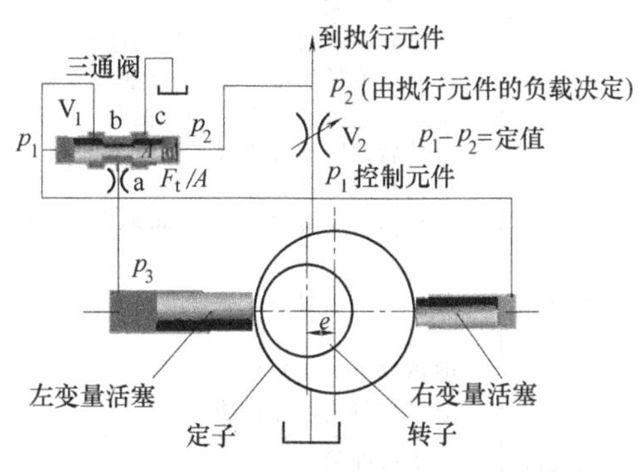

重点说明

V_1阀芯受力平衡时$(p_1-p_2)=F_t/A$,对应于V_2开口面积一定→泵输出Q一定→e一定→定子两端变量活塞受力平衡

调节V_2开口减小→泵输出Q未变时→(p_1-p_2)增大→V_1受力平衡破坏→三通阀芯右移→a和c通→p_3减小→定子左移→e减小→泵输出Q减小→V_2压力差减小到原来值→V_1受力平衡→三通阀芯回到中位→a和c切断→p_3出口封闭→定子稳定在新的位置→泵输出与V_2开口相适应的Q→满足执行元件的流量需要

图 3-20　负载敏感型径向变量柱塞泵工作原理

这种变量形式的液压泵不仅输出的流量适应执行元件的流量需求，而且泵的出口压力 p_1 随负载压力 p_2 而变化，因此称为负载变量泵，或功率（压力和流量）自适应变量泵。由于结构上的一些改进，图 3-20 所示的径向柱塞泵的额定压力可达 35MPa，加之变量方式灵活，且可以实现双向变量，因此应用日益广泛。

3.2.5 常用动力元件故障检修与排除方法

(1) 液压泵的常见故障及排除方法

液压泵常见故障及排除方法见表 3-17。

表 3-17 液压泵常见故障及排除方法

故障现象	产生原因	排除方法
不排油或无压力	①电机和泵转向不一致 ②油箱油位过低 ③吸油管或滤油器堵塞 ④启动时转速过低 ⑤油液黏度过大或叶片移动不灵活 ⑥叶片泵配油盘与泵体接触不良或叶片在滑槽内卡死 ⑦进油口漏气 ⑧组装螺钉过松	①纠正转向 ②补油至油线标 ③清洗吸油管路或滤油器 ④达到泵的最低转速以上 ⑤检查油质，更换黏度适合的液压油或提高油温 ⑥修理接触面，重新调试，清洗滑槽和叶片，重新安装 ⑦更换密封件或接头 ⑧拧紧螺钉
流量不足或压力不能升高	①吸油管、滤油器部分堵塞 ②吸油端连接处密封不严，有空气进入，吸油位置太高 ③叶片泵个别位置装反，运动不灵活 ④泵盖螺钉松动 ⑤系统泄漏 ⑥齿轮泵轴径向间隙过大 ⑦叶片泵定子内表面磨损 ⑧柱塞泵柱塞与缸体或配油盘与缸体间磨损，柱塞回程不够或不能回程，引起缸体与配油盘间失去密封 ⑨柱塞泵变量机构失灵 ⑩侧板端磨损严重，泄损增加 ⑪溢流阀失灵	①除去脏物，使吸油畅通 ②在吸油端连接处涂油，若有好转，则紧固连接件，或更换密封，降低吸油高度 ③不灵活叶片应重新研配 ④适当拧紧 ⑤对系统进行顺序检查 ⑥找出间隙过大部位 ⑦更换零件 ⑧更换柱塞，修磨配油盘与缸体的接触面，保证接触良好，检查或更换中心弹簧 ⑨检查变量机构，纠正其调整误差 ⑩更换零件 ⑪检修溢流阀
噪声严重	①吸油管、滤油管部分堵塞 ②吸油端连接处密封不严，有空气进入，吸油位置太高 ③泵轴油封处有空气进入 ④泵盖螺钉松动 ⑤泵与联轴器不同心或松动 ⑥油液黏度过高油中有气泡 ⑦吸入口滤油器通过能力太小 ⑧转速太高 ⑨泵体腔道阻塞 ⑩齿轮泵齿形精度不高或接触不良，泵内零件损坏 ⑪齿轮泵轴向间隙过小，齿轮内孔与端面垂直度或泵盖上两孔平行度超差 ⑫溢流阀阻尼堵塞 ⑬管路振动	①去除脏物，使吸油管畅通 ②在吸油端连接处涂油，若有好转，则紧固连接件，或更换密封，降低吸油高度 ③更换油封 ④适当拧紧 ⑤重新安装，使其同心，紧固连接件 ⑥换黏度适度液压油，提高油液质量 ⑦改用通流能力较大的滤油器 ⑧使转速降至允许最高速以下 ⑨清理或更换泵体 ⑩更换齿轮或研磨修整，更换损坏零件 ⑪检查并修复有关零件 ⑫拆卸溢流阀清洗 ⑬采取隔离消振措施
泄漏	①柱塞泵中心弹簧损坏，使缸体与配流盘间失去密封性 ②油封或密封圈损坏 ③密封表面不良 ④泵内零件间磨损，间隙大	①更换弹簧 ②更换油封或密封圈 ③检查修理 ④更换或重新研配零件
过热	①油液黏度过高或过低 ②侧板和轴套与齿轮端面摩擦 ③油液变质，吸油阻力增大 ④油箱容积太小，散热不良	①更换黏度适合的液压油 ②修理或更换侧板和轴套 ③换油 ④加大油箱，扩大散热面积
柱塞泵变量机构失灵	①在控制油路上出现阻塞 ②变量头与变量体磨损 ③伺服活塞、变量活塞以及弹簧芯轴卡死	①净化油，必要时冲洗油路 ②刮修，使圆弧面配合良好 ③如机械卡死，可研磨修复，如油液污染，则清洗零件并更换油液
柱塞泵不转	①柱塞与缸体卡死 ②柱塞球头折断，滑靴脱落	①研磨，修复 ②更换零件

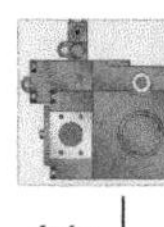

(2)齿轮泵的常见故障及排除方法

齿轮泵的常见故障及排除方法见表3-18。

表3-18 齿轮泵的常见故障及排除方法

故障现象	故障原因		排除方法
	使用中的泵	新安装的泵	
泵排油，但压力上不去	①泵内滑动件严重磨损，容积效率太低 ②溢流阀的锥阀芯严重磨损 ③溢流阀被脏物卡住，动作不良 ④泵的轴向或径向间隙过大	①吸油侧少量吸空气 ②高压侧有漏油通道 ③溢流阀调压过低或关闭不严 ④吸油阻力过大或进入空气 ⑤泵转速过高或过低 ⑥高压侧管道有误，系统内部卸荷 ⑦液压泵质量不好	①检修泵或更换新泵 ②修磨或更换锥阀芯 ③过滤油液清除污物 ④修理或更换泵 ⑤密封不良，改善密封 ⑥找出漏油部位，及时处理 ⑦调节或修理溢流阀 ⑧检查阻力过大原因，消除 ⑨使泵转速在规定的范围内 ⑩找出原因，及时处理 ⑪更换新泵
泵发出噪声	①多数情况是泵吸油不足所致，如滤油器堵塞；油位过低，吸入空气；泵的油封处吸入空气等 ②回油管高于油面，油中有大量气泡 ③检修后从动齿轮装倒，啮合面积变小 ④油的黏度过高，油温太低	①油黏度过高，油温太低 ②泵轴与原动机同轴度超差 ③吸油滤油器的过滤面积太小 ④吸油部分的密封不良，吸入空气 ⑤泵的转速过高或过低	①保持油位高度，密封必须可靠，防止油液污染 ②使回油管出口浸于油面以下 ③拆开泵，将从动齿轮掉头 ④按季节选用适当黏度的油，或加温 ⑤调节两轴的同轴度 ⑥改换合适的滤油器 ⑦加强吸油侧的密封 ⑧使泵按规定转速转动
泵不进油	①密封老化变形 ②吸油滤油器被脏物堵塞 ③油箱油位过低 ④油温太低，油黏度过高 ⑤泵的油封损坏，吸入空气	①密封老化变形 ②吸油滤油器被脏物堵塞 ③泵安装位置过高，吸程超过规定 ④油温太低，油黏度过高 ⑤吸油侧漏气 ⑥吸油管太细或过长，阻力太大 ⑦泵转向不对、转速过低	①检查吸油部分及其密封，更换失效密封件 ②更换滤油器或过滤油液 ③使泵的吸程在500mm以内 ④按季节换合适油液或加热油液 ⑤更换新的标准油封 ⑥检查吸油部位 ⑦换大通径油管，缩短吸油管长度 ⑧改变泵的转向，增加转速到规定值
泵排油压力虽能上升但效率过低	①泵内密封件损坏 ②泵内滑动件严重磨损 ③溢流阀或换向阀磨损或活动件间隙过大 ④泵内有脏物或间隙过大	①泵质量不好或吸进杂物 ②泵转速过低或过高 ③油箱内出现负压	①检修泵，更换密封件 ②检修泵或更换新泵 ③检修溢流阀或更换新阀 ④清除脏物，过滤油液；更换新泵 ⑤使泵在规定转速范围内运转 ⑥增大空气过滤器的容量

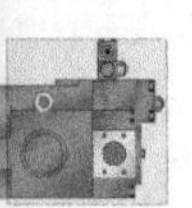

续表

故障现象	故障原因		排除方法
	使用中的泵	新安装的泵	
液压泵温升过快	①压力过高,转速太快,侧板研伤 ②油黏度过高或内部泄漏严重 ③回油路的背压过高	①压力调节不当,转速太快,侧板烧损 ②油箱太小,散热不良 ③油的黏度不当,温度过低	①适当调节溢流阀;降低转速到规定值,修理泵 ②换合适的油,检查密封 ③消除回油管路中背压过高的原因 ④加大油箱 ⑤换合适黏度的油或给油加热
漏油	①管路连接部分的密封老化、损伤或变质等 ②油温过高,油黏度过低	①管道应力未消除,密封处接触不良 ②密封件规格不对,密封性不良 ③密封圈损伤	①检查并更换密封件 ②换黏度较高的油或消除油温过高的原因 ③消除管道应力,更换密封件 ④更换合适密封件 ⑤更换密封圈

(3)叶片泵常见故障及排除方法

叶片泵常见故障及排除方法见表3-19。

表3-19 叶片泵常见故障及排除方法

故障现象	故障原因		排除方法
	使用中的泵	新安装的泵	
泵高压侧不排油	①吸油侧吸不进油,油位过低 ②吸油滤油器被脏物堵塞 ③叶片在转子槽内卡住 ④轴向间隙过大,内漏严重 ⑤吸油侧密封损坏 ⑥更换的新油黏度过高,油温太低 ⑦液压系统有回油情况	油温过低,油液黏度太高	①增添新油 ②过滤油液,清洗油箱 ③检修叶片泵 ④调整侧板间隙 ⑤更换合格密封件 ⑥提高油温 ⑦检查液压回路
噪声过大	①轴颈处密封磨损,进入少量空气 ②回油管露出油面,回油产生气体 ③吸油滤油器被脏物堵塞 ④配流盘、定子、叶片等件磨损 ⑤若为双联泵时,高低压排油腔相通 ⑥噪声产生的原因,多数情况是吸油不足造成的	①两轴的同轴度超过规定值,噪声很大 ②噪声不太大,很刺耳,油箱内有气泡或起沫 ③有轻微噪声并有气泡的间断声音 ④滤油器的容量较小 ⑤吸油发声阻力过大、流速过高,吸油管径小 ⑥除两轴不同轴外,就是泵吸空所造成的	①更换自紧油封 ②往油箱内加注合格液压油至规定液面 ③过滤液压油,清洗油箱 ④检查泵,更换新件,或换新泵 ⑤检修双联泵,或更换新泵 ⑥查出吸油不足的原因,及时解决 ⑦调整电机、泵的两轴的同轴度 ⑧吸油中混进空气,造成回油中夹着大量气体,检查吸油管路和接头 ⑨泵吸油处透气,查吸油部位的连接件,用黄油涂于连接处噪声即无,重新连接 ⑩更换大容量滤油器 ⑪加大吸油管直径 ⑫查找原因,再针对问题及时解决

续表

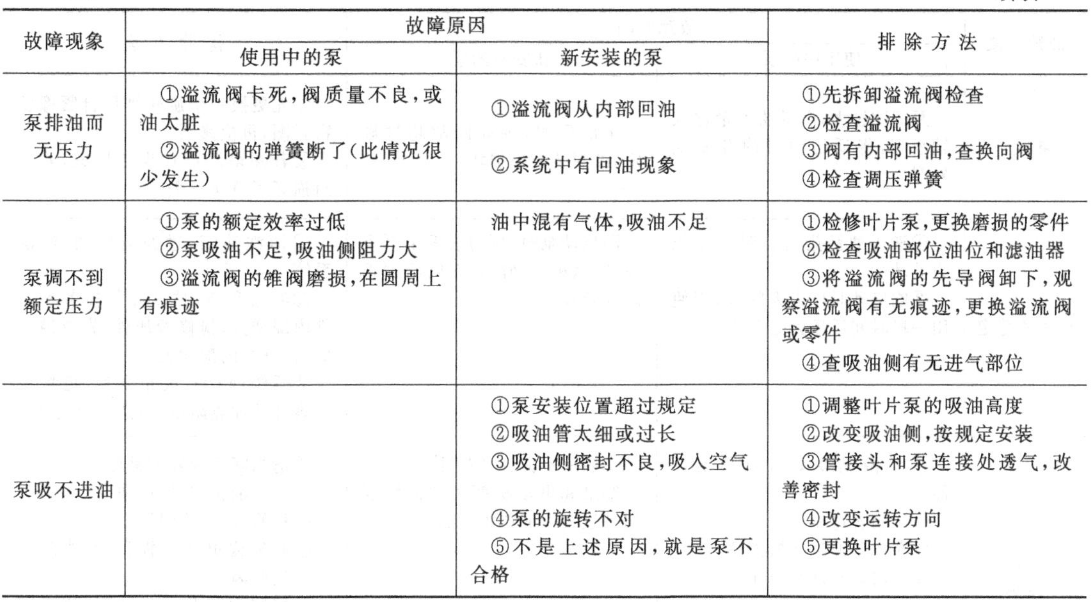

故障现象	故障原因		排除方法
	使用中的泵	新安装的泵	
泵排油而无压力	①溢流阀卡死，阀质量不良，或油太脏 ②溢流阀的弹簧断了（此情况很少发生）	①溢流阀从内部回油 ②系统中有回油现象	①先拆卸溢流阀检查 ②检查溢流阀 ③阀有内部回油，查换向阀 ④检查调压弹簧
泵调不到额定压力	①泵的额定效率过低 ②泵吸油不足，吸油侧阻力大 ③溢流阀的锥阀磨损，在圆周上有痕迹	油中混有气体，吸油不足	①检修叶片泵，更换磨损的零件 ②检查吸油部位油位和滤油器 ③将溢流阀的先导阀卸下，观察溢流阀有无痕迹，更换溢流阀或零件 ④查吸油侧有无进气部位
泵吸不进油		①泵安装位置超过规定 ②吸油管太细或过长 ③吸油侧密封不良，吸入空气 ④泵的旋转不对 ⑤不是上述原因，就是泵不合格	①调整叶片泵的吸油高度 ②改变吸油侧，按规定安装 ③管接头和泵连接处透气，改善密封 ④改变运转方向 ⑤更换叶片泵

（4）轴向柱塞泵常见故障及排除

轴向柱塞泵的常见故障及故障排除方法见表3-20。

表3-20　轴向柱塞泵的常见故障及排除方法

故障现象	故障原因		排除方法
	使用中的泵	新安装的泵	
泵不吸油	①吸油管路上过滤器堵塞 ②液压油箱油位太低 ③吸入管路漏气 ④柱塞泵中心弹簧折断 ⑤泵壳体内未充满液压油并存有空气 ⑥配流盘与缸体、柱塞与缸体磨损严重，造成泄漏	①由于用带轮或齿轮直接装于泵轴上，致使泵轴受径向力，引起缸体和配流盘之间产生楔形间隙，使高低压腔沟通 ②泵的旋转方向不对 ③油温过低，泵无法吸进 ④油液的黏度太高或吸程过长	①拆下过滤器，清洗掉污物，并用压缩空气吹净 ②增加油液至油箱标线范围内 ③紧固吸油管各连接处，严防空气侵入 ④更换损坏的中心弹簧 ⑤经泵壳体内注满油液，或将液压系统回油管分路接入泵体回油口，使泵内保持充满油液的状态 ⑥修复或更换磨损件，缸体配流断面如已损坏，则以缸体的缸套为基准，在平面磨床上重新磨削配流断面 ⑦采用弹性联轴器，使泵轴不受径向力作用 ⑧将泵的旋转方向改过来 ⑨加热油液，提高油温 ⑩加热油温，降低黏度，吸程不要超过规定
泵不吸油或无压力	①泵只要吸油就能排油 ②若无压力时也不一定是泵不排油，可能是压力阀出了问题	①泵旋转方向反了，不吸油也不排油 ②压力阀和方向阀等回路设计、安装不正确，压力油从控制阀油口回油 ③吸油侧阀门未打开	①检查吸油侧 ②检查压力阀是否被脏物卡住 ③检查泵的旋转方向是否装反了 ④重新设计回路，正确安装各控制阀 ⑤打开阀门后再启动泵

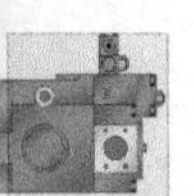

续表

故障现象	故障原因		排除方法
	使用中的泵	新安装的泵	
泵漏油	泵间隙过大，润滑油大量进入轴承端，将低压油封冲开发生外漏	泵出厂时，轴向间隙超过规定，油封装配时损坏	①先更换一个旋转轴用自紧橡胶密封圈，再检修泵 ②若漏得严重找生产厂家，若油封损坏了更换一个
压力不稳定	①液压油污染后有时发生压力波动 ②刚启动时压力无问题，当使用一段时间后压力往下降	刚启动泵时，压力表发生严重波动，这种波动随运转时间加长渐渐减轻	①清洗油箱，过滤液压油，清洗系统 ②油温升高、黏度降低使各种元件内漏增大，检修液压件，先查溢流阀，再查泵的配油盘 ③系统内存有大量空气，可把压力表开关加点阻尼，注意不要关死
泵不正常发热	①油液黏度太高或黏温性能差 ②油箱容量小 ③泵内部油液漏损异常 ④泵内运动件磨损异常	①装配不良、间隙选配不当 ②泵和电动机两轴的同轴度超差过大造成严重发热	①适当降低油液的黏度 ②增大油箱容量，或增设冷却器 ③检修泵，减小泄漏 ④修复或更换磨损件，并排除异常磨损原因 ⑤按装配工艺进行装配，测量间隙，重新配研，达到规定的合理间隙 ⑥检查同轴度是否超差过大，及时解决
噪声过大	①吸油管道阻力过大，过滤器部分堵塞，使吸油不足 ②吸入管路接头漏气 ③油箱中油液不足 ④油的黏度太高 ⑤泵吸油腔距油箱液面大于500mm，使泵吸油不良 ⑥油箱中通气孔被堵	泵轴与电动机轴同轴度超差，泵轴受径向力，转动时产生振动	①减小吸入管道阻力 ②用润滑脂涂在吸油管路接头上检查，若接头因密封不严而漏气，此时噪声会迅速降低，查出漏气原因，排除后重新紧固 ③适当增加油箱中的油液，使液面在规定范围内 ④降低油液黏度，可用同类油液进行调配，或更换合适的油液 ⑤降低泵吸油口高度 ⑥清洗油箱上通气孔 ⑦调整泵轴与电动机轴的同轴度

3.3 液压控制元件

3.3.1 液压控制元件概述

(1) 液压控制阀分类

液压元件包括：
- 动力元件：液压泵
- 控制元件：压力阀、流量阀、方向阀
- 执行元件：液压缸、液压马达
- 辅助元件：油箱、管接头、管道、调温器、过滤器、密封件等

液压控制阀的分类，见表 3-21。

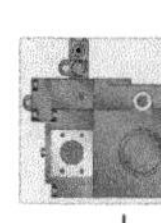

表 3-21 液压控制阀的分类

<table>
<tr><th>分类方法</th><th colspan="2">种类</th><th colspan="2">详细分类及说明</th></tr>
<tr><td rowspan="3">按功能
（如图 3-21 所示）</td><td colspan="2">压力控制阀</td><td colspan="2">溢流阀、减压阀、顺序阀、电液比例压力控制阀、缓冲阀、限压切断阀、压力继电器等</td></tr>
<tr><td colspan="2">流量控制阀</td><td colspan="2">节流阀、调速阀、分流-集流阀、电液比例流量控制阀等</td></tr>
<tr><td colspan="2">方向控制阀</td><td colspan="2">单向阀、液控单向阀、换向阀、梭阀、电液比例方向控制阀</td></tr>
<tr><td rowspan="5">按结构</td><td colspan="2">滑阀</td><td colspan="2">此类阀的阀芯为圆柱形或平板，通过阀芯相对于阀体孔的滑动实现液流的通断或开度大小的改变</td></tr>
<tr><td colspan="2">转阀</td><td colspan="2">阀芯为圆柱形，通过阀芯相对于阀体孔的转动实现液流的通断或开度大小的改变</td></tr>
<tr><td colspan="2" rowspan="2">座阀</td><td>锥阀球阀</td><td>阀芯为圆锥形或球形，利用锥形阀芯或圆球的位移来改变液流通路开口的大小，以实现液流压力、流量及方向的控制</td></tr>
<tr><td>喷嘴
挡板阀</td><td>用喷嘴与挡板之间的相对位移来改变液流通路开口的大小，以实现控制，常作为伺服阀、比例阀、数字阀的先导级使用</td></tr>
<tr><td colspan="2">射流管阀</td><td colspan="2">用射流管相对于带有接受孔道的接受板的摆动实现控制，常作为伺服阀的先导级使用</td></tr>
<tr><td rowspan="6">按操纵方法</td><td colspan="2">手动操纵阀</td><td colspan="2">通过手把及手轮、踏板、杠杆等控制，适合自动化程度要求较低、小型或不常调节的液压系统使用</td></tr>
<tr><td colspan="2">机械操纵阀</td><td>用挡块及碰块、弹簧等控制</td><td rowspan="5">适合自动化程度要求高或控制性能有特殊要求的液压系统使用</td></tr>
<tr><td colspan="2">电动操纵阀</td><td>用普通电磁铁、比例电磁铁、伺服电机和步进电机等控制</td></tr>
<tr><td colspan="2">液动操纵阀</td><td>利用液体压力所产生的力进行控制</td></tr>
<tr><td colspan="2">电液动操纵阀</td><td>利用电动和液动的组合控制方式</td></tr>
<tr><td colspan="2">气动操纵阀</td><td>利用压缩空气所产生的力进行控制</td></tr>
<tr><td rowspan="4">按控制
型号形式</td><td>开关量</td><td>普通
液压阀</td><td colspan="2">以手动、机械、液动、电动、电液动、气动等输入方式，启、闭液流通道或定制控制液流压力和流量，多用于 一般液压传动系统</td></tr>
<tr><td rowspan="2">模拟量</td><td>电液
比例阀</td><td colspan="2">此类阀根据输入信号的大小成比例、连续地远距离控制液压系统中液流的流动方向、压力、流量。它要求保持跳动值的时间稳定性，一般具有对应于 10%～30%最大控制信号的零位死区；多数用于开环系统，也可用于闭环系统
有电液比例压力阀、电液比例流量阀、电液比例换向阀、电液比例复合阀、电液比例多路阀等</td></tr>
<tr><td>电液
伺服阀</td><td colspan="2">此类阀根据输入信号（电气、机械、气动等），成比例地连续控制液压系统中液流方向流量和压力高低。工作时着眼于阀的零点（一般指输入信号为零的工作点）附近的性能以及其连续性。采用伺服控制阀的液压系统一般为闭环系统，称为液压伺服控制系统
伺服控制阀一般称伺服阀，又称随动阀，有单级、两级（喷嘴挡板式、动圈式）电液流量伺服阀、三级电液流量伺服阀、电液压力伺服阀、气液伺服阀、机液伺服阀等</td></tr>
<tr><td>数字量</td><td>电液
数字阀</td><td colspan="2">此类阀的输入信号是脉冲信号，根据输入的脉冲数或脉冲频率来控制液压系统中液流的压力和流量。这类元件的优点是，对油液的污染不敏感，工作可靠，重复精度高，成批产品的性能一致性好；其缺点是由于按照载频原理工作，故控制信号频宽较模拟器件低。数字阀的额定流量很小，只能用于小流量控制场合，如作为电液控制阀的先导控制级如数字控制压力阀、数字控制流量阀与方向阀等</td></tr>
<tr><td rowspan="2">按安装连接方式
（如图 3-22 所示）</td><td colspan="2">管式阀</td><td colspan="2">此类阀通过阀体上的螺纹孔直接与油管、管接头连接（大型阀用法兰连接）组成系统，结构简单、重量轻，适合于移动式设备和流量较小的液压元件的连接，应用较广
缺点是元件分散布置，可能的漏油环节多，装卸不够方便</td></tr>
<tr><td colspan="2">板式阀</td><td colspan="2">此类阀需专用过渡连接板（包括单层连接板、双层连接板和整体连接板等多种形式），管路与连接板相连，阀用螺钉固定在连接板上便于安装维修，应用极为广泛，由于元件集中布置，操作和调节都比较方便</td></tr>
</table>

续表

分类方法	种类	详细分类及说明
按安装连接方式（如图 3-22 所示）	叠加阀	由各种类别与规格不同的阀类（压力阀、流量阀、方向阀）及底板组成。每个阀同时起单个阀和通道孔的作用。各叠加阀叠积在底板与标准板式换向阀之间，用螺栓结合组成系统。阀的性能、结构要素与一般法并无区别，只是为了便于叠加，要求统一规格的不同阀的连接尺寸相同（一般按相应规格的换向阀连接尺寸确定），阀的上下两面均为平面，以便叠加安装
	插装阀	将阀按标准参数做成阀芯、阀套等组件（插入件），插入专用的阀块孔内，并配置各种功能盖板以组成不同要求的液压回路。阀块内的通道将各组件之间的进出油口、控制油口沟通，然后与外部管路相连。具有结构紧凑、互换性较好的优点。使用于高压大流量液压系统 有盖板式插装阀（二通插装阀）和螺纹式插装阀（二、三、四通插装阀）等

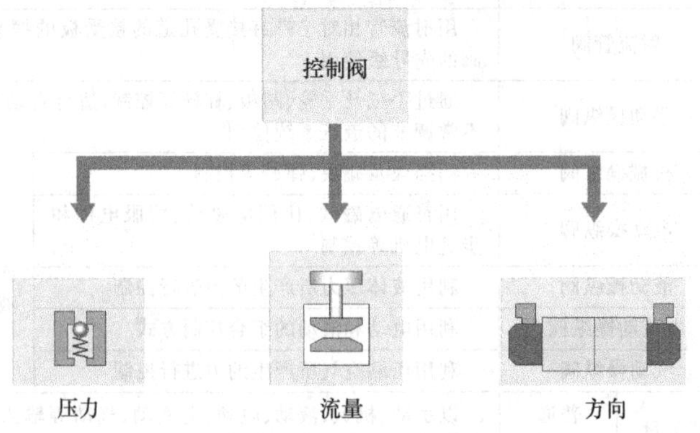

图 3-21　按功能分类

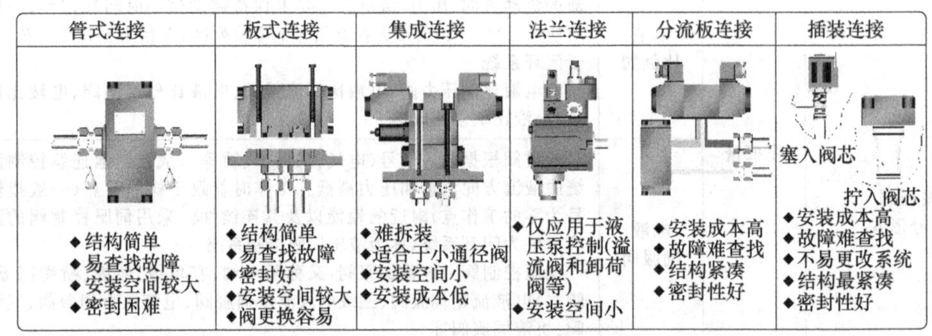

图 3-22　安装连接方式分类

（2）液压控制阀的基本结构及工作原理

液压阀的基本结构及工作原理，如图 3-23 所示。

（3）液压阀的基本要求

① 动作灵敏、使用可靠，工作时冲击和振动要小，使用寿命长。

② 油液流经阀时压力损失要小，密封性要好，内泄要小，无外泄，阀芯稳定性要好。

③ 所控制的参量（压力或流量）稳定，受外干扰时变化量要小。

④ 结构简单紧凑，安装、维护、调整方便，通用性能好。

（4）液压阀的性能参数

液压控制阀的性能参数见表 3-22。

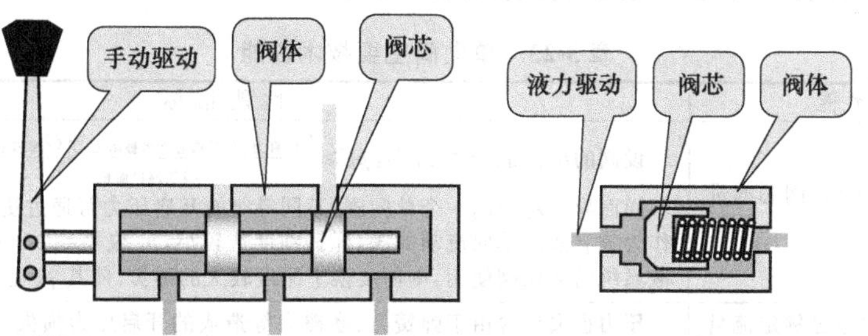

图 3-23　液压阀的基本结构及工作原理

表 3-22　液压阀性能参数

公称通径	代表阀的通流能力的大小,对应于阀的额定流量。与阀的进出油口连接的油管应与阀的通径相一致。阀工作时的实际流量应小于或等于它的额定流量,最大不得大于额定流量的 1.1 倍
额定压力	阀长期工作所允许的最高压力。对压力控制阀,实际最高压力有时还与阀的调压范围有关;对换向阀,实际最高压力还可能受它的功率极限的限制

3.3.2 方向控制阀

方向控制阀用在液压系统中控制液流的方向，是液压系统中占数量比重较大的控制元件。它包括单向阀和换向阀。单向阀有普通单向阀和液控单向阀两种。

(1) 普通单向阀

① 结构特点及工作原理　普通单向阀是只允许液流一个方向流动，反向则被截止的方向阀。要求正向液流通过时压力损失小，反向截止时密封性能好。结构及工作原理、职能符号如图 3-24 所示。

② 主要技术性能　对单向阀的基本要求是：正向流动时阻力损失小、反向截止时密封

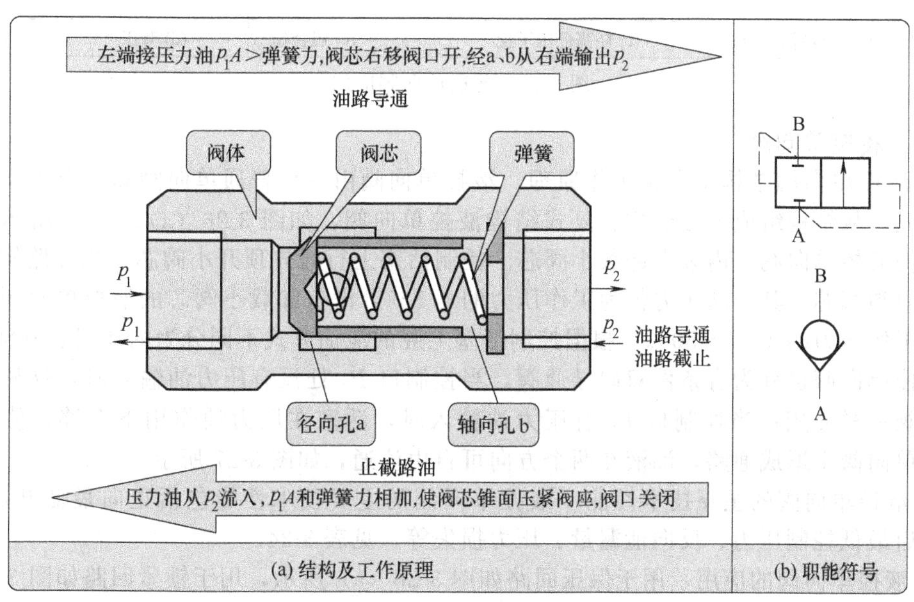

图 3-24　普通单向阀

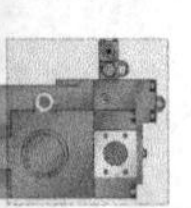

性好，动作灵敏，工作时不应有振动与噪声。其主要性能为正向最小开启压力、正向流动压力损失、反向泄漏量，其技术性能与指标见表 3-23。

表 3-23　单向阀主要技术性能

主要技术性能	性能指标
正向最小开启压力(是阀芯的进液腔最小压力 p_a)	设阀的出液腔压力为零，$p_a > \frac{F_{弹簧力}+F_{阀芯上摩擦阻力}+G_{阀芯重力}}{A_{阀座口面积}}$。阀的 p_a 因场合不同而异。对于同一个单向阀，不同等级的开启压力可通过更换阀的弹簧实现：若作为控制液流单向流动的阀，弹簧刚度选较小，p_a 仅需 0.03～0.05MPa；若作为油液系统的背压阀使用，则需要换上刚度较大的弹簧，使其 p_a 达到 0.2～0.6MPa
压力损失(阀正向通过额定流量时的压力降)	压力损失包含由于弹簧力、摩擦力等造成的开启压力损失和液流的流动损失两部分。为了减少压力损失，可以选用开启压力的阀
反向泄漏量(液流反向进入时阀座孔处泄漏量)	一个性能良好的阀应做到方向无泄漏或泄漏量极微小。当系统有较高保压要求时，应选用泄漏量小的锥阀式结构单向阀

③ 单向阀应用

a. 常被安装在泵的出口，一方面防止压力冲击影响泵的正常工作，另一方面防止泵不工作时系统油液倒流经泵回油箱，如图 3-25（a）所示。

b. 被用来分隔油路以防止高低压干扰，如图 3-25（b）所示。

c. 与其他的阀组成单向节流阀、单向减压阀、单向顺序阀等，使油液一个方向流经单向阀，另一个方向流经节流阀，如图 3-25（c）所示。

d. 安装在执行元件的回油路上，使回油具有一定背压。作背压阀的单向阀应更换刚度较大的弹簧，其正向开启压力为 0.3～0.5MPa，如图 3-25（d）所示。

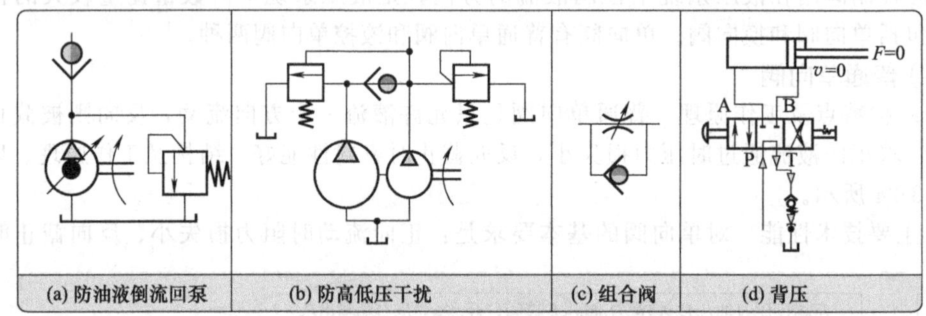

(a) 防油液倒流回泵　(b) 防高低压干扰　(c) 组合阀　(d) 背压

图 3-25　普通单向阀应用

(2) 液控单向阀

① 液控单向阀结构特点及工作原理　液控单向阀由一个普通单向阀和一个小型控制液压缸组成。从结构组成上分简式、复式结构液控单向阀，如图 3-26（a）、（b）所示。其中复式结构液控单向阀芯内装有卸载小阀芯。控制活塞上行时先顶开小阀芯使主油路卸压，再顶开单向阀阀芯，其控制压力仅为工作压力的 4.5%，没有卸载小阀芯的液控单向阀的控制压力为工作压力的 40%～50%。根据控制活塞上腔的泄油方式不同分为内泄式、外泄式。

液控单向阀也称为有条件双向导通阀，当控制口 P_c 处没有压力油输入时，这种阀同普通单向阀一样使用；当控制口 P_c 有压力油输入时，活塞在压力油作用下上移，使阀芯打开，在单向阀中形成通路，油液在两个方向可自由流通，如图 3-27 所示。

② 液控单向阀的主要技术性能　液控单向阀的主要技术性能包括正向最低开启压力、反向开启最低控制压力、反向泄漏量、压力损失等，见表 3-24。

③ 液控单向阀的应用　用于保压回路如图 3-28（a）所示，用于锁紧回路如图 3-28（b）所示。

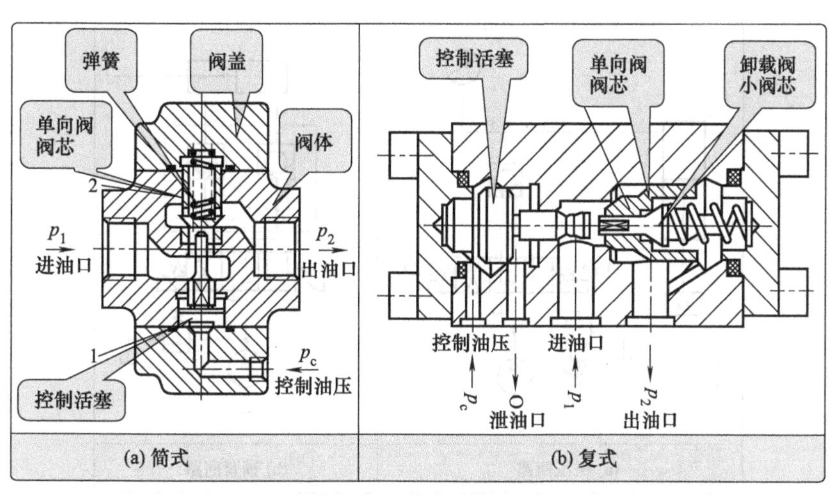

图 3-26 液控单向阀结构

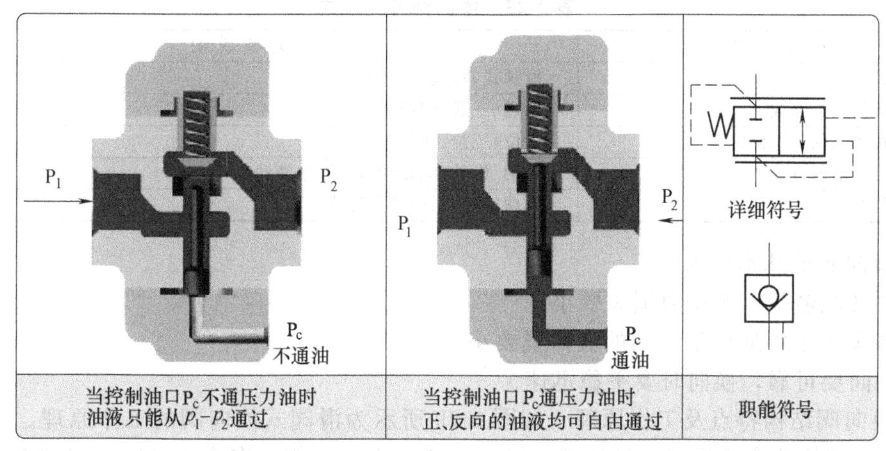

图 3-27 内泄式液控单向阀工作原理及职能符号

表 3-24 液控单向阀主要技术性能

主要技术性能	性能指标
正向最低开启压力	作控制液流单向流动的阀，弹簧刚度选较小，p_a 仅需 0.03～0.05MPa 作油液系统背压阀使用，需要刚度较大的弹簧，使其 p_a 达到 0.2～0.6MPa
反向开启最低控制压力(指能使单向阀打开的控制口最低压力)	一般来说，外泄式比内泄式反向开启最低控制压力小，复式比筒式方向开启最低控制压力小，在 $p_a=0$ 时，约为 0.05Pa
压力损失	控制口不起作用，阀通过额定流量时的压力损失与单向阀相同
	控制口起作用，液控单向阀是在控制活塞作用下打开时，无论是正向或反向流动，它的压力损失仅是由油液的流动阻力而产生的，与弹簧力无关。因此，在相同流量下，它的压力损失要小于控制活塞不起作用时的正向流动压力损失

(3) 换向阀概述

换向阀是利用阀芯在阀体孔内作相对运动，使油路接通或切断而改变油流方向，从而使执行元件启动、停止或改变运动方向的阀。

① 换向阀的分类　换向阀的应用十分广泛，种类也很多，基本分类方式如表 3-25 所示。

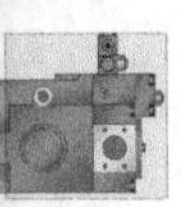

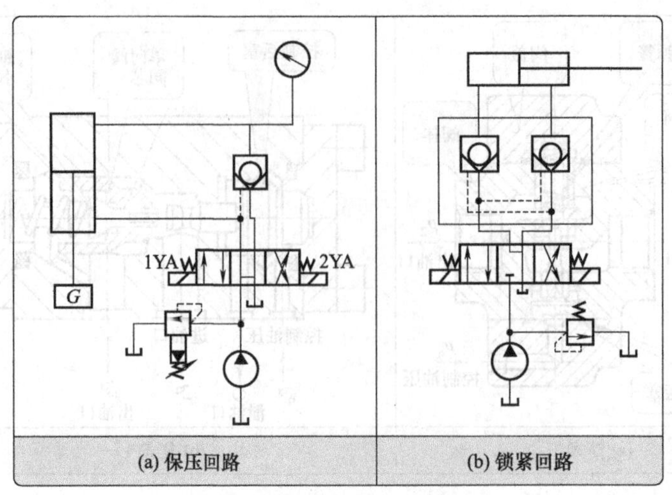

图 3-28　液控单向阀的应用回路

表 3-25　换向阀分类形式

分类方式	类型说明
结构形式	滑阀式、转阀式、球阀式
阀体连通的主油路数	二通、三通、四通等
阀芯在阀体内的工作位置	二位、三位、四位等
操作阀芯运动的方式	手动、机动、电磁动、液动、电液动等
阀芯定位方式	钢球定位式、弹簧复位式

② 换向阀的基本要求

a. 油液流经阀口的压力损失要小。

b. 各关闭不相通的油口间的泄漏量要小。

c. 换向要可靠，换向时要平稳迅速。

③ 换向阀结构特点及工作原理　如图 3-29 所示为滑阀式换向阀的工作原理。阀芯在中间位置时，流体的全部通路均被切断，缸活塞不运动。当阀芯在弹簧作用下移到左端时（图示位置），泵的流量流向 B 口，通过 A 流回 T 回油箱；反之，当操作手柄使阀芯移到右端时，阀芯内部通路改变。因而通过阀芯移动可实现执行元件的正、反向运动或停止。

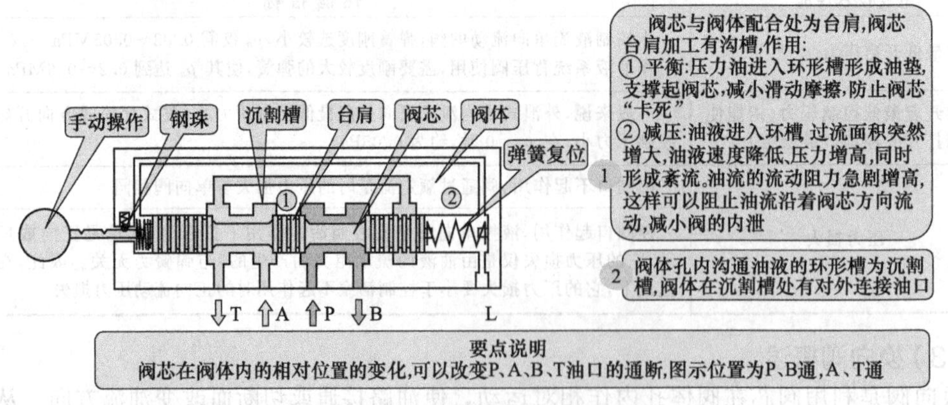

图 3-29　滑阀式换向阀的结构

阀芯台肩和阀体沉割槽可以是两台肩三沉割槽，也可以是三台肩五沉割槽。当阀芯运动时，通过阀芯台肩开启或封闭阀体沉割槽，接通或关闭与沉割槽相通的油口。

④ 换向阀的结构形式　换向阀的功能主要由其控制的通路数及工作位置所决定。图3-29所示的换向阀有三个工作位置和四条通路（P、A、B、T），称为三位四通阀。表3-26列出了常见滑阀式换向阀主体部分的结构原理、图形符号。

表3-26　常见换向阀结构形式及符号

滑阀名称	结构原理	图形符号
二位二通	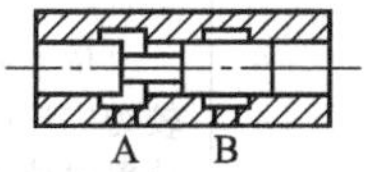 A B	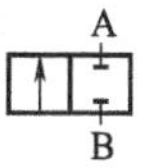 A B
二位三通	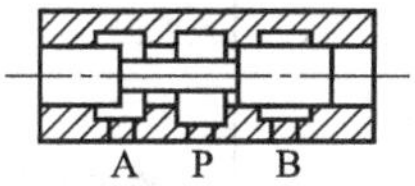 A P B	 AB P
二位四通	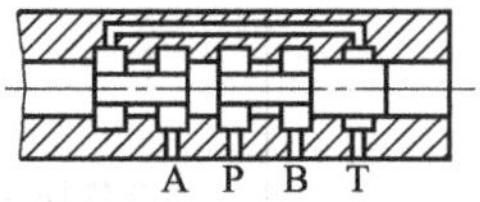 A P B T	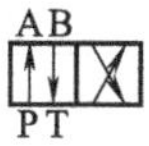 AB PT
二位五通	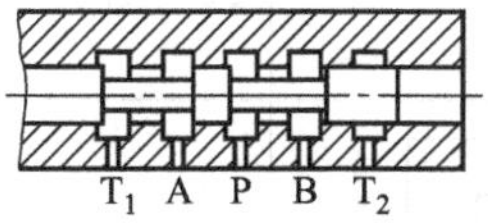 T_1 A P B T_2	 AB TPT
三位四通	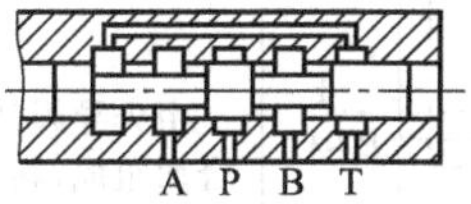 A P B T	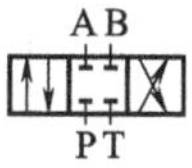 AB PT
三位五通	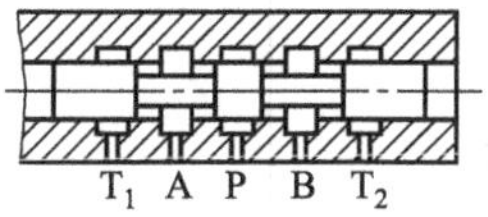 T_1 A P B T_2	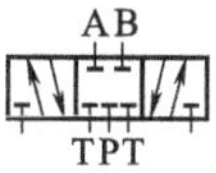 AB TPT

换向阀符号的含义如下。

a. 用方框表示阀的工作位置，有几个方框就表示几“位”。

b. 用方框内的箭头表示该位置上油路处于接通状态。必须指出，箭头方向不一定是油液实际流向。

c. 方框内符号“┬”或“┴”表示此通路被阀芯封闭，即不通。

d. 一个方框的上、下边与外部连接的接口数有几个，就表示几“通”。

e. 通常阀与系统供油路连接的油口用P表示，阀与系统回油路连接的回油口用T表示，而阀与执行元件连接的工作油口则用字母A、B表示。

换向阀都有两个或两个以上的工作位置，其中一个是常位。即阀芯未受外部操纵时所处的位置。绘制液压系统图时，油路一般应连接在常位上。

⑤ 换向阀的操作方式　常见的换向阀操纵方式见表3-27。必须注意，表中所列仅是举例，表中的被操纵阀和操纵方式无本质联系，即如手动操纵方式也可操纵二位二通阀等。

⑥ 滑阀的中位机能　三位换向阀处于中位时，各通口的连通形式称为换向阀的中位机能。表3-28为常见的三位阀的中位机能。

换向阀的中位机能不仅在换向阀阀芯处于中位时对系统工作状态有影响，而且在换向阀切换时对液压系统的工作性能也有影响。

表 3-27 滑阀式换向阀的操作方式

操作方式	图形符号	说明
手动	A B P T	手动操作，弹簧复位，属于自动复位；还有靠钢球定位的，复位时需要人来操作
机动	A B	二位二通机动换向阀也称行程阀，是实际应用较为广泛的一种阀，靠挡块操作，弹簧复位，初始位置时处于常闭状态
液动	A B P T	液压力操纵，弹簧复位
电磁	A B P	电磁铁操纵，弹簧复位，是实际应用中最常见的换向阀，有二位、三位等多种结构形式
电液动	A B T P T AB P T	由先导阀（电磁换向阀）和主阀（液动换向阀）复合而组成，阀芯移动速度分别由两个节流阀控制，使系统中执行元件能得到平稳的换向

表 3-28 三位换向阀的中位机能

滑阀机能	中位时滑阀状态	中位符号		中位时的性能特点
		三位四通	三位五通	
O	T(T$_1$) A P B T(T$_2$)	A B P T	A B T$_1$PT$_2$	各油口全部封闭，系统保持压力
H	T(T$_1$) A P B T(T$_2$)	A B P T	A B T$_1$PT$_2$	各油口全部连通，泵卸荷
Y	T(T$_1$) A P B T(T$_2$)	A B P T	A B T$_1$PT$_2$	P 口封闭保压，执行元件两腔与回油腔连通
P	T(T$_1$) A P B T(T$_2$)	A B P T	A B T$_1$PT$_2$	P 口与 A、B 相连可形成差动回路

续表

滑阀机能	中位时滑阀状态	中位符号		中位时的性能特点
		三位四通	三位五通	
M	$T(T_1)$ A P B $T(T_2)$	A B P T	A B T_1PT_2	P 口与 T 口相通，泵卸荷，A、B 口封闭

(4)几种典型操作方式的换向阀结构特点、 图形符号及应用

① 手动（机动）换向阀

a. 手动换向阀。阀芯运动是借助于机械外力实现的。其中，手动换向阀又分为手动和脚踏两种；机动换向阀则通过安装在运动部件上的撞块或凸轮推动阀芯。特点是工作可靠。

根据阀芯的定位方式分为：手控弹簧自动复位式，如图 3-30（a)、(b）所示；弹簧钢球定位式，如图 3-30（c)、(d）所示。该阀适用于动作频繁、工作持续时间短的场合，其操作比较安全，常用于工程机械的液压传动系统中。

b. 机控换向阀。如图 3-30（e）所示，又称行程阀，它主要用来控制机械运动部件的行程，机动换向阀结构简单，换向平稳、可靠，位置精度高，除主要用途外还常用于实现快、慢速的转换；但它必须安装在运动部件附近，油液管路较长。

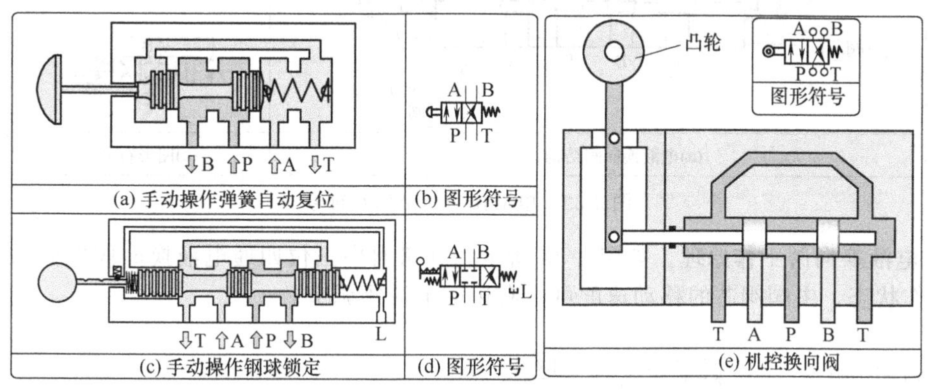

图 3-30 手动（机动）换向阀结构及图形符号

② 电磁换向阀 阀芯运动是借助于电磁力和弹簧力的共同作用。电磁铁可以是直流、交流或交本整流的。两位电磁阀有弹簧复位式（一个电磁铁）和钢球定位式（两个电磁铁）。

如图 3-31 所示为双电控弹簧对中三位四通 O 型换向阀结构及图形符号，电磁铁不得电如图 3-31（a）所示，阀芯在弹簧的作用下处于中位，油口 P、A、B、T 不通；电磁铁得电

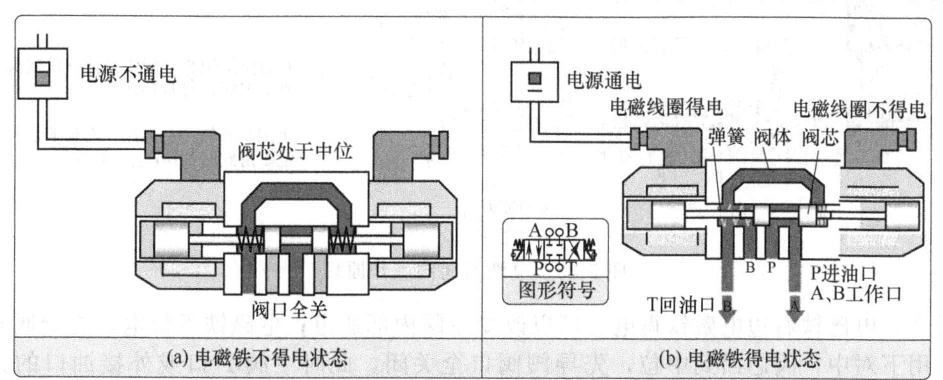

图 3-31 电磁换向阀结构及图形符号

产生一个电磁吸力，通过推杆推动阀芯右移，则阀左位工作，油口 P 与 A 通，B 与 T 通。

电磁吸力有限，电磁换向阀最大通流量小于 100L/min。对液动力较大的大流量阀则应选用液动换向阀或电液换向阀。

③ 电液换向阀

a. 电液换向阀结构。电液换向阀是由电磁换向阀与液动换向阀组合而成，液动换向阀实现主油路的换向，称为主阀；电磁换向阀改变液动阀控制油路的方向，称为先导阀。如图 3-32 所示。

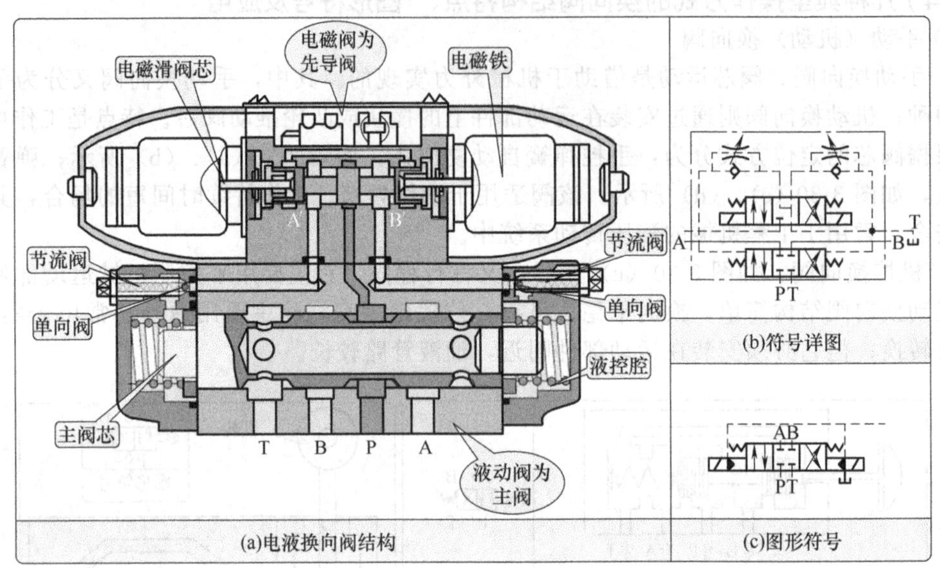

图 3-32　电液换向阀结构及符号

b. 电液换向阀工作原理。如图 3-33 所示为弹簧对中三位四通电液换向阀电磁铁左位得电的工作状态。主阀阀芯的移动速度可由右边的节流阀调节。

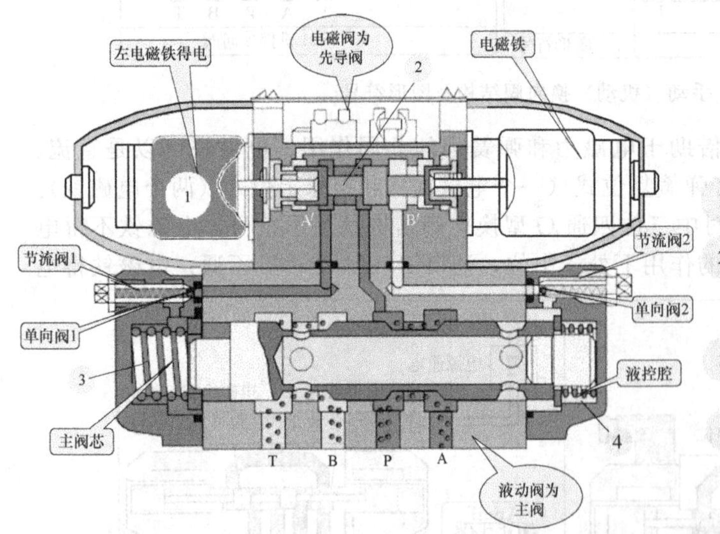

图 3-33　电液换向阀工作原理

反之，电磁铁右边电磁铁得电，可以改变主阀内部通道；电磁铁不得电，先导阀阀芯在弹簧作用下对中，阀芯回到中位，先导阀阀口全关闭，此时主阀 P 口或外接油口的控制压力油不再进入主阀芯的左、右容腔，主阀芯左右两腔的油液通过先导电磁阀中间位置的 A′、

B′两油口与先导电磁阀相通，再从主阀的 T 口或外接油口流回油箱。主阀阀芯在两端对中弹簧的预压力的推动下，依靠阀体定位，准确回到中位，此时主阀油口全不通。

电液换向阀综合了电磁阀和液动阀的优点，具有控制方便、流量大的特点。

c. 换向阀结构要点，如图 3-34 所示。

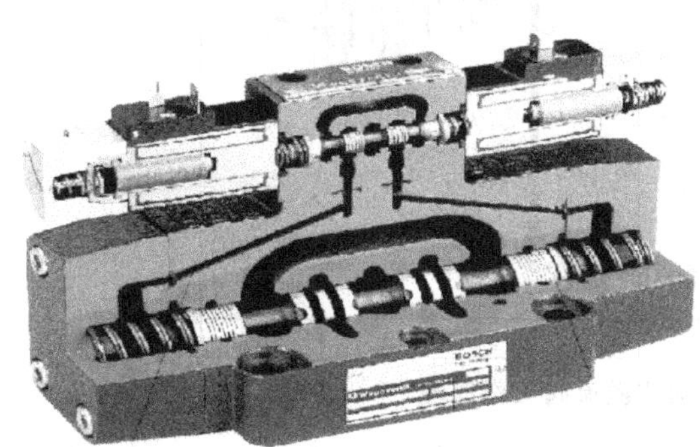

要点说明

1. 为保证液动阀回复中位，电磁阀中位必须油口全通

2. 控制油可以取自主油路的P口，也可以另设独立油源。采用内控时主油路必须保证最低控制压力0.3～0.5MPa，采用外控时独立油源的流量不得小于主阀最大通流量的15%以保证换向时间要求

3. 电磁阀的回油可以单独引出，也可以在阀体内与主阀回油口沟通，一起排回油箱

4. 液动阀两端控制油路上的节流阀可以调节主阀的换向速度

图 3-34 电液换向阀结构要点

3.3.3 压力控制阀

压力控制阀是用来控制液压系统中油液压力或通过压力信号实现控制的阀类。它包括溢流阀、减压阀、顺序阀、压力继电器。

压力控制阀利用作用在阀芯上的液压力和弹簧力相平衡来进行工作。当控制阀芯移动的液压力大于弹簧力时，平衡状态被破坏，造成了阀芯位置变化，这种位置变化引起了两种工作状况：一种是阀口开度大小变化（如溢流阀、减压阀），另一种是阀口的通断（如安全阀、顺序阀）。调节弹簧的预压缩量即调节了阀芯的动作压力，该弹簧是压力控制阀的重要调节零件，称为调压弹簧。其分类如图 3-35 所示。

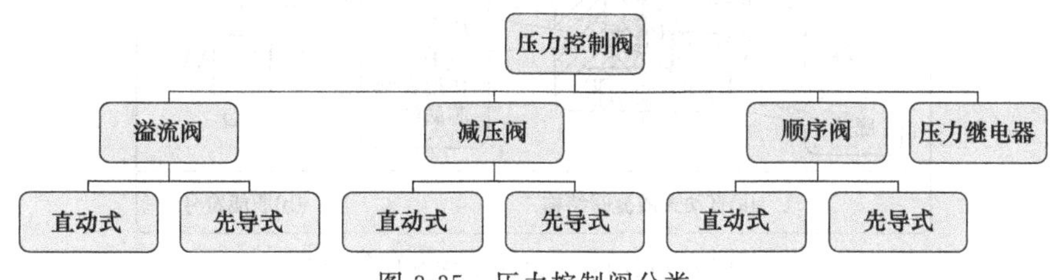

图 3-35 压力控制阀分类

(1) 溢流阀

溢流阀按结构形式分为直动式、先导式。

① 直动式溢流阀

a. 工作原理　如图 3-36 所示为弹性力起作用的原始状态及液压力起作用工作状态。

b. 结构组成　如图 3-37 所示，直动式溢流阀由阀芯、阀体、弹簧、上盖、调节杆、调节螺母等零件组成。阀芯上部作用弹性力，阀芯下部通过阀体上径向通孔及阻尼孔 a 进入阀芯的下部，作用液压力。

c. 直动式溢流阀工作原理特点

ⅰ. 对应调压弹簧一定的预压缩量 x_0，阀的进口压力 p 基本为一定值。

ⅱ. 由于阀开口大小 x 和稳态液动力 F_s 的影响，阀的进口压力随流经阀口流量的增大而增大。当流量为额定流量时阀的进口压力 p_s 最大，p_s 称为阀的调定压力。

ⅲ. 弹簧腔的泄漏油经阀内泄油通道至阀的出口引回油箱，若阀的出口压力不为零，则

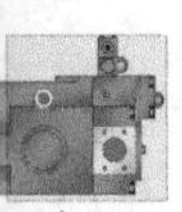

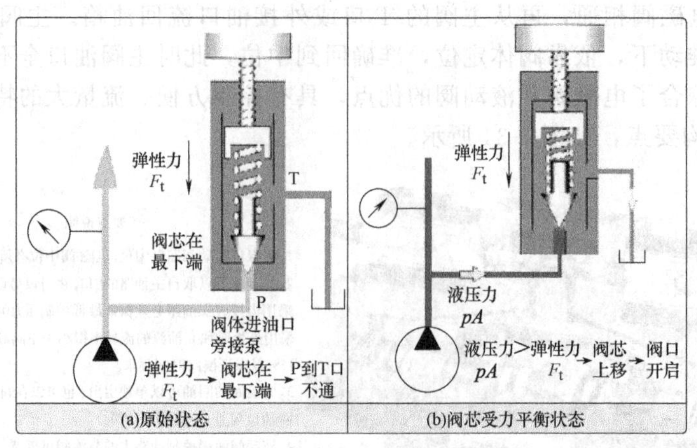

图 3-36　直动式溢流阀工作原理

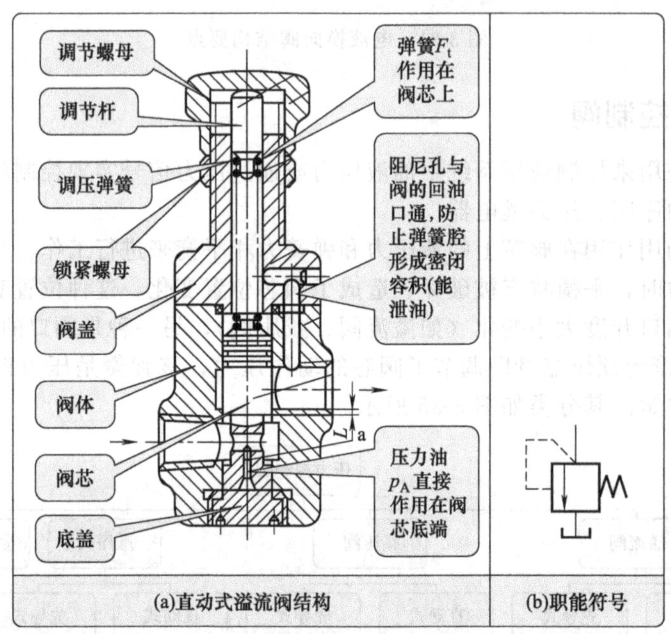

图 3-37　直动式溢流阀结构及职能符号

背压将作用在阀芯上端，使阀的进口压力增大。

ⅳ. 对于高压大流量的压力阀，要求调压弹簧具有很大的弹簧力，这样不仅使阀的调节性能变差，结构上也难以实现。

d. 直动式溢流阀的应用　溢流阀旁接在泵的出口，用来保证系统压力恒定，称为定压阀，如图 3-38（a）所示。溢流阀旁接在泵的出口，用来限制系统压力的最大值，对系统起保护作用，称为安全阀，如图 3-38（b）所示。

② 先导式溢流阀

a. 先导式溢流阀的结构　先导式溢流阀一般用于中高压系统中，其结构由先导阀和主阀组成，如图 3-39 所示为二级同心先导式溢流阀，其中 P 为进油口，T 为出油口，K 为控制油口。

先导阀实际上是一个小流量直动型溢流阀，其阀芯为锥阀。主阀芯上有一阻尼孔，且上腔作用面积略大于下腔作用面积，其弹簧只在阀口关闭时起复位作用。在阀体上有一个远程控制油口 K，它的作用是使溢流阀卸荷或进行二级调压。把它与油箱连接时，溢流阀上腔的

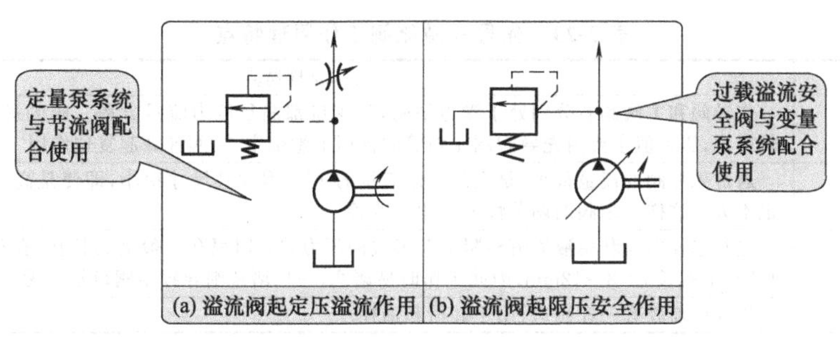

图 3-38 直动式溢流阀应用

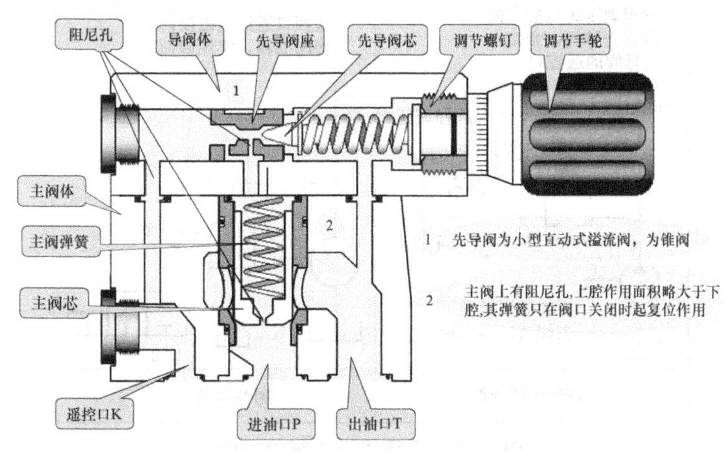

图 3-39 二级同心溢流阀结构

油直接回油箱，而上腔油压为零，由于主阀阀芯弹簧较软，因此，主阀阀芯在进油压力作用下迅速上移，打开阀口，使溢流阀卸荷；若把该口与一个远程调压阀连接时，溢流阀的溢流压力可由该远程调压阀在溢流阀调压范围内调节。

b. 先导式溢流阀的工作原理　先导式溢流阀工作原理如图 3-40 所示。先导阀调定压力大于主阀口进油压力时，主阀芯在最底端 P 到 T 不通，起保压限压作用。当先导阀调定压力小于主阀口进油压力，主阀芯的压力差大于主阀调压弹簧的调定值，主阀芯上移，P 和 T 通，起溢流卸荷作用。

c. 先导式溢流阀工作原理特点　见表 3-29。

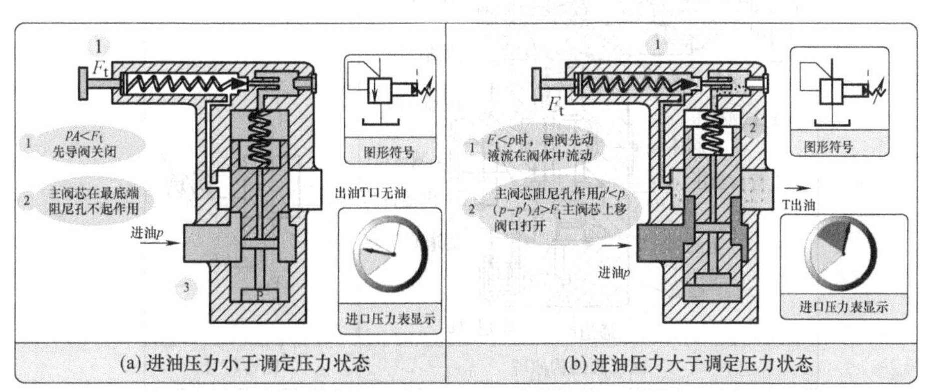

图 3-40 先导式溢流阀工作原理

表 3-29　先导式溢流阀工作原理特点

序　　号	工作原理特点
1	先导阀和主阀阀芯分别处于受力平衡，其阀口都满足压力流量方程。阀的进口压力由两次比较得到，压力值主要由先导阀调压弹簧的预压缩量确定，主阀弹簧起复位作用
2	通过先导阀的流量很小，是主阀额定流量的1%，因此其尺寸很小，即使是高压阀，其弹簧刚度也不大。这样一来阀的调节性能有很大改善
3	主阀芯开启是利用液流流经阻尼孔形成的压力差。阻尼孔一般为细长孔，孔径很小，$\phi=0.8\sim1.2$mm，孔长 $l=8\sim12$mm，因此工作时易堵塞，一旦堵塞则导致主阀口常开无法调压
4	先导阀前腔有一控制口，用于卸荷和遥控

d. 先导式溢流阀的应用　利用先导式溢流阀遥控口接远程调压阀和电磁换向阀，其应用如图 3-41 所示。

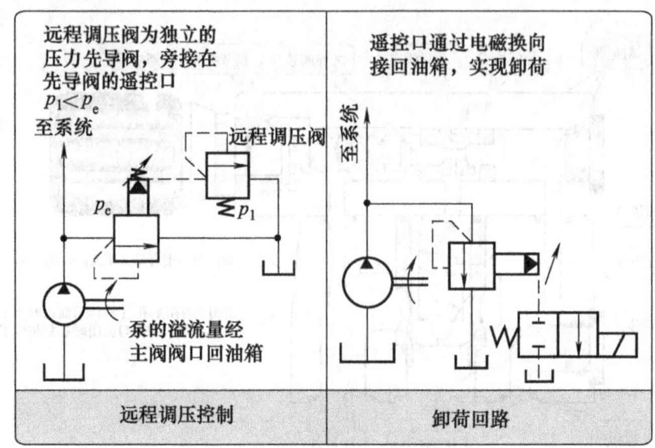

图 3-41　先导式溢流阀的应用

(2) 减压阀

减压阀是利用液流流过缝隙产生压力损失，使其出口压力低于进口压力的压力控制阀。按调节要求不同，有定值减压阀、定差减压阀、定比减压阀。

① 定值减压阀的结构　减压阀由压力先导阀和主阀组成，如图 3-42 所示，先导阀调

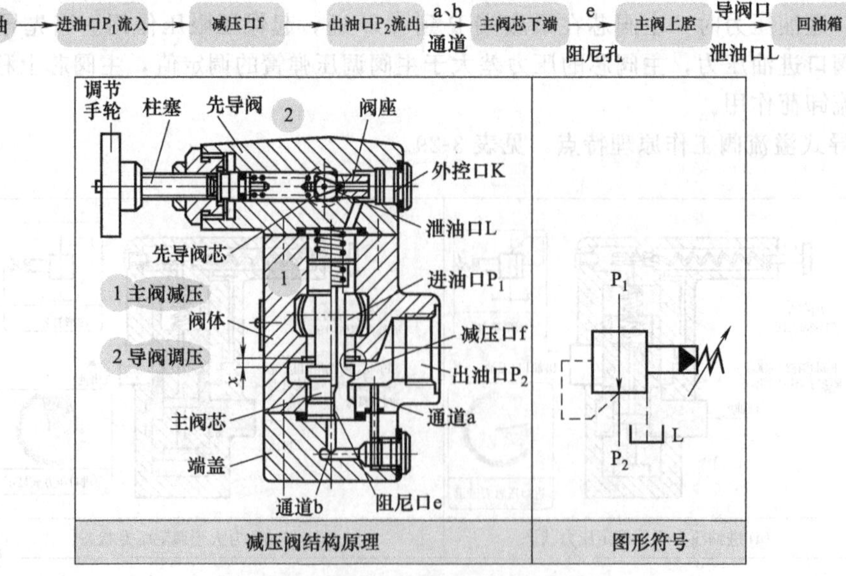

图 3-42　减压阀结构及图形符号

压、主阀减压。

减压阀出口压力油引至主阀芯上腔和先导阀前腔，当出口压力大于减压阀的调定压力时，先导阀开启，主阀芯上移，减压缝隙关小，减压阀才起减压作用且保证出口压力为定值。它利用液流流过缝隙产生压力损失，使出口压力低于进口压力。按调节要求不同，有用于保证出口压力为定值的定值减压阀，用于保证进出口压力差不变的定值定差减压阀，用于保证进出口压力成比例的定比减压阀。其中定值减压阀应用最广，又简称减压阀。

② 减压阀工作原理　如图 3-43 所示，若出口压力 p_2 低于先导阀的调定压力，先导阀芯关闭，主阀芯上、下两腔压力相等，主阀芯在弹簧作用下处于最下端，减压口 f 全开，阀不起减压作用，$p_2 \approx p_1$。

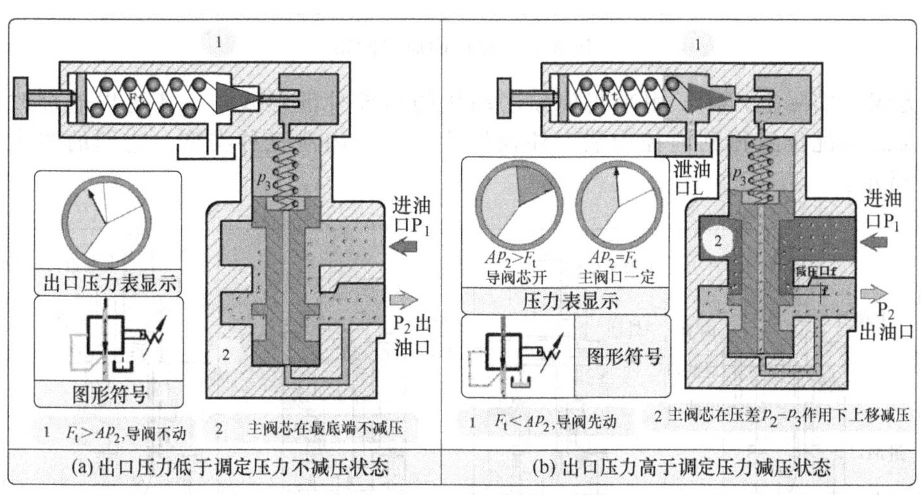

图 3-43　先导式减压阀工作原理

当出口压力 p_2 超过先导阀调定压力时，先导阀阀口打开，主阀弹簧腔的油液便由外泄口 L 流回油箱，由于阻尼孔的降压作用，使主阀芯两端产生压力差，主阀芯在压差作用下克服弹簧力抬起，减压口 f 减小，压降增大，使出口压力下降到调定的压力值，此时导阀芯和主阀芯同时处于平衡状态，出口压力 p_2 稳定不变，等于调定压力。

如图 3-44 所示，工作过程中，减压口 f 能随进口压力的变化自动调节，因此减压阀可自动保持出口压力恒定。调节先导阀中调压弹簧的预紧力可调节减压阀的出口压力。值得注意的是，当减压阀出口处的油液不流动时，仍有少量油液通过减压阀口经先导阀和外泄口 L 流回油箱，阀处于工作状态，阀出口压力 p_2 基本保持在调定值上。减压阀广泛应用于需要减压和稳压的液压系统中。

③ 减压阀的特点　减压阀与先导式溢流阀的区别，见表 3-30。

表 3-30　减压阀与先导式溢流阀的区别

特点说明	减压阀结构特点	溢流阀结构特点
区别	减压阀是出口压力控制，保证出口压力为定值	溢流阀是进口压力控制，保证进口压力为定值
	减压阀阀口常开	溢流阀阀口常闭
	减压阀有单独的泄油口	溢流阀弹簧腔的泄漏油经阀体内流道内泄至出口
相同	减压阀与溢流阀一样有遥控口	

④ 减压阀应用　如图 3-44 所示。

（3）顺序阀

① 直动式顺序阀的工作原理及图形符号　顺序阀是一种利用压力控制阀控制阀口通

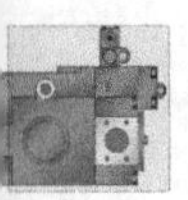

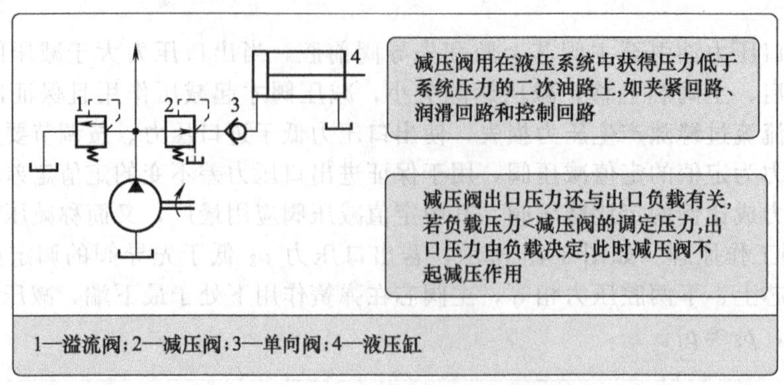

图 3-44　减压阀应用回路

断的压力阀。实际上，除了用来实现顺序动作的内控外泄形式外，还可以通过改变上端盖或底盖的装配位置得到内控内泄、外控外泄、外控内泄三种类型。它们的图形符号如图 3-45 所示。

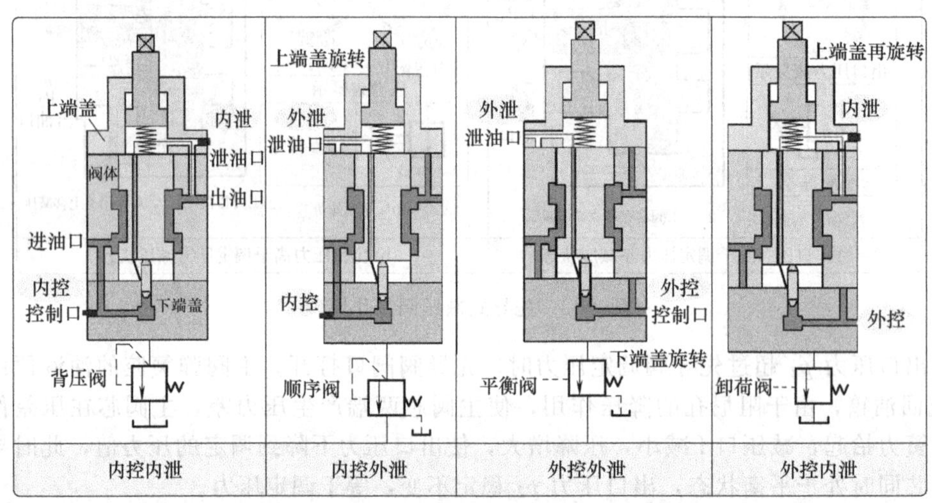

图 3-45　直动式顺序阀的工作原理和职能符号

顺序阀依靠控制压力的不同可分为内控式和外控式。由于顺序阀的一次回路和二次回路均为压力回路，故必须设置泄漏口，使内部泄漏的液体引回油箱，根据泄漏方式不同分内泄式和外泄式两种。

② 顺序阀的功用　见表 3-31。

表 3-31　顺序阀的功用

结构特点	功　用	应用回路
内控外泄顺序阀与溢流阀非常相似:阀口常闭,进口压力控制,但是该阀出口油液要去工作,所以有单独的泄油口	用于顺序动作。其进口压力先要达到阀的调定压力,而出口压力取决于负载。当负载压力高于阀的调定压力时,进口压力等于出口压力,阀口全开;当负载压力低于调定压力时,进口压力等于调定压力,阀的开口一定	②→③ ①→④ 内控外泄顺序阀 钻孔 夹紧 内控外泄顺序阀

续表

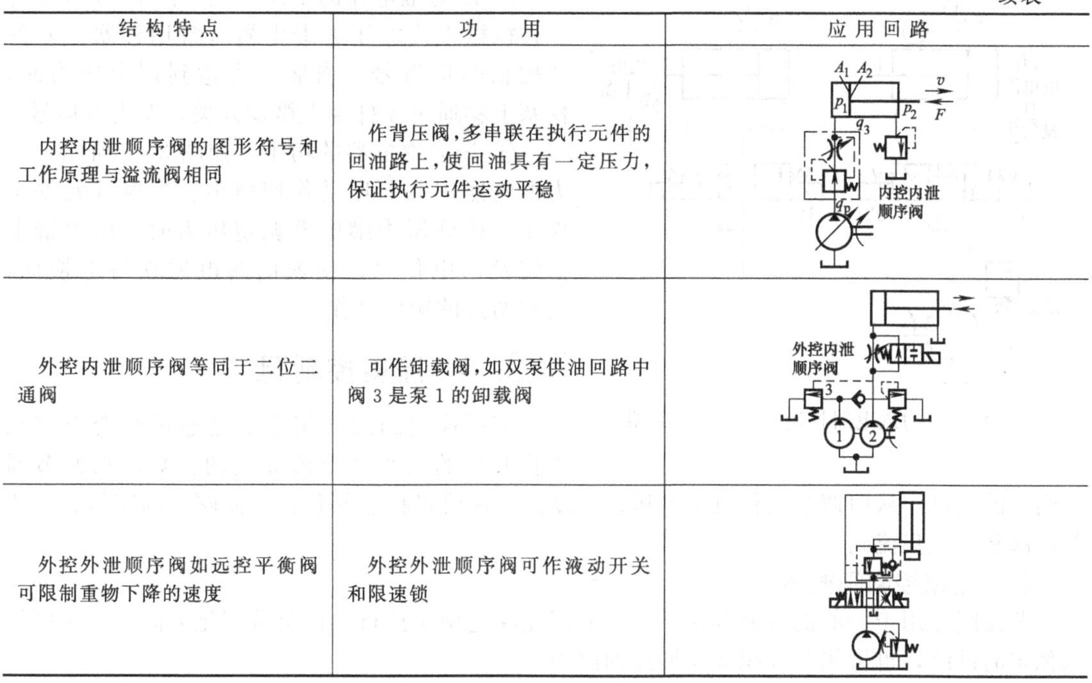

结构特点	功用	应用回路
内控内泄顺序阀的图形符号和工作原理与溢流阀相同	作背压阀，多串联在执行元件的回油路上，使回油具有一定压力，保证执行元件运动平稳	内控内泄顺序阀
外控内泄顺序阀等同于二位二通阀	可作卸载阀，如双泵供油回路中阀3是泵1的卸载阀	外控内泄顺序阀
外控外泄顺序阀如远控平衡阀可限制重物下降的速度	外控外泄顺序阀可作液动开关和限速锁	

（4）压力继电器

① 压力继电器的功能　压力继电器与前面所述的几种压力阀功用不同，它并不是依靠控制油路的压力来使阀口改变，而是一个靠液压系统中油液的压力来启闭电气触点的电气转换元件。在输入压力达到调定值时，它发出一个电信号，以此来控制电气元件的动作，实现液压回路的动作转换、系统遇到故障的自动保护等功能。压力继电器实际上是一个压力开关。

② 压力继电器的主要性能　压力继电器的主要性能有调压范围、灵敏度、重复精度、动作时间等。

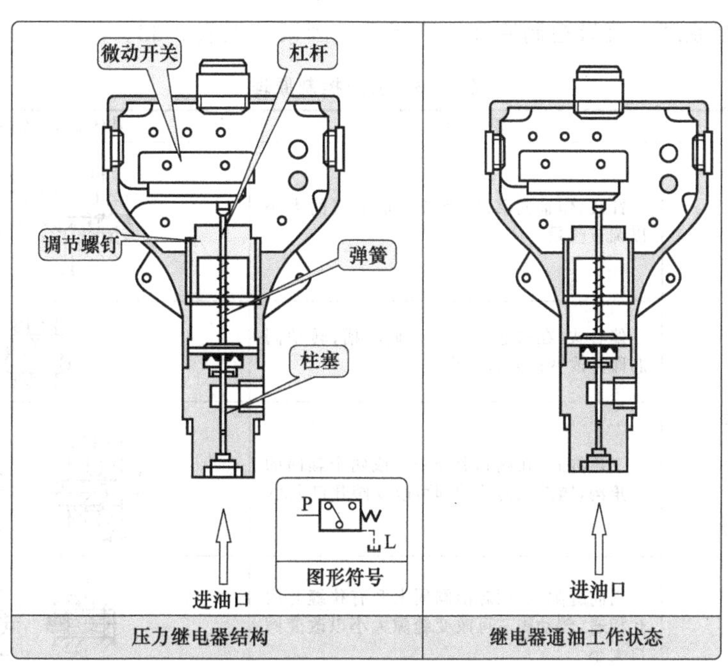

图3-46　压力继电器

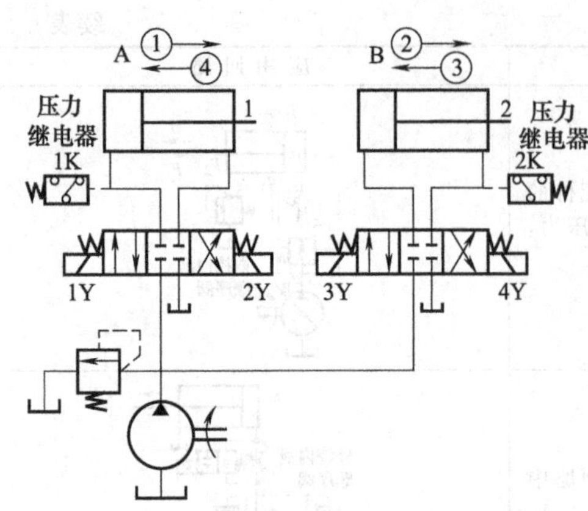

图 3-47　压力继电器控制的顺序动作回路

③ 压力继电器的工作原理　图 3-46 所示为一种机械方式的压力继电器（常用柱塞式）的结构和图形符号。当液压力达到调定压力时，柱塞上移通过顶杆合上微动开关，发出电信号。

④ 压力继电器的功用　如图 3-47 所示，压力继电器用在顺序动作回路中。当执行元件工作压力达到压力继电器调定压力时，压力继电器将发出电信号，使换向阀电磁铁得电换向，实现两缸的顺序动作。

3.3.4 流量控制阀

流量控制阀的功用主要是通过改变节流阀工作开口的大小或节流通道的长短，来调节通过阀口的流量，从而调节执行机构的运动速度。普通流量控制阀包括节流阀、调速阀、溢流节流阀和分流集流阀。

(1) 流量控制阀概述

节流阀适用于一般的节流调速系统，而调速阀适用于执行元件负载变化大而运动速度要求稳定的系统，也可用于容积节流调速回路中。

① 流量控制阀的主要要求　见表 3-32。

表 3-32　流量控制阀的主要要求

序　号	主 要 要 求
1	足够的流量调节范围
2	较好的流量稳定性，即当阀两端压差发生变化时，流量变化要小
3	流量受温度的影响要小
4	节流口应不易堵塞，保证最小稳定流量
5	调节方便，泄漏要小

② 流量控制原理　流量控制原理性能指标及因素，见表 3-33。

表 3-33　流量控制原理

性 能 指 标	要 求 意 义	具体结构、参数、公式
节流口结构形式	针式，作轴向移动，调节环形通道的大小以调节流量	p_2 p_1
	偏心式，在阀芯上开一个偏心槽，转动阀芯即可改变阀开口大小	
	三角沟式，在阀芯上开一个或两个轴向的三角沟，阀芯轴向移动即可改变阀开口大小	A p_1 p_2 A A—A
	周向缝隙式，阀芯沿圆周上开有狭缝与内孔相通，转动阀芯可改变缝隙大小以改变阀口大小	A A

续表

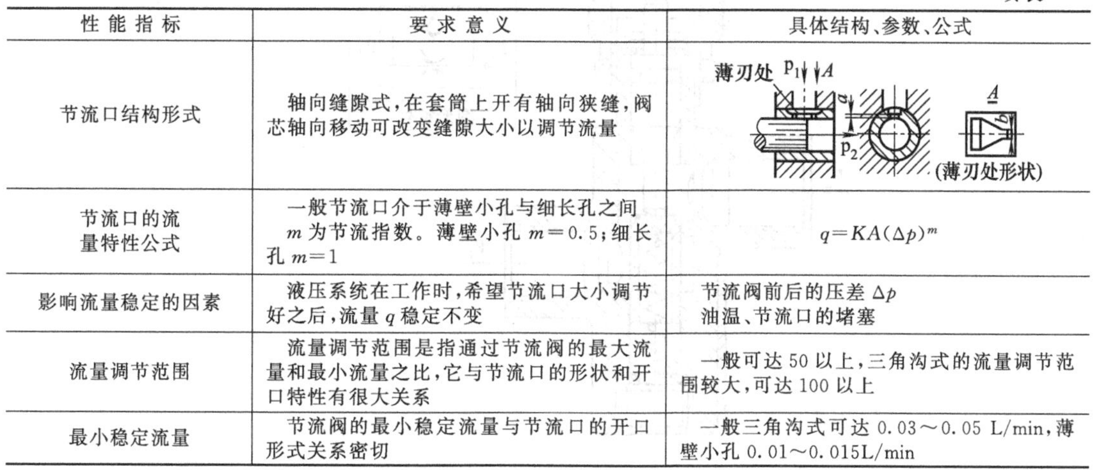

性能指标	要求意义	具体结构、参数、公式
节流口结构形式	轴向缝隙式，在套筒上开有轴向狭缝，阀芯轴向移动可改变缝隙大小以调节流量	薄刃处 p_1 A p_2 A (薄刃处形状)
节流口的流量特性公式	一般节流口介于薄壁小孔与细长孔之间 m 为节流指数。薄壁小孔 $m=0.5$；细长孔 $m=1$	$q=KA(\Delta p)^m$
影响流量稳定的因素	液压系统在工作时，希望节流口大小调节好之后，流量 q 稳定不变	节流阀前后的压差 Δp 油温、节流口的堵塞
流量调节范围	流量调节范围是指通过节流阀的最大流量和最小流量之比，它与节流口的形状和开口特性有很大关系	一般可达 50 以上，三角沟式的流量调节范围较大，可达 100 以上
最小稳定流量	节流阀的最小稳定流量与节流口的开口形式关系密切	一般三角沟式可达 0.03～0.05 L/min，薄壁小孔 0.01～0.015L/min

(2) 节流阀

① 节流阀的结构及原理　图 3-48 所示为普通节流阀的结构，这种节流阀的阀口采用轴向三角沟式。该阀在工作时，油液从进油口 P_1 进入，经孔 b，通过阀芯上左端的阀口进入孔 a，然后从出油口 P_2 流出。节流阀流量的调节是通过旋转螺母，通过推杆，推动阀芯移动改变阀口的开度而实现的。

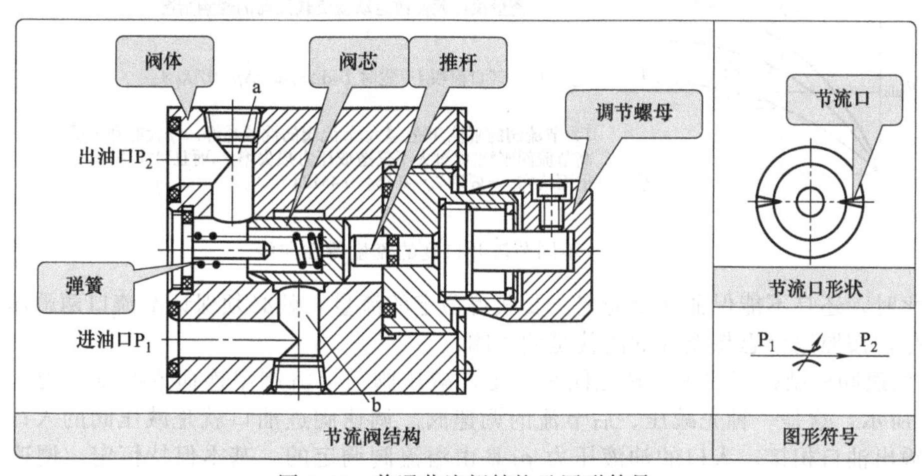

图 3-48　普通节流阀结构及图形符号

② 单向节流阀的结构原理　在液压系统中，如果要求单方向控制油液流量一般采用单向节流阀。其结构原理及图形符号如图 3-49 所示。

③ 流量特性方程　从节流口流量计算公式 $q=KA(\Delta p)^m$ 可知，节流阀流量与阀两端的压差成正比，其压差对流量影响的大小还要看节流指数 m，也就是说与阀口的形式有关。如图 3-50 所示为在不同的开口面积下的流量与压差之间的关系。

从图 3-50 中可以看出，若获得相同的最小稳定流量 q_{min}，选用较小压差 Δp，相对开口面积 A 就要大些，这样阀口不易堵塞，但同时曲线斜率较大，压差的变化引起流量变化较大，速度稳定性不好，所以 Δp 也不易过小。

节流阀结构简单、制造容易、体积小、使用方便、造价低，但负载和温度的变化对流量稳定性的影响较大，因此只适用于温度变化不大，或速度稳定性要求不高的液压系统。

(3) 调速阀（串联减压式调速阀）

在节流阀中，即使采用节流指数较小的开口形式，由于节流阀流量是其压差的函数，故

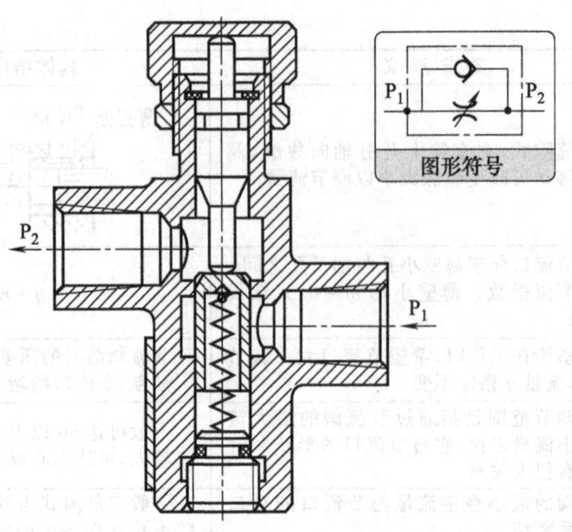

正向通油　P_1-节流阀芯-P_2　普通节流阀工作原理

反向通油　单向阀工作原理　P_2-推动阀芯压缩弹簧全部打开阀口-P_1

图 3-49　单向节流阀

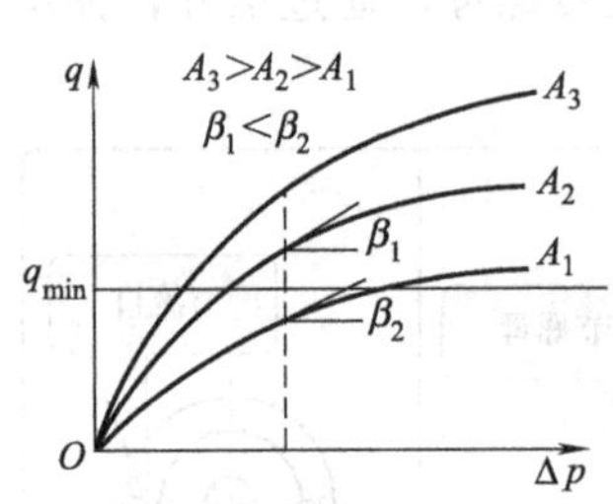

刚性：外负载波动引起前后压力差Δp变化，即使阀的开口面积A不变，也会导致流经阀的流量q不稳定
衡量执行元件的运动受负载波动的影响情况

定义：阀的开口面积A一定时，$T=\mathrm{d}\Delta p/\mathrm{d}q=\Delta p^{1-m}/K_L A_m$

T为节流阀的刚性，其值越大，节流阀的性能越好。Δp大有利于提高节流阀刚性，但过大不仅造成压力损失增大，而且可能因阀口太小而堵塞，一般取Δp=0.15～0.4MPa

图 3-50　不同节流开口度的流量特性曲线

负载变化时，还是不能保证流量稳定。要获得稳定的流量，就必须保证节流口两端压差不随负载变化，按照这个思想设计的阀就是调速阀。

① 调速阀的结构与原理　调速阀是由定差减压阀与节流阀串连而成的复合阀。如图 3-51（a）所示，这是一种先减压、后节流的调速阀。调速阀进油口就是减压阀的入口，直接与泵的输出油口相接，入口的油液压力 p_1 是由溢流阀调定的，基本保持恒定。调速阀的出油口即节流阀的出油口与执行机构相连，其压力 p_1 由液压缸的负载 F 决定。

如图 3-51（b）所示是调速阀与节流阀的流量与压差的关系比较。由图 3-51（b）可知，调速阀的流量稳定性要比节流阀好，基本可达到流量不随压差变化而变化。但是，调速阀特性曲线的起始阶段与节流阀重合，这是因为此时减压阀没有正常工作，阀芯处于最底端。要保证调速阀正常工作，必须达到 0.4～0.5MPa 的压力差，这是减压阀能正常工作的最低要求。

如图 3-52 所示为调速阀受力平衡状态，从受力分析看，因为弹簧刚度较低，且工作过程中减压阀阀芯位移很小，可以认为 F_t 基本保持不变。故节流阀两端压力差（p_m-p_2）也基本不变，这就保证了通过节流阀的流量稳定。

② 流量稳定性分析　调速阀用于调节执行元件运动速度，并保证其速度的稳定。这是因为节流阀既是调节元件，又是检测元件。当阀口面积调定后，它一方面控制流量的大小，一方面检测流量信号并转换为阀口前后压力差反馈作用到定差减压阀阀芯的两端面，与弹簧力相比较，当检测的压力差偏离预定值时，定差减压阀阀芯产生相应位移，改变减压缝隙进行压力补偿，保证节流阀前后的压力差基本不变。但是阀芯位移势必引起弹簧力和液动力波

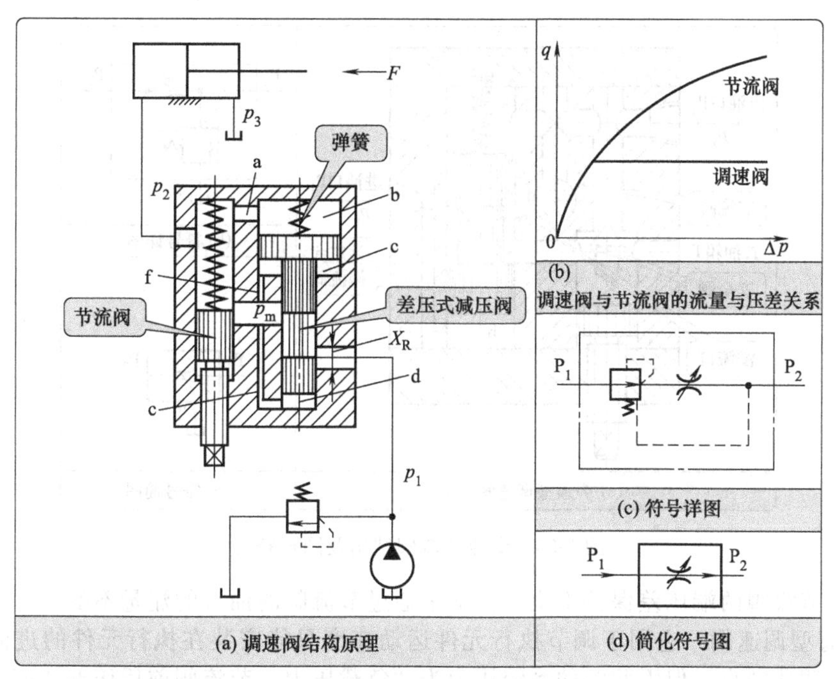

进口油液 $\xrightarrow{p_1\ 减压阀}$ 产生一次压降 p_m $\xrightarrow{通道e、f}$ 减压阀d、c腔

节流阀出口压力 $\xrightarrow{p_2}$ 减压阀上腔b

当减压阀的阀芯在弹簧力 F_t、p_mA_2、p_2A_3 作用下处于平衡位置

图 3-51 调速阀结构

动，因此流经调速阀的流量只能基本稳定。调速阀的速度刚性可近似为∞。

为保证定差减压阀的压力补偿作用，调速阀的进出口压力差应大于弹簧力 F_t 和液动力 F_s 所确定的最小压力差。否则无法保证流量稳定。

(4)溢流节流阀（旁通型调速阀）

溢流节流阀也是一种压力补偿型节流阀。由节流阀与差压式溢流阀并连而成，阀体上有一个进油口，一个出油口，一个回油口。这里节流阀既是调节元件，又是检测元件；差压式溢流阀是压力补偿元件，它保证了节流阀前后压力差 Δp 基本不变。

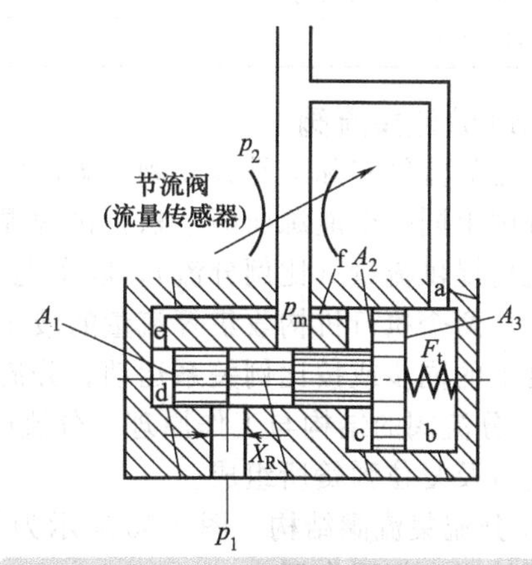

A_1、A_2、A_3 阀芯d、c、b腔面积 $A_3=A_1+A_2$

作用在阀芯的力 $p_mA_1+p_mA_2=p_2A_3+F_t$ 减压阀平衡

$p_m-p_2=F_t/A_3$

图 3-52 调速阀受力状态

① 溢流节流阀的结构　溢流节流阀是由差压式溢流阀与节流阀并联组成，如图 3-53 所示。

② 溢流节流阀的工作原理　如图 3-53 所示，进油处 p_1 的高压油一部分经节流阀从出油口 p_2 去执行机构，而另一部分经溢流阀溢流至油箱中，而溢流阀的上、下端与节流口的前后相通。当负载增大引起出油处 p_2 增大时，溢流阀阀芯也随之下移，溢流阀开口减小，p_1 随之

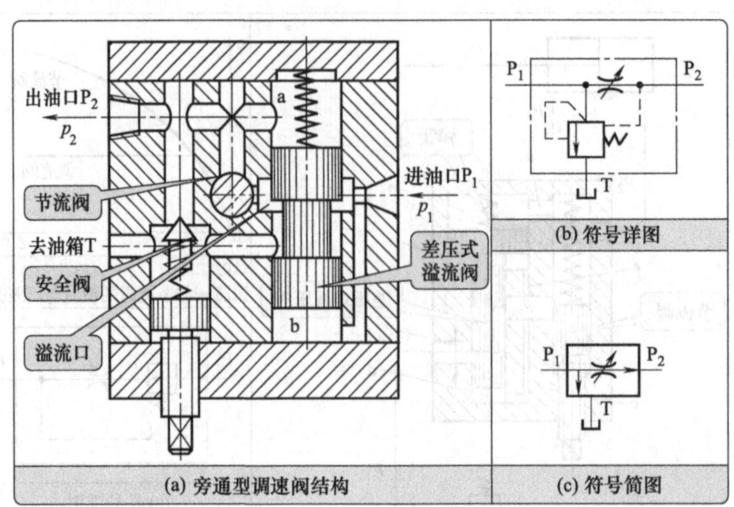

图 3-53　溢流节流阀结构及图形符号

增大，使得节流阀两端压差保持不变，保证了通过节流阀的油液的流量不变。

③ 旁通型调速阀　它用于调节执行元件运动速度只能安装在执行元件的进油路上，其速度刚性较调速阀小，但因此时的系统压力为“负载压力＋节流阀前后压差 Δp”，是变压系统，与调速阀调速回路相比，回路效率较高。

④ 溢流节流阀与调速阀性能比较　溢流节流阀与调速阀相比其性能不一样，但起的作用相同。溢流节流阀适用于速度稳定性要求较低而功率较大的系统中。两种比较见表 3-34。

表 3-34　溢流阀与调速阀性能比较

调　速　阀	溢流节流阀
泵输出的压力是一定的并等于溢流阀的调整压力	泵供油压力是随工作载荷而变化的
泵消耗功率始终是很大的	功率损失小，但流量是全流的，阀芯尺寸大，弹簧刚度大
流量稳定性好	流量稳定性较差

(5) 分流集流阀

分流集流阀实际上是分流阀、集流阀与分流集流阀的总称，又称同步阀。分流阀是使液压系统中由同一个能源向两个执行机构提供相同的流量（等量分流），或按一定比例向两个执行机构提供流量（比例分流），以实现两个执行机构速度同步或有一个定比关系。而集流阀则是从两个执行机构收集等流量的液压油或按比例的收集回油量，同样实现两个执行机构在速度上的同步或按比例关系运动。分流集流阀则是实现上述两个功能的复合阀。

① 分流阀的结构与工作原理　分流阀的结构如图 3-54 所示。分流阀由阀体、阀芯、固定节流口及复位弹簧所组成。

② 分流集流阀结构　图 3-55 所示为分流集流阀的结构。初始时，阀芯 5、6 在弹簧力的作用下处于中间平衡置。

③ 分流集流阀的工作原理　分流集流阀工作时，分两种状态，分流与集流：工作原理如图 3-56 所示。

3.3.5　常用液压控制元件故障检修及排除方法

(1) 液压方向控制阀的常见故障及排除方法

方向控制阀常见故障及排除方法，见表 3-35～表 3-37。

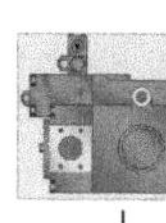

重点说明

1. 工作时,若两个执行机构的负载相同,$p_3=p_4$,$q_1=q_2=q_0/2$。
2. 若其中一个执行机构的负载大于另一个(设 $p_3>p_4$),当阀芯还未运动仍处于中间位置时,根据通过阀口的流量特性,必定使$q_1<q_2$,而此时作用在固定节流口1、2两端的压差的关系为$(p_0-p_1)<(p_0-p_2)$,因而使得 $p_1>p_2$,此时阀芯在作用于两端不平衡的压力下向左移,使节流口3增大,则节流口4减小,从而使q_1增大,而q_2减小,直到$q_1=q_2$,$p_1=p_2$,阀芯在新的平衡位置上稳定下来保证了通向两个执行机构的流量相等,使得两个相同结构尺寸的执行机构速度同步。

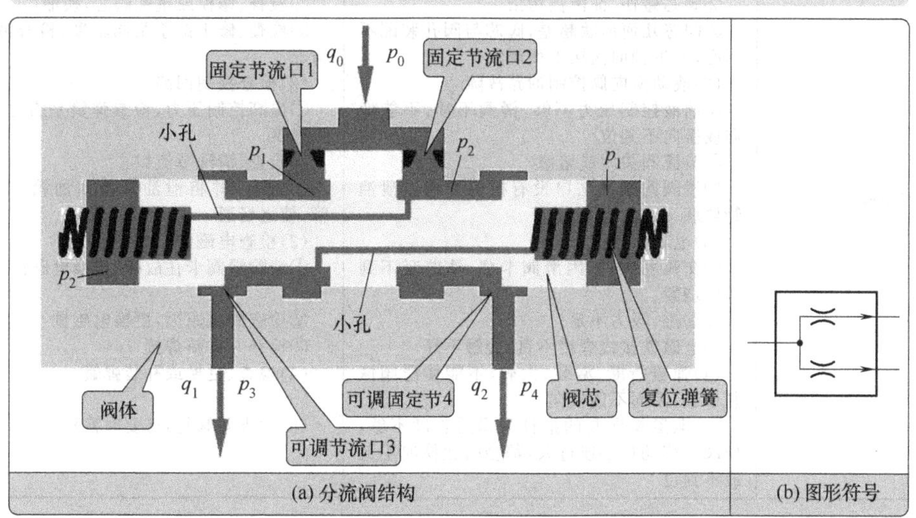

图 3-54 分流阀的结构及图形符号

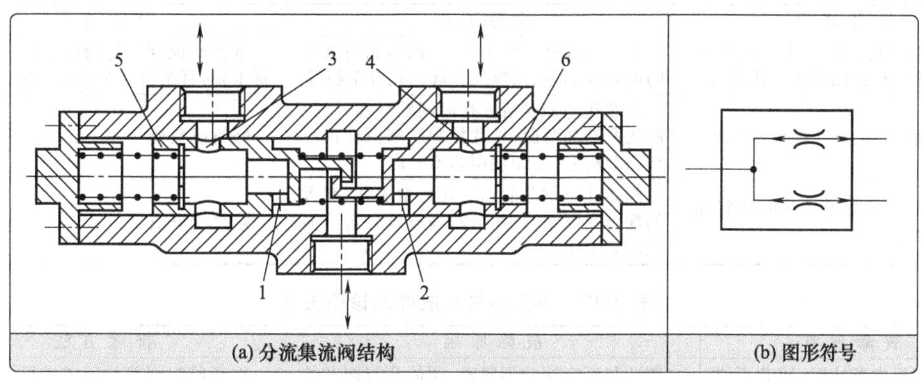

图 3-55 分流集流阀结构及图形符号

1,2—固定节流口；3,4—可变节流口；5,6—阀芯

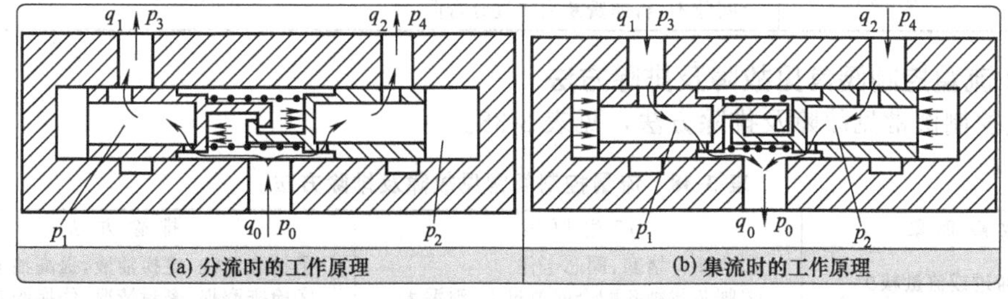

重点说明

分流工作时,由于 $p_0>p_1$ 及 p_2,所以阀芯5、6相互分离,且靠结构相互钩住。假设 $p_4>p_3$,必然使得 $p_2>p_1$,使阀芯向左移,此时,节流口3相应减小,使得p_1 增加,直到$p_1=p_2$,阀芯不再移动。由于两个固定节流口1、2的面积相等,所以通过的流量也相等,并不因p_1的变化而影响。

集流工作时,由于 $p_0<p_1$ 及 p_2,所以阀芯5、6 相互压紧,仍设$p_4>p_3$,必然使得 $p_2>p_1$。使相互压紧的阀芯向左移,此时,节流口 4 相应减小。使得 p_2下降,直到 $p_1=p_2$,阀芯不再移动。与分流工作时同理,由于两个固定节流口1、2的面积相等,所以通过的流量也相等,并不因 p_3、p_4变化而影响。

图 3-56 分流集流阀工作原理

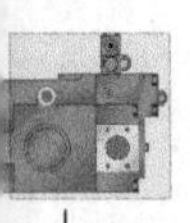

表 3-35 方向控制阀常见故障及排除方法

故障现象	产生原因	排除方法
阀芯不动或不到位	(1)滑阀卡住 ①滑阀与阀体配合间隙过小，阀芯在孔中容易卡住不能动作或动作不灵 ②阀芯碰伤，油液被污染 ③阀芯几何形状超差，阀芯与阀孔装配不同心，产生轴向液压卡死现象 (2)液动换向阀控制油路故障 ①油液控制压力不够，滑阀不动，不能换向或换向不到位 ②节流阀关闭或堵塞 ③滑阀两端泄油口没有接回油箱或泄油管堵塞 (3)电磁铁故障 ①交流电磁铁，因滑阀卡住，铁芯吸不到底而烧毁 ②漏磁，吸力不足 ③电磁铁接线焊接不良，接触不好 (4)弹簧折断、漏装、太软，不能使滑阀恢复中位，因而不能换向 (5)电磁换向阀的推杆磨损后长度不够，使阀芯移动过小或过大，都会引起换向不灵或不到位	(1)检查滑阀 ①检查间隙情况，研修或更换阀芯 ②检查、修模或重配阀芯，换油 ③检查、修正偏差及同轴度，检查液压卡死情况 (2)检查控制回路 ①提高控制压力，检查弹簧是否过硬，或更换弹簧 ②检查、清洗节流口 ③检查，并将泄油管接回油箱，清洗回油管，使之畅通 (3)检查电磁铁 ①清除滑阀卡住故障，更换电磁铁 ②检查漏磁原因，更换电磁铁 ③检查并重新焊接 (4)检查、更换或补装弹簧 (5)检查并修复，必要时换杆

表 3-36 液控单向阀常见故障及诊断排除

故障现象	故障原因	排除方法
液控单向阀反向截止时阀芯不能将液流严格封闭而产生泄漏	阀芯与阀座接触不紧密、阀体孔与阀芯的同轴度超差、阀座压入阀体孔有歪斜等	重新研配阀芯与阀座或拆下阀座重新压装，直至与阀芯严格接触为止
复式液控单向阀不能反向卸载	阀芯孔与控制活塞孔的同轴度超差、控制活塞端部弯曲，导致控制活塞顶杆顶不到卸载阀芯，使卸载阀芯不开启	修整或更换
液控单向阀关闭时不能恢复到初始封油位置	阀体孔与阀芯的加工几何精度低、两者的配合间隙不当、弹簧断裂或过分弯曲而使阀芯卡阻	修整或更换

表 3-37 单向阀常见故障及诊断方法

故障现象	故障原因	排除方法
单向阀反向截止时，阀芯不能将液流严格封闭而产生泄漏	阀芯与阀座接触不紧密、阀体孔与阀芯的同轴度超差。阀座压入阀体孔有歪斜等	重新研配阀芯与阀座或拆下阀座重新压装，直至与阀芯严密接触为止
单向阀开启不灵活，阀芯卡阻	阀体孔与阀芯的加工几何精度低，两者配合间隙不当；弹簧断裂或过分弯曲	修整或更换

(2)流量控制阀常见故障及排除方法

流量控制阀常见故障及排除方法，见表 3-38。

表 3-38 流量控制阀常见故障及排除方法

故障现象	产生原因	排除方法
无流量通过或流量减少	①节流口堵塞，阀芯卡住 ②阀芯与阀孔配合间隙过大，泄漏大	①检查清洗，更换油液，提高油液清洁度 ②检查磨损、密封情况，修换阀芯
流量不稳定	①油中杂质黏附在节流口上，通流截面减小，速度减慢 ②系统升温，油液黏度下降，流量增加，速度上升 ③节流阀内、外泄漏大，流量损失大，不能保证运动速度所需的流量	①拆洗节流阀，清除污物，更换滤油器或更换油液 ②采取散热、降温措施，必要时换带温度补偿的调速阀 ③检查阀芯与阀体之间的间隙及加工精度，超差零件修复或更换。检查有关连接部位的密封情况或更换密封件

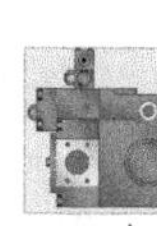

(3) 压力控制阀常见故障及排除方法

① 压力阀常见故障及排除方法，见表 3-39。

表 3-39 压力控制阀常见故障及排除方法

故障现象	产生原因	排除方法
溢流阀压力波动	①弹簧弯曲或弹簧刚度低 ②锥阀与锥阀座接触不良或磨损 ③压力表不准 ④滑阀动作不灵 ⑤油不清洁,阻尼孔不畅通	①更换弹簧 ②更换锥阀 ③修理或更换压力表 ④调整阀盖螺钉紧固力或更换滑阀 ⑤更换油液,清洗阻尼孔
溢流阀明显震动、噪声严重	①调压弹簧变形,不复原 ②. 回油路有空气进入 ③流量超值 ④油温过高,回油阻力过大	①检修或更换弹簧 ②紧固油路接头 ③调整 ④控制油温,将回油阻力降至 0.5MPa 以下
溢流阀泄漏	①锥阀与阀座接触不良磨损 ②滑阀与阀盖配合间隙大 ③紧固螺钉松动	①更换锥阀 ②重配间隙 ③拧紧螺钉
溢流阀调压失灵	①调压弹簧折断 ②滑阀阻尼孔堵塞 ③滑阀卡住 ④进、出油口接反 ⑤先导阀座小孔堵塞	①更换弹簧 ②清洗阻尼孔 ③拆检并修正,调整阀盖螺钉紧固力 ④重装 ⑤清洗小孔
减压阀二次压力不稳定并与调定压力不符	①油箱液面低于回油管路或滤油器,油中混入空气 ②主阀弹簧太软、变形或在滑阀中卡住,使阀移动困难 ③泄漏 ④锥阀与阀座配合不良	①补油 ②更换弹簧 ③检查密封,拧紧螺钉 ④更换锥阀
减压阀不起作用	①泄油口的螺堵未拧出 ②滑阀卡死 ③阻尼孔堵塞	①拧出螺堵,接上泄油管 ②清洗或重配滑阀 ③清洗阻尼孔,并检查油液的清洁度
顺序阀振动与噪声	①油管不适合,回油阻力大 ②油温过高	①降低回油阻力 ②降温至规定温度
顺序阀动作压力与调定压力不符	①调压弹簧不当 ②调压弹簧变形,最高压力调不上去 ③滑阀卡死	①反复几次,转动调整手柄,调到所需的压力 ②更换弹簧 ③检查滑阀配合,清除毛刺

② 减压阀常见故障及诊断方法，见表 3-40。

表 3-40 减压阀常见故障及诊断方法

故障现象	故障原因	排除方法
不能减压或无二次压力	泄油口不通或泄油通道堵塞,使主阀芯卡阻在原始位置,不能关闭;先导阀阻塞	检查泄油管路、泄油口、先导阀、主阀芯、单向阀并修理之。检查排除执行器机械干扰
二次压力不能继续升高或压力不稳定	先导阀密封不严,主阀芯卡阻在某一位置,负载有机械干扰	
调压过程中压力非连续升降,而是不均匀下降	调压弹簧弯曲或折断	拆检换新

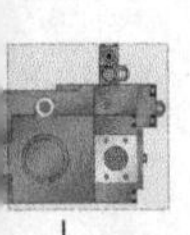

3.4 执行元件

执行装置为液压缸（输出直线运动）、液压马达（输出旋转运动），如图 3-57 所示。

3.4.1 液压马达概述

液压马达是一种液压执行机构，它将液压系统的压力能转化为机械能，以旋转的形式输出转矩和角速度。从工作原理上来讲，液压马达与液压泵都是靠工作腔密封容积的大小变化工作的，但是它们在结构上存在着某些差异，一般不可以通用。

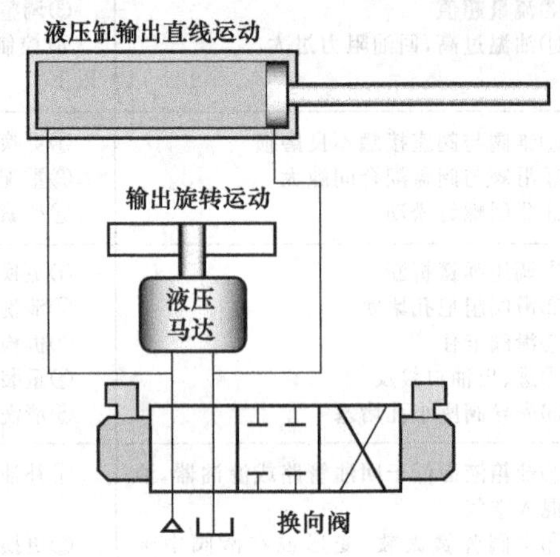

图 3-57 液压执行装置工作示意

（1）液压马达的分类

① 按转速分类 n_s＞500r/min 为高速液压马达，如齿轮马达，叶片马达，轴向柱塞马达；n_s＜500r/min 为低速液压马达，如径向柱塞马达（单作用连杆型径向柱塞马达，多作用内曲线径向柱塞马达）。

② 按排量是否可变分类 可分定量马达和变量马达两类。

（2）液压马达的特点

液压马达的特点见表 3-41。

表 3-41 液压马达的特点

马达类型	马达的主要特点
高速小转矩马达	①转速较高、转动惯量小，便于启动和制动，调速和换向的灵敏度高 ②通常输出转矩不大（仅几十牛・米到几百牛・米）
低速大转矩马达	①排量大、体积大、转速低（有时可达每分钟几转甚至零点几转），因此可直接与工作机构连接，不需要减速装置，使传动机构大为简化 ②通常低速马达输出转矩较大（可达几千牛・米到几万牛・米）

（3）液压马达的图形符号

液压马达图形符号，见表 3-5。

（4）液压马达的主要特性参数

液压马达是一个将油液的压力能转化为机械能的能量转换装置。液压马达主要性能参数见表 3-42。

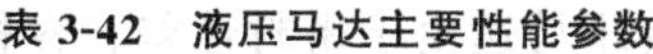

表 3-42 液压马达主要性能参数

性能参数		参数意义
压力	工作压力（工作压差）	指液压马达在实际工作时的输入压力。液压马达的进口压力与出口压力的差值为其工作压差，一般在液压马达出口直接接回油箱的情况下，近似认为液压马达的工作压力等于液压马达的工作压差
	额定压力	指液压马达在正常工作状态下，按实验标准连续使用允许达到的最高压力
排量		指液压马达在没有泄漏的情况下，马达轴每转一周所需输入的油液的体积。它是通过液压马达工作容积的几何尺寸变化计算得出的
流量	理论流量 q_t	指液压马达在没有泄漏的情况下单位时间内其密封容积变化所需输入的油液的体积，可见，它等于液压马达的排量和转速的乘积
	实际流量 q	实际流量 q 是指液压马达在单位时间内实际输入的油液的体积 由于存在着油液的泄漏，马达的实际输入流量大于理论流量
功率	输入功率	液压马达的输入功率就是驱动马达运动的液压功率，它等于液压马达的输入压力乘以输入流量。即 $P_i=\Delta pq$
	输出功率	液压马达的输出功率就是液压马达带动外负载所需的机械功率，它等于液压马达的输出转矩乘以角速度。即 $P_o=T\omega$
效率	容积效率	理论流量与实际输入流量的比值，即 $\eta_{mv}=\frac{q_t}{q}=\frac{q-\Delta q}{q}=1-\frac{\Delta q}{q}$
	机械效率	$\eta_{mm}=\frac{T}{T_t}=\frac{T+\Delta T}{T}$
	总效率	$\eta_m=\eta_{mv}\eta_{mm}$
输出转矩		对于液压马达的参数计算，常常是要计算液压马达能够驱动的负载及输出的转速为多少 $T=\frac{\Delta pV}{2\pi}\eta_{mm}$
输出转速		$n=\frac{q\eta_{mv}}{V}$

3.4.2 液压马达结构特点及工作原理

(1) 高速外啮合齿轮马达

① 高速外啮合齿轮马达工作原理 如图 3-58 所示。

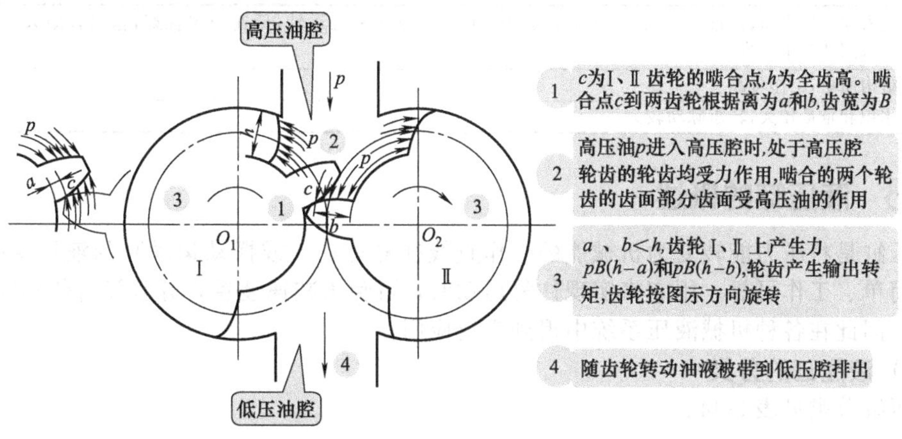

图 3-58 外啮合齿轮马达

② 与齿轮泵比较齿轮马达的结构特点

a. 齿轮马达在结构上为了适应正反转要求，进出油口相等、具有对称性、有单独外泄油口将轴承部分的泄漏油引出壳体外。

b. 为了减少启动摩擦力矩，采用滚动轴承。

c. 为了减少转矩脉动，齿轮马达的齿数比泵的齿数要多。

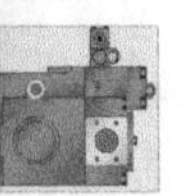

③ 齿轮马达的应用　齿轮液压马达由于密封性差、容积效率较低、输入油压力不能过高、不能产生较大转矩，并且瞬间转速和转矩随着啮合点的位置变化而变化，因此齿轮液压马达仅适合于高速小转矩的场合，一般用于工程机械、农业机械以及对转矩均匀性要求不高的机械设备上。

(2)低速液压马达

① 径向柱塞马达工作原理　低速液压马达的基本形式是径向柱塞式，如图 3-59 所示。

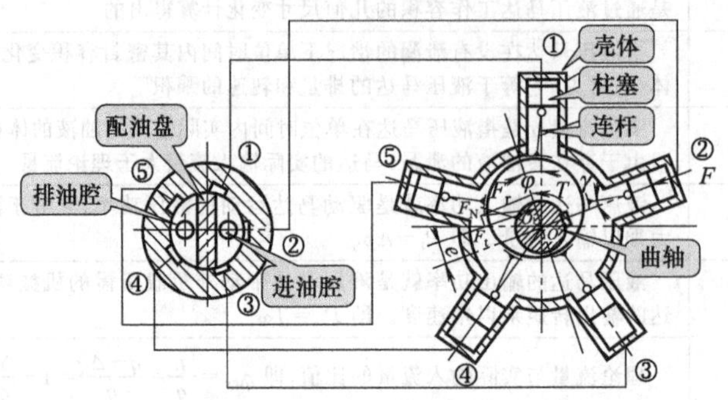

在壳体内有五个沿径向均匀分布的柱塞缸，柱塞通过球铰与连杆相连接，连杆的另一端与曲轴的偏心轮外圆接触，配油轴与曲轴用联轴器相连

重点说明

压力油经配油轴进入马达的进油腔后，通过壳体槽①、②、③进入相应的柱塞缸的顶部，作用在柱塞上的液压作用力F_N通过连杆作用于偏心轮中心O_1,它的切向分为F_T对曲轴旋转中心形成转矩T,使曲轴逆时针方向旋转，由于三个柱塞缸位置不同，所以产生的转矩大小也不同，曲轴输出的总转矩等于与高压腔相通的柱塞所产生的转矩之和。此时柱塞缸④、⑤与排油腔相通，油液经配油轴流回油箱。曲轴旋转时带动配油轴同步旋转，因此，配流状态不断发生变化，从而保证曲轴会连续旋转。若进、回油口互换，则液压马达反转，过程与以上相同。

图 3-59　连杆型径向柱塞式马达原理

② 径向柱塞马达的特点　见表 3-43。

表 3-43　径向柱塞马达的特点

特点	输入油液压力高、排量大,可在马达轴转速为 10r/min 以下平稳运转,低速稳定性好,输出转矩大,可达几百牛·米到几千牛·米
优点	结构简单,工作可靠
缺点	体积和重量较大,转矩脉动较大

3.4.3 液压缸的概述

液压缸是将压力能转变为机械能的、作直线往复运动（或摆动运动）的液压执行元件。它结构简单、工作可靠。用它来实现往复运动时，可免去减速装置，并且没有传动间隙，运动平稳，因此在各种机械液压系统中得到广泛应用。

(1) 液压缸的分类

液压缸分类见表 3-44。

表 3-44　液压缸分类

按结构形式分类					按作用方式分		
活塞缸		柱塞缸	摆动缸		单作用	双作用	复合式
单杆	双杆		单叶片	双叶片			

按缸的特殊用途可分为串联缸、增压缸、增速缸、步进缸和伸缩套筒缸等。此类缸不是一个单纯的缸筒，而是和其他缸筒和构件组合而成，从结构的观点看，这类缸又叫复合缸。

(2) 液压缸的种类特点

液压缸的种类特点，见表 3-45。

表 3-45 液压缸的种类特点

分类	名　称	职能符号	说　明
单作用缸	柱塞式液压缸		柱塞仅单向液压驱动，返回行程通常是利用自重、负载或其他外力
	单活塞杆液压缸		活塞仅单向液压驱动，返回行程是利用自重或负载将活塞推回
	双活塞杆液压缸		活塞两侧均装有活塞杆，但只向活塞一侧供给压力油，返回行程通常利用弹簧力、重力或外力
	伸缩液压缸		以短缸获得长行程，用压力油从大到小逐节推出，靠外力由小到大逐节缩回
双作用缸	单活塞杆液压缸		单边有活塞杆，双向液压驱动，两向推力和速度不等
	双活塞杆液压缸		双边有活塞杆，双向液压驱动，可实现等速往复运动
	伸缩液压缸		柱塞为多段套筒形式，伸出由大到小逐节推出，由小到大逐节缩回

液压缸按不同使用压力可分为中低压、中高压液压缸。对于机床类机械一般采用中低压液压缸，其额定压力为 2.5～6.3MPa；对于中高压液压缸其额定压力小于 16MPa，应用于体积要求小、重量轻、出力大的建筑车辆和飞机用液压缸；而高压类液压缸，其额定压力小于 31.5MPa，应用于油压类机械。

(3) 图形符号

液压缸图形符号见表 3-7。

(4) 常用液压缸速度推力特性

① 双杆双作用活塞缸　双杆活塞缸活塞两侧都有活塞杆伸出，根据安装方式不同又分为活塞杆固定式和缸筒固定式两种，如图 3-60 所示。

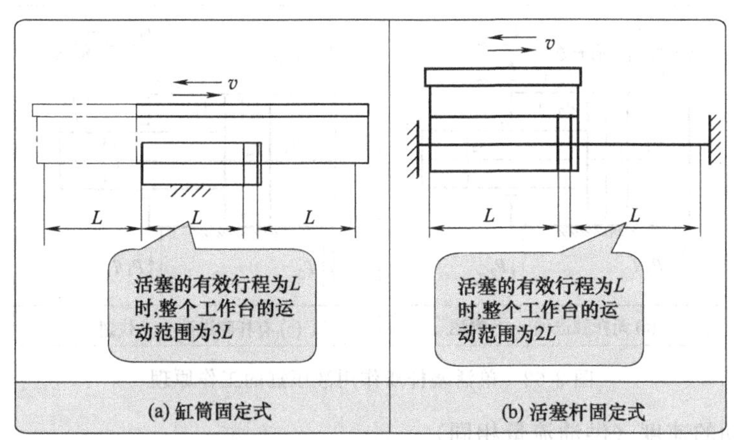

(a) 缸筒固定式　(b) 活塞杆固定式

图 3-60 双杆双作用液压缸

如图 3-60 (a) 所示为缸筒固定式的双杆活塞缸，一般适用于小型机床。当工作台行程要求较长时，可采用图 3-60 (b) 所示的活塞杆固定的形式，缸体与工作台相连，活塞杆通过支架固定在机床上，动力由缸体传出。这种安装形式中，工作台的移动范围只等于液压缸

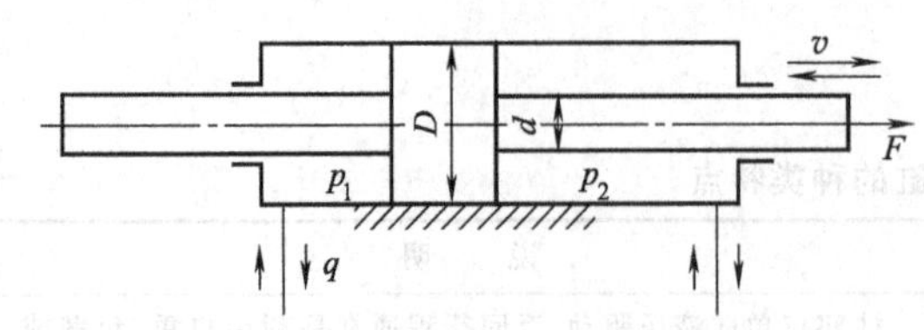

图 3-61　双作用双杆液压缸的工作原理

有效行程 L 的两倍，因此占地面积小。进出油口可以设置在固定不动的空心的活塞杆的两端，但必须使用软管连接。

如图 3-61 所示为双作用双杆缸的工作原理。在活塞的两侧均有杆伸出，两腔有效面积相等。

a. 往复运动的速度（供油流量相同）

$$v=\frac{q\eta_v}{A}=\frac{4q\eta_v}{\pi(D^2-d^2)}$$

b. 往复出力（供油压力相同）

$$F=A(p_1-p_2)\eta_m=\frac{\pi}{4}(D^2-d^2)(p_1-p_2)\eta_m$$

式中　q——缸的输入流量；
A——活塞有效作用面积；
D——活塞直径（缸筒内径）；
d——活塞杆直径；
p_1——缸的进口压力；
p_2——缸的出口压力；
η_v——缸的容积效率；
η_m——缸的机械效率。

c. 特点

ⅰ. 往复运动的速度和出力相等。

ⅱ. 长度方向占有的空间，当缸体固定时约为缸体长度的三倍；当活塞杆固定时约为缸体长度的两倍。

② 单杆双作用活塞缸　单杆活塞缸只有一端带活塞杆，它也有缸筒固定和活塞杆固定两种安装方式，两种方式的运动部件移动范围均为活塞有效行程的两倍。

如图 3-62（a）所示为无杆腔进油工作状态；图 3-62（b）所示为有杆腔进油工作状态。

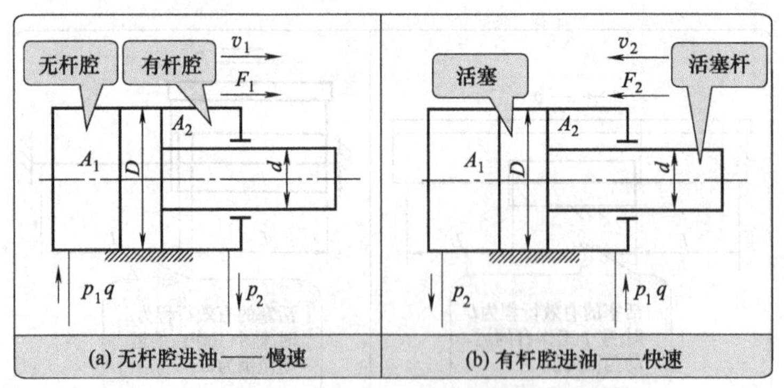

图 3-62　单活塞杆双作用液压缸的工作原理

a. 往复运动的速度（供油流量相同）

$$v_1=\frac{q\eta_v}{A_1}=\frac{q\eta_v}{\frac{\pi}{4}D^2}\qquad v_2=\frac{q\eta_v}{A_2}=\frac{q\eta_v}{\frac{\pi}{4}(D^2-d^2)}$$

$$\varphi=\frac{v_2}{v_1}=\frac{D^2}{D^2-d^2}$$

式中 q——缸的输入流量；

A_1——无杆腔的活塞有效作用面积；

A_2——有杆腔的活塞有效作用面积；

D——活塞直径（缸筒内径）；

d——活塞杆直径；

η_v——缸的容积效率。

b. 往复出力（供油压力相同）

$$F_1=(p_1A_1-p_2A_2)\eta_m=\frac{\pi}{4}[p_1D^2-p_2(D^2-d^2)]\eta_m$$

$$F_2=(p_1A_2-p_2A_1)\eta_m=\frac{\pi}{4}[p_1(D^2-d^2)-p_2D^2]\eta_m$$

式中 η_m——缸的机械效率；

p_1——缸的进口压力；

p_2——缸的出口压力。

c. 特点

ⅰ. 往复运动的速度及出力均不相等。

ⅱ. 长度方向占有的空间大致为缸体长的两倍。

ⅲ. 活塞杆外伸时受压，要有足够的刚度。

③ 单杠活塞差动连接液压缸　如图 3-63 所示。

a. 运动速度：$q+vA_2=vA_1$，在考虑了缸的容积效率后，得 $v=\frac{q\eta_v}{A_1-A_2}=\frac{4q\eta_v}{\pi d^2}$

b. 推力：$F=p(A_1-A_2)\eta_m=\frac{\pi}{4}d^2p\eta_m$

c. 特点：

ⅰ. 只能向一个方向运动，反向时必须断开差动（通过控制阀来实现）；

ⅱ. 速度快，出力小，用于增速、负载小的场合。

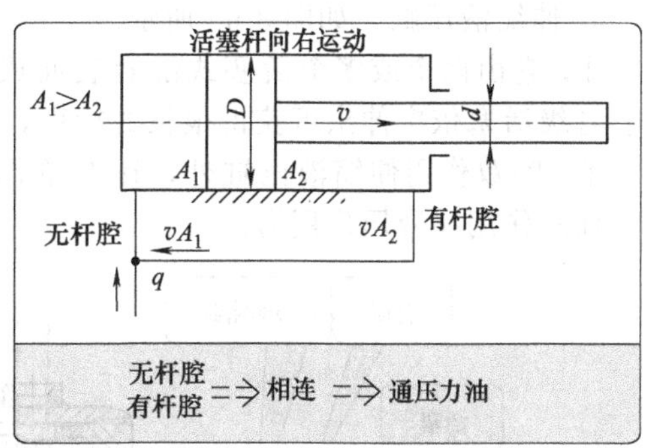

图 3-63　差动液压缸

④ 单作用液压缸——柱塞缸　柱塞缸只能实现一个方向运动，反向要靠外力，如图 3-64（a）所示。用两个柱塞缸组合，如图 3-64（b）所示，也能用压力油实现往复运动。柱塞运动时，由缸盖上的导向套来导向，因此，缸筒内壁不需要精加工。它特别适用于行程较长的场合。

a. 柱塞缸输出速度

$$v_1=\frac{q\eta_v}{A}=\frac{4q\eta_v}{\pi d^2}$$

b. 柱塞缸输出推力

$$F=pA\eta_m=p\,\frac{\pi}{4}d^2\eta_m$$

c. 柱塞缸的特点：

ⅰ. 柱塞与缸筒无配合关系，缸筒内孔不需精加工，柱塞与缸盖上的导向套有配合关系；

ⅱ. 为减轻重量，减少弯曲变形，柱塞常做成空心。

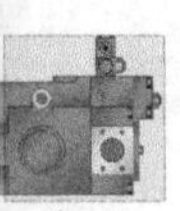

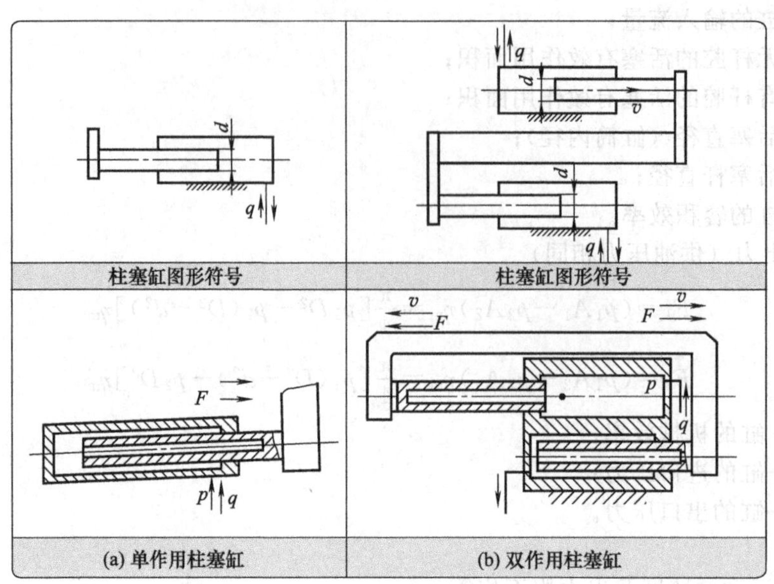

图 3-64　柱塞缸图形符号

⑤ 复合式液压缸

a. 伸缩液压缸　如图 3-65 所示。

ⅰ. 它由两个或多个活塞式缸套装而成，前一级活塞缸的活塞杆是后一级活塞缸的缸筒。各级活塞依次伸出可获得很长的行程，当依次缩回时缸的轴向尺寸很小。

ⅱ. 除双作用伸缩液压缸外，还有单作用伸缩液压缸，它与双作用不同点是回程靠外力，而双作用靠液压作用力。

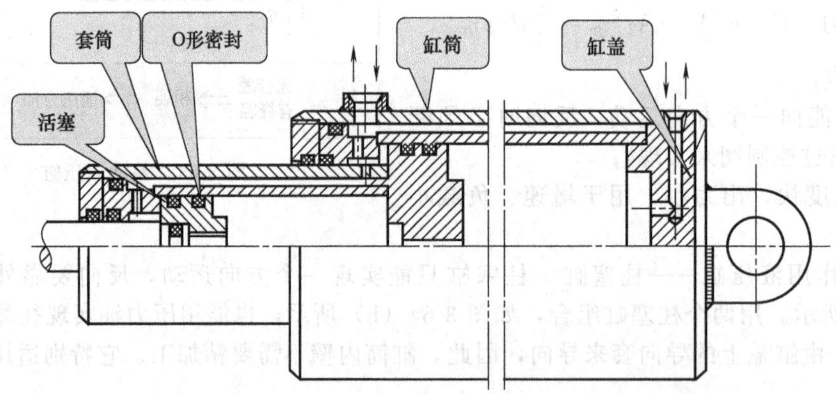

图 3-65　伸缩缸结构

ⅲ. 当通入压力油时，活塞由大到小依次伸出；缩回时，活塞则由小到大依次收回。在各级活塞依次伸出时，液压缸的有效面积是逐级变化的。在输入流量和压力不变的情况下，则液压缸的输出推力和速度也逐级变化，其值为

$$F_i = p_1 \frac{\pi}{4} D_i^2 \eta_{mi}$$

$$v_i = \frac{4q\eta_{vi}}{\pi D_i^2}$$

式中　i——i 级活塞缸。

ⅳ. 这种液压缸启动时，活塞有效面积最大，因此，输出推力也最大，随着行程逐级增

长，推力随之逐级减小。这种推力变化情况正适合于自动装卸车对推力的要求。特别适用于工程机械及自动线步进式输送装置。

b. 齿条活塞缸　齿条活塞缸是活塞缸与齿轮齿条机构组成的复合式缸，如图 3-66 所示。此种液压缸用在机床的进刀机构、回转工作台转位、液压机械手中。

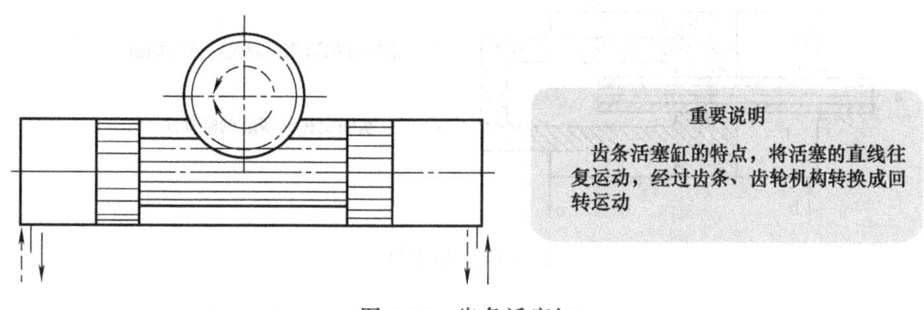

图 3-66　齿条活塞缸

齿条活塞缸的速度推力特性：

输出转矩　$T_M=\Delta p(\pi/8)D^2 D_i \eta_m$

输出角速度　$\omega=8q\eta_v/\pi D^2 D_i$

式中，Δp 为缸左右两腔压力差；D 为活塞直径，D_i 为齿轮分度圆直径。

c. 增压缸　增压缸又叫增压器，如图 3-67 所示，它是活塞缸和柱塞缸组成的复合缸。它利用活塞和柱塞油箱面积的不同使液压系统中的局部区域获得高压。它有单作用和双作用两种，单作用原理如图 3-67 所示。

具体工作过程是，在大活塞侧输入低压油，根据力平衡原理，在小活塞侧必获得高压油（有足够负载的前提下）。

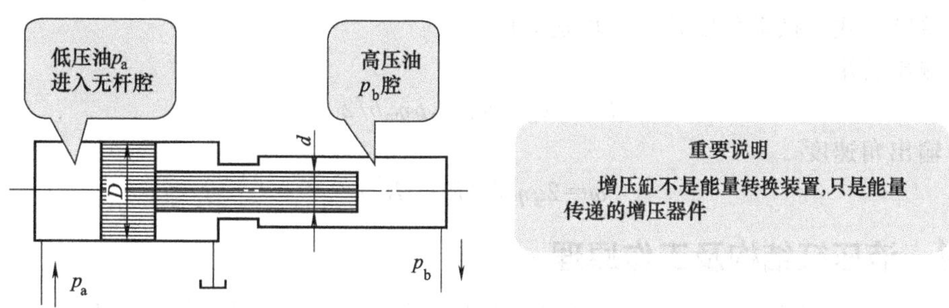

图 3-67　单作用增压缸

即
$$p_a A_{无杆腔}=p_b A_{柱塞腔}$$

故
$$p_b=p_a\frac{A_{无杆腔}}{A_{柱塞腔}}=p_a K$$

d. 增速缸　增速缸也是活塞缸与柱塞缸组成的复合缸。当液压油进入柱塞缸时，活塞将快速运动（活塞缸大腔必须补油）；当液压油同时进入柱塞缸和活塞缸时，活塞慢速运动。

如图 3-68 所示为增速缸的工作原理。先从 a 口供油使活塞以较快的速度右移，活塞运动到某一位置后，再从 b 口供油，活塞以较慢的速度右移，同时输出力也相应增大。增速缸用于快速运动回路，在不增加泵的流量的前提下，使执行元件获得尽可能大的工作速度。常用于卧式压力机上。

e. 摆动缸　如图 3-69 所示，当通入液压油，它的主轴能输出小于 360°的摆动运动的缸称为摆动式液压缸。常用于辅助装置，如送料和转位装置、液压机械手及间歇进给机构。

ⅰ. 双叶片式，摆动角度一般小于 150°。但在相同条件下，输出转矩是单叶片摆动缸的

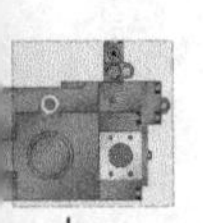

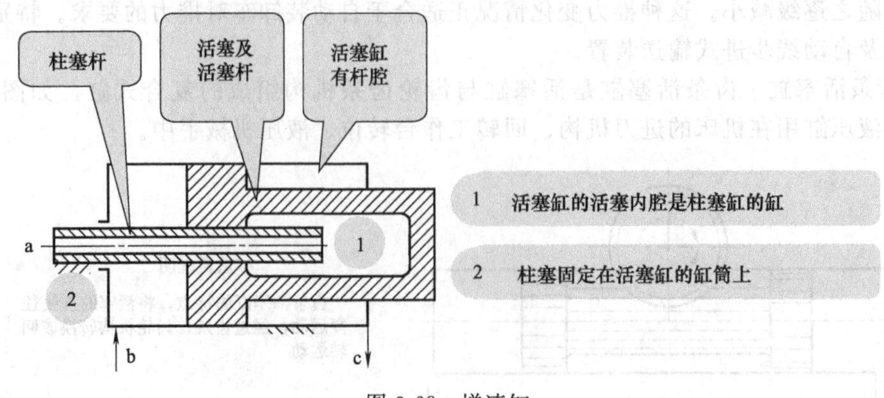

图 3-68 增速缸

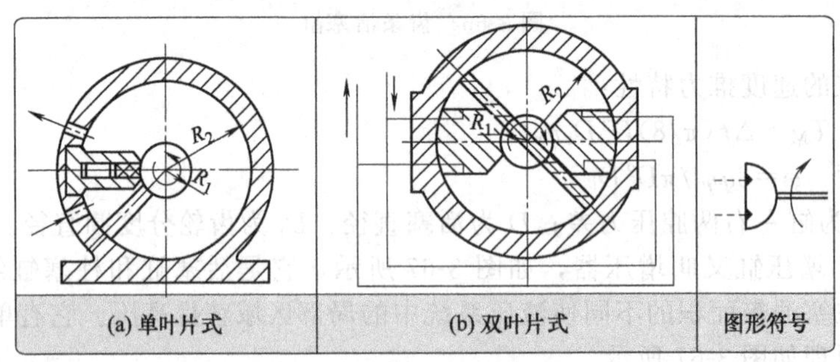

图 3-69 摆动缸

两倍，输出角速度是单叶片缸的一半。

ⅱ. 单叶片式，摆动角度较大，可达 300°。

ⅲ. 输出转矩

$$T=(R_2^2-R_1^2)\Delta p\eta_m b/2$$

ⅳ. 输出角速度

$$\omega=2q\eta_v/b(R_2^2-R_1^2)$$

3.4.4 液压缸结构及工作原理

在液压缸中最具有代表性的结构就是双作用单杆缸的结构，如图 3-70 所示（此缸是工程机械中的常用缸）。液压缸的结构见表 3-46。

表 3-46 液压缸结构

液压缸结构组成								
缸体组件			活塞组件		密封装置		缓冲装置	排气装置
缸筒	缸盖	缸底	活塞	活塞杆	活塞与缸盖	活塞杆与缸盖		

(1) 缸筒与缸盖组件

① 密封形式 如图 3-70 所示。缸筒与缸盖间的密封属于静密封，主要的密封形式是采用 O 形密封圈密封。

② 连接形式和特点 缸筒与缸盖连接形式及特点，如图 3-71 所示。

③ 导向与防尘 对于缸前盖还应考虑导向和防尘问题。导向的作用是保证活塞的运动不偏离轴线，以免产生“拉缸”现象（采用$\frac{H8}{f8}$间隙配合），并保证活塞杆的密封件能正常工

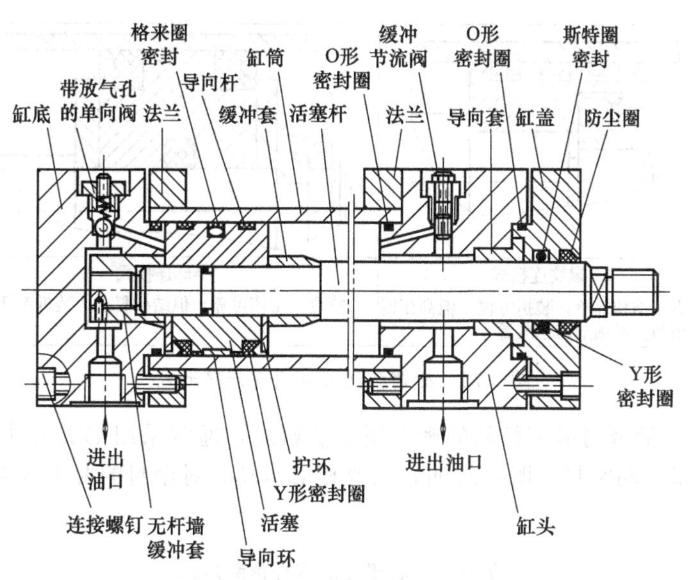

图 3-70　双作用单杆液压缸

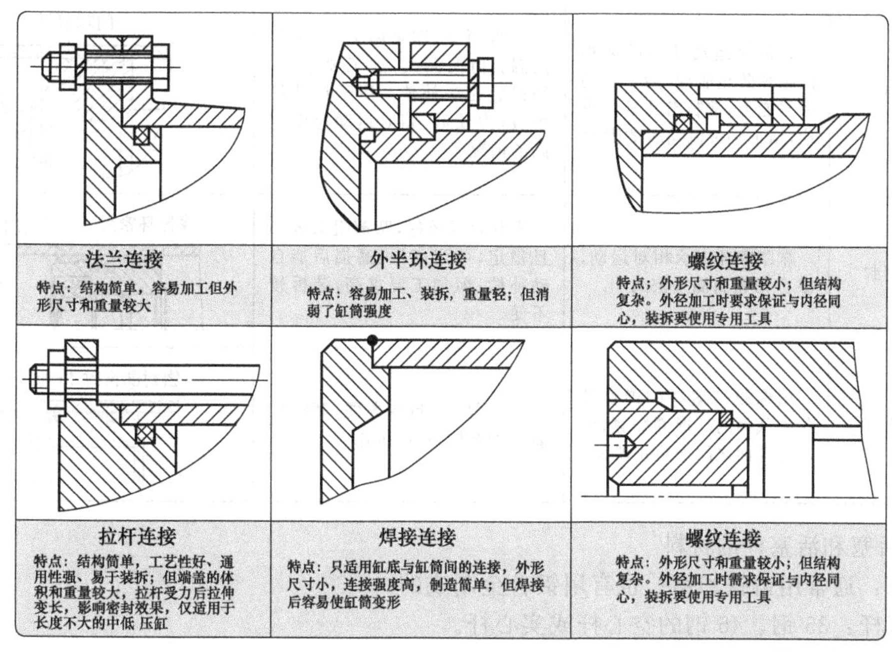

图 3-71　缸筒和缸盖组件的连接形式

作。导向套是用铸铁、青铜、黄铜或尼龙等耐磨材料制成，可与缸盖做成整体或另外压制。导向套不应太短，以保证受力良好。防尘就是防止灰尘被活塞杆带入缸体内，造成液压油的污染。通常是在缸盖上装一个防尘圈，如图 3-70 所示。

④ 缸筒与缸盖的材料　缸筒：35 或 45 调质无缝钢管；也有采用锻钢、铸钢或铸铁等材料的，在特殊情况下也有采用合金钢的。

缸盖：35 钢或 45 钢锻件、铸件、圆钢或焊接件；也有采用球铁或灰铸铁的。

(2) 活塞和活塞杆组件

① 连接形式　如图 3-72 所示，有整体式和焊接式两种，适用于尺寸较小的场合。

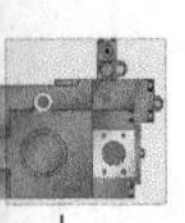

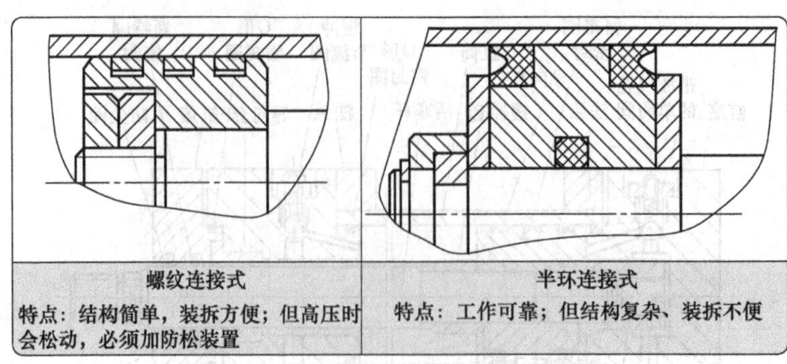

图 3-72　活塞和活塞杆组件连接形式

② 密封形式　活塞与活塞杆间的密封属于静密封，通常采用O形密封圈来密封。活塞与缸筒间的密封属于动密封，既要封油，又要相对运动，对密封的要求较高，通常采用的形式见表 3-47。

表 3-47　活塞与活塞杆密封形式

密封形式	定　义	特点及适用场合	结构形式
间隙密封	它依靠运动件间的微小间隙来防止泄漏，为了提高密封能力，常制出几条环形槽，增加油液流动时的阻力	结构简单、摩擦阻力小、可耐高温。但泄漏大，加工要求高，磨损后无法补偿。用于尺寸较小、压力较低、相对运动速度较高的情况下	间隙密封
摩擦环密封	靠摩擦环支承相对运动，靠O形密封圈来密封	密封效果较好，摩擦阻力较小且稳定，可耐高温，磨损后能自动补偿；但加工要求高，装拆较不便	摩擦环密封　O形圈支撑
密封圈密封	用橡胶或塑料的弹性使各种截面的环形圈贴紧静、动配合面之间来防止泄漏	结构简单，制造方便，磨损后能自动补偿，性能可靠	密封圈密封(格来圈)

③ 活塞和活塞杆的材料

活塞：通常用铸铁和钢；也有用铝合金制成的。

活塞杆：35 钢、45 钢的空心杆或实心杆。

(3) 缓冲装置

液压缸一般都设置缓冲装置，特别是活塞运动速度较高和运动部件质量较大时，为了防止活塞在行程终点与缸盖或缸底发生机械碰撞，引起噪声、冲击，甚至造成液压缸或被驱动件的损坏，必须设置缓冲装置。其原理是利用活塞或缸筒在行程终端时在活塞和缸盖之间封住一部分油液，强迫它从小孔后细缝中挤出，产生很大阻力，使工作部件受到制动，逐渐减慢运动速度。液压缸中常用的缓冲装置有节流口可调式和节流口变化式两种，见表 3-48。

(4) 排气装置

液压系统在安装过程中或长时间停止工作之后会渗入空气，油中也会混有空气，由于气体有很大的可压缩性，会使执行元件产生爬行、噪声和发热等一系列不正常现象，因此在设计液压缸时，要保证能及时排除积留在缸内的气体。

表 3-48 缓冲装置结构及特点

缓冲形式	定义	特点	结构形式
节流口可调式	缓冲过程中被封在活塞和缸盖间的油液经针形节流阀流出,节流阀开口大小可根据负载情况进行调节	起始缓冲效果大,后来缓冲效果差,故制动行程长;缓冲腔中的冲击压力大;缓冲性能受油温影响	节流口可调式A_p l_c p_p p_c v m A_c 针形节流阀 单向阀
节流口变化式	缓冲过程中被封在活塞和缸盖间的油液经活塞上的轴向节流阀流出,节流口通流面积不断减小	当节流口的轴向横截面为矩形、纵截面为抛物线形时,缓冲腔可保持恒压;缓冲作用均匀,缓冲腔压力较小,制动位置精度高	节流口变化式 轴向节流槽 v

一般利用空气比较轻的特点可在液压缸的最高处设置进出油口把气体带走，如不能在最高处设置油口时，可在最高处设置放气孔或专门的放气阀等放气装置，如图 3-73 所示。

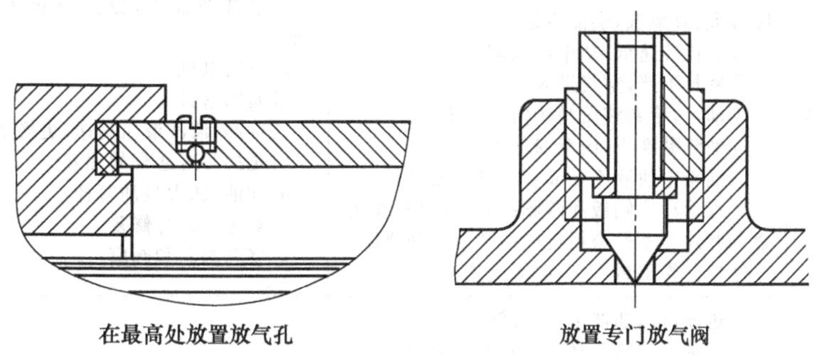

图 3-73 放气孔装置

3.4.5 常用液压执行元件的故障检修及排除方法

(1) 液压缸常见故障及排除方法

液压缸常见故障及排除方法，见表 3-49。

表 3-49 液压缸常见故障及排除方法

故障现象	产生原因	排除方法
爬行	①外界空气进入缸内 ②密封压得太紧 ③活塞与活塞杆不同轴,活塞杆不直 ④缸内壁拉毛,局部磨损严重或腐蚀 ⑤安装位置有偏差 ⑥双杆两端螺母拧得太紧	①设置排气装置或开动系统强迫排气 ②调整密封,但不得泄漏 ③校正或更换,使同轴度小于 0.04mm ④适当修理,严重者重新磨缸内孔,按要求重配活塞 ⑤校正 ⑥调整
冲击	①用间隙密封的活塞,与缸体间隙过大,节流阀失去作用 ②端头缓冲的单向阀失灵,不起作用	①更换活塞,使间隙达到规定要求,检查节流阀 ②修正,研配单向阀与阀座或更换

续表

故障现象	产生原因	排除方法
推力不足,速度不够或逐渐下降	①由于缸与活塞配合间隙过大或O形密封圈损坏,使高低压侧互通 ②工作段不均匀,造成局部几何形状有误差,使高低压腔密封不严,产生泄漏 ③缸端活塞杆密封压得太紧或活塞杆弯曲,使摩擦力或阻力增加 ④油温太高,黏度降低,泄漏增加,使缸速度减慢 ⑤液压泵流量不足,液压缸进油路油液泄漏	①更换活塞或密封圈,调整到合适的间隙镗磨修复缸孔径,重配活塞 ②放松密封,校直活塞杆 ③检查温升原因,采取散热措施,如间隙过大,可单配活塞或增装密封环 ④检查泵或调节控制阀 ⑤排除管路泄漏,检查安全用溢流阀锥阀与阀座密封情况,如密封不好而产生泄漏,使油液自动流回油箱
外泄漏	①活塞杆表面损伤或密封圈损坏使活塞杆处密封不严 ②管接头密封不严 ③缸盖处密封不良	①检修活塞杆及密封圈 ②检修密封圈及接触面 ③检查并修整

(2)液压马达常见故障及排除方法

① 常用马达故障及排除方法,见表3-50。

表3-50 液压马达常见故障及排除方法

故障现象	产生原因	排除方法
转速低输出转矩小	①由于滤油器阻塞,油液黏度过大,泵间隙过大、效率低,供油不足 ②电机转速低,功率不匹配 ③密封不严,空气进入 ④油污,堵塞液压马达内部通道 ⑤油液黏度小,内泄漏增大 ⑥油箱中油液不足或管径过小或过长 ⑦齿轮马达侧板和两侧面,叶片马达配油盘和叶片等零件磨损造成内泄漏和外泄漏 ⑧单向阀密封不良,溢流阀失灵	①清洗滤油器,更换油液适合的油液保证供油量 ②更换电机 ③紧固密封 ④拆卸,清洗液压马达,更换油液 ⑤更换黏度适合的油液 ⑥加油,加大吸油管径 ⑦对零件进行修复 ⑧修理阀芯和阀座
噪声过大	①进油口滤油器堵塞,管漏气 ②联轴器与液压马达轴不同心或松动 ③齿轮马达齿形精度低,接触不良,轴向间隙小,内部个别零件损坏,齿轮内孔与端面不垂直,端盖上两孔不平行,滚针轴承断裂,轴承架损坏 ④叶片和主配油盘接触的两侧面,叶片顶端或定子内表面磨损或刮伤,扭力弹簧变形或损坏 ⑤径向柱塞马达的径向尺寸严重磨损	①清洗,紧固接头 ②重新安装调整或紧固 ③更换齿轮,或研磨修整齿形,研磨有关零件重配轴向间隙,对损坏零件进行更换 ④根据磨损程度修复或更换 ⑤修磨缸孔,重配柱塞

② 轴向柱塞马达的故障及排除方法,见表3-51。

表3-51 轴向柱塞马达的故障及排除方法

故障现象	故障原因	排除方法
噪声大	①液压泵进油处的滤油器被污物堵塞 ②密封不严而使大量空气进入 ③油液不清洁 ④联轴器碰擦或不同心 ⑤油液黏度过大 ⑥马达活塞的径向尺寸严重磨损 ⑦外界振动的影响	①清洗滤油器 ②紧固各连接处 ③更换清洁的油液 ④校正同心并避免碰擦 ⑤更换黏度较小的油液(N15润滑油) ⑥研磨转子内孔,单配活塞 ⑦隔绝外界振动

续表

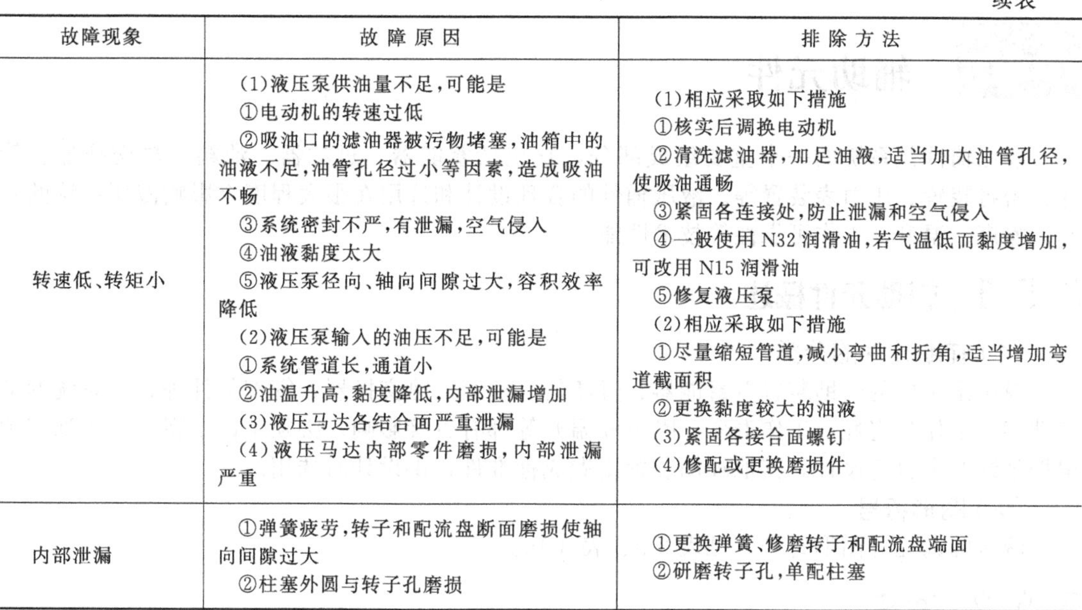

故障现象	故 障 原 因	排 除 方 法
转速低、转矩小	(1)液压泵供油量不足，可能是 ①电动机的转速过低 ②吸油口的滤油器被污物堵塞，油箱中的油液不足，油管孔径过小等因素，造成吸油不畅 ③系统密封不严，有泄漏，空气侵入 ④油液黏度太大 ⑤液压泵径向、轴向间隙过大，容积效率降低 (2)液压泵输入的油压不足，可能是 ①系统管道长，通道小 ②油温升高，黏度降低，内部泄漏增加 (3)液压马达各结合面严重泄漏 (4)液压马达内部零件磨损，内部泄漏严重	(1)相应采取如下措施 ①核实后调换电动机 ②清洗滤油器，加足油液，适当加大油管孔径，使吸油通畅 ③紧固各连接处，防止泄漏和空气侵入 ④一般使用N32润滑油，若气温低而黏度增加，可改用N15润滑油 ⑤修复液压泵 (2)相应采取如下措施 ①尽量缩短管道，减小弯曲和折角，适当增加弯道截面积 ②更换黏度较大的油液 (3)紧固各接合面螺钉 (4)修配或更换磨损件
内部泄漏	①弹簧疲劳，转子和配流盘断面磨损使轴向间隙过大 ②柱塞外圆与转子孔磨损	①更换弹簧、修磨转子和配流盘端面 ②研磨转子孔，单配柱塞

③ 径向柱塞马达常见故障及排除方法，见表3-52。

表3-52　径向柱塞马达的故障及排除方法

故障现象	故 障 原 因	排 除 方 法
速度不稳定	①运动件之间存在别劲现象 ②输入的流量不稳定，如泵的流量变化太大 ③运动摩擦面的润滑油膜破坏，造成干摩擦，特别是在低速时抖动(爬行)现象 ④液压马达出口无背压调节装置或无背压，此时受负载变化的影响，速度变化大，应设置可调节背压 ⑤负载变化大或供油压力变化大	①此时最要注意检查连杆中心节流小孔的阻塞情况，应予以清洗和换油 ②应设置可调背压
转速下降，转速不够	①配流轴磨损，或者配合间隙过大 ②配油盘端面磨损，拉有沟槽压力补偿间隙机构失灵也造成这一现象 ③柱塞上的密封圈破损 ④缸体孔因污物等原因拉有较深沟槽 ⑤连杆球铰副磨损 ⑥系统方面的原因，例如液压泵供油不足、油温太高、油液黏度过低、液压马达背压过大等，均会造成液压马达转速不够的现象	①可刷镀配流轴外圆柱面或镀硬铬修复，情况严重需重新加工更换 ②平磨或研磨配流盘断面 ③更换密封圈
马达轴封处漏油(外漏)	①油封卡紧，唇部的弹簧脱落，或者油封唇部拉伤 ②液压马达因内部泄漏大，导致壳体内泄漏油的压力升高，大于油封的密封能力 ③液压马达泄油口背压太大	①调整 ②采取措施，排除泄漏 ③调低液压马达泄油口的背压
液压马达不工作	①无压力油进入液压马达，或者进入液压马达的压力油压力太低 ②输出轴与配流轮之间的十字连接轴折断或漏装 ③有柱塞卡死在缸体孔内，压力油推不动 ④输出轴上的轴承烧死	①检查系统压力上不来的原因 ②更换或补装 ③拆修使之运动灵活 ④更换轴承

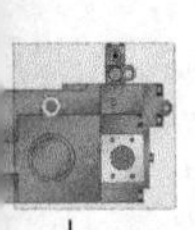

3.5 辅助元件

液压辅件是系统的一个重要组成部分，它包括蓄能器、过滤器、油箱、热交换器、管件、密封装置、压力表装置等。液压辅件的合理设计和选用在很大程度上影响液压系统的效率、噪声、温升、工作可靠性等技术性能。

3.5.1 辅助元件概述

(1) 辅助元件的分类

液压系统中的辅助装置有蓄能器、过滤器、油箱、热交换器、管密封件等，对系统的动态性能、工作稳定性、工作寿命、噪声和温升等都有直接影响，必须予以重视。其中油箱须根据系统要求自行设计，其他辅助装置则做成标准件，供设计时选用。

(2) 图形符号

液压辅助元件图形符号，见表 3-9、表 3-10。

3.5.2 油箱

油箱有整体式和分离式两种。液压系统中大多数采用分离式油箱。开式油箱大部分是由 2.5～5mm 钢板焊接而成的，如图 3-74 所示为工业上使用的典型焊接式油箱。

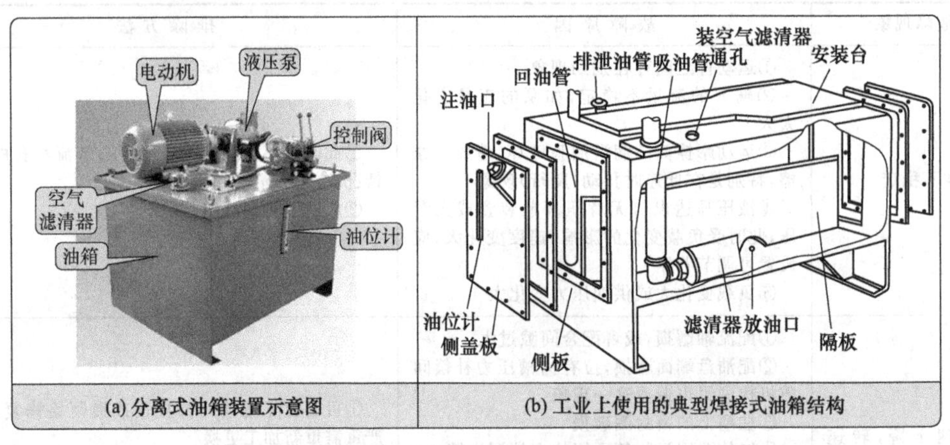

图 3-74 油箱装置及典型结构图

(1) 油箱在液压系统中的主要功能

① 储存系统工作循环所需要的油量。

② 散发系统工作过程中产生的一部分热量。

③ 促进油液中空气分离及消除泡沫。

④ 为系统提供元件的安装位置。

(2) 油箱的作用

油箱的作用，见表 3-53。

(3) 油箱结构形式及特点

油箱结构形式及特点，见表 3-54。

对一些小型液压设备，或为了节省占地面积或为了批量生产，常将液压泵-电动机装置及液压控制阀安装在分离式油箱的顶部组成一体，称为液压站。

表 3-53 油箱的作用

油箱作用	液压系统工作要求	油箱结构设计改善措施
散发油液热量	液压系统中的容积损失和机械损失导致油液温度升高。油液从系统中带回来的热量有很大一部分靠油箱壁散发到周围空气中	油箱有足够大的尺寸，尽量设置在通风良好的位置上，必要时油箱外壁要设置翘片来增加散热能力
逸出空气	液压系统低压区压力低于饱和蒸汽压、吸油管漏气或液位太低时漩涡作用引起泵吸入空气、回油搅拌作用等都是形成气泡汽蚀的原因。油液泡沫会导致噪声和损坏液压装置，尤其在液压泵中会引起汽蚀	未溶解的空气可在油箱中逸出，因此希望有尽可能大的油液面积，并应使油液在油箱里逗留较长的时间
沉淀杂质	未被过滤器捕获的细小污染物，如磨损屑或油液老化生成物	可以沉落到油箱底部并在清洗油箱时加以清除
分离水分	由于温度变化，空气中的水蒸气在油箱内壁上凝结成水滴而落入油液中，其中只有很少数量溶解在油液里。未溶解的水会使油液乳化变质	油箱提供油水分离的机会，使这些游离水聚积在油箱中的最低点，以备清除
安装元件	在中小型设备的液压系统中，往往把液压泵-电动机装置及液压控制阀或整个液压控制装置直接安装在油箱顶盖上	箱必须制造得足够牢固以支撑这些元件。一个牢固的油箱还在降低噪声方面发挥作用

表 3-54 油箱结构形式及特点

油箱形式	结构形式	特点
整体式	整体式油箱是与机械设备机体做在一起，利用机体空腔部分作为油箱	结构紧凑，各种漏油易于回收，但散热性差，易使邻近构件发生热变形，从而影响机械设备精度，再则维修不方便，使机械设备复杂
分离式	分离式油箱是一个单独与主机分开的装置	它布置灵活，维修保养方便，可减少油箱发热和液压振动对工作精度的影响，便于设计成通用化、系列化的产品，因而得到广泛应用

对大中型液压设备一般采用独立的分离油箱，即油箱与液压泵-电动机装置及液压控制阀分开放置。

(4)油箱容积确定

油箱的容积是油箱设计时需要确定的主要参数。油箱体积大时散热效果好，但用油多，成本高；油箱体积小时，占用空间少，成本降低，但散热条件不足。在实际设计时，可用经验公式初步确定油箱的容积，然后再验算油箱的散热量 Q_1，计算系统的发热量 Q_2，当油箱的散热量大于液压系统的发热量时（$Q_1>Q_2$），油箱容积合适；否则需增大油箱的容积或采取冷却措施（油箱散热量及液压系统发热量计算可查阅有关手册）。

油箱容积的估算经验公式为：$V=aq$

通常取液压泵每分钟流量 q 的 3～8 倍估算。

低压系统 $V=(2\sim4)q$；中压系统 $V=(5\sim7)q$；高压系统 $V=(6\sim12)q$。

(5)油箱的设计要点

油箱除其基本功用外，还作液压元件的安装台。因此设计油箱结构要点如图 3-75 所示。

在液压系统中排泄管应尽量单独接入油箱。各类控制阀的排泄管端部应在液面以上，以免产生背压；泵和马达的外泄油管其端部应在液面之下，以免吸入空气。如图 3-76 所示是一种油箱配油管的安装尺寸。

3.5.3 热交换器

系统能量损失转换为热量以后，会使油液温度升高。若长时间油温过高，油液黏度下降，泄漏增加，密封老化，油液氧化，严重影响系统正常工作。为保证正常工作温度在20～

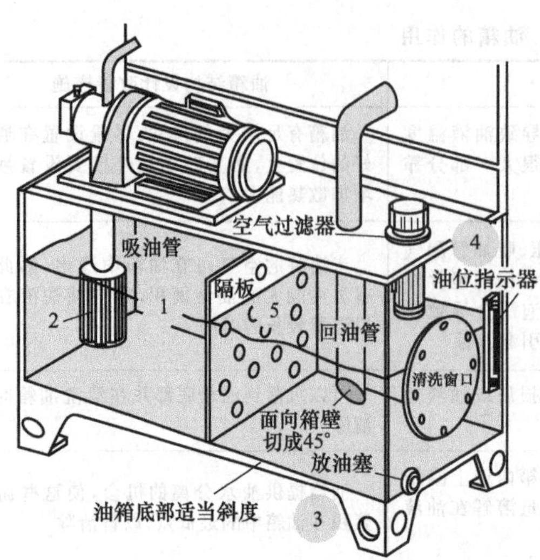

1 应有足够的容量(通常取泵流量3～12/min)，系统工作时油面应保持一定高度不超过油箱高度的0.8倍，防止吸空和回油溢出

2 应设吸油过滤器，要有足够的通流能力。因需经常清洗过滤器，在油箱结构上要考虑拆卸方便

3 油箱底部做成适当斜度，并设放油塞。大油箱应在侧面设计清洗窗孔。油箱端盖上应安装空气过滤器，其通气流量不小于泵流量的1.5倍，以保证具有较好的抗污能力

4 油箱侧壁安装油位指示器，以指示最低最高油位。新油箱要做防锈、防凝水处理

5 吸油管及回油管要用隔板分开，增加循环距离，使油液有足够时间分离气泡、沉淀杂质。隔板高度取油面高度的3/4

6 油箱散热条件要好，必要时应安装温度计、温控器和热交换器大、中型油箱应设起吊钩或孔

要点说明，吸油管离油箱底面距离$H \geqslant 2D$(D为吸油管内径)，距油箱壁不小于$3D$，以利吸油通畅。回油管插入最低油面以下，防止回油时带入空气，距油箱底面$h \geqslant 2d$(d为回油管内径)，回油管排油口应面向箱壁，管端切成45°以增大通流面积，泄漏油管应在油面以上

图 3-75　油箱结构及设计要点

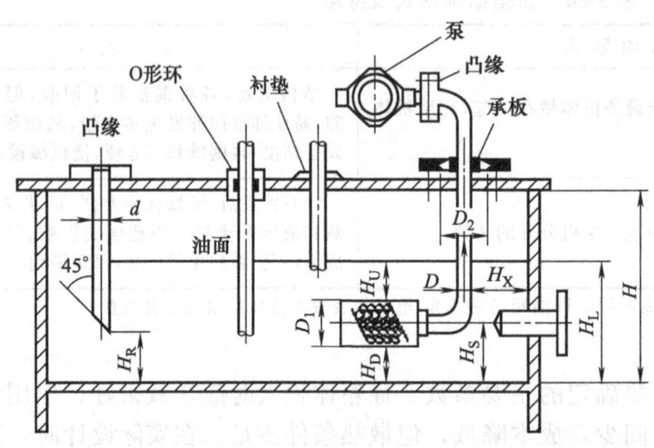

重点说明

回油管：$H_R \geqslant 2d$；

吸油管：$D_2 > D_1$；

$H_X \geqslant 3D$

吸入位置：$H_S = 1/4H$

H_D、H_U约在50～100mm范围内

图 3-76　油箱配油管的安装尺寸

65℃，需要在系统中安装冷却器。相反，油温过低，油液黏度过大，设备启动困难，压力损失加大并引起过大的振动。此种情况下系统应安装加热器，将油液温度升高到适合的温度。

综上所述，冷却器和加热器的作用在于控制液压系统的正常工作温度，保证液压系统的正常工作，二者又总称为热交换器。

对冷却器的基本要求是在保证散热面积足够大、散热效率高和压力损失小的前提下，要求结构紧凑、坚固、体积小和重量轻，最好有自动控温装置以保证油温控制的准确性。冷却器一般都安装在回油路及低压管路上。

油液加热的方法有用热水或蒸汽加热和电加热两种方式。由于电加热器使用方便，易于自动控制温度，故应用较广泛。

热交换器的结构简图和特点见表 3-55。

3.5.4　密封装置

密封装置用来防止系统油液的内外泄漏，以及外界灰尘和异物的侵入，保证系统建立必要压力。

表 3-55 热交换器的结构简图和特点

名称	结构简图	特点和说明
冷却器 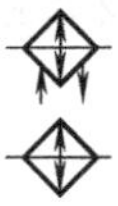	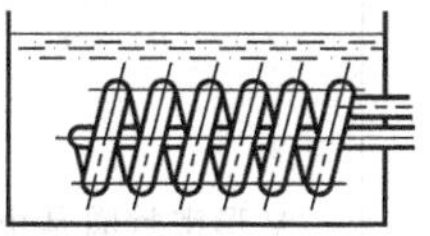 蛇形管冷却器	它直接安装在油箱内并浸入油液中，管内通冷却水，这种冷却器的冷却效果不好，耗水量
	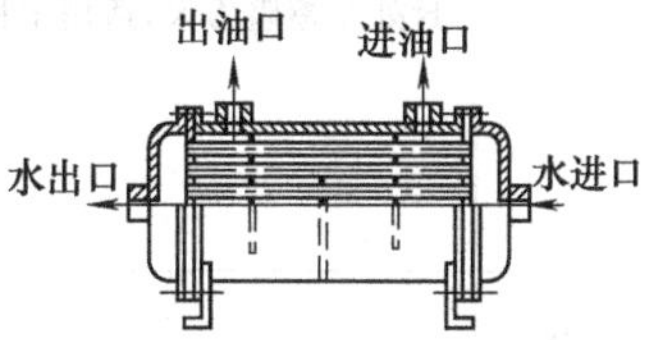 出油口 进油口 水出口 水进口 对流式多管冷却器	油在水管外面流过，三块隔板用来增加油液的循环距离，以改善散热条件，冷却器效果好
加热器 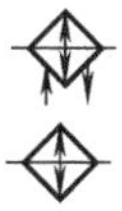	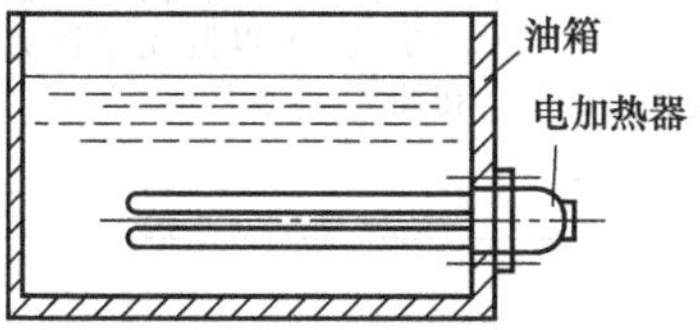 油箱 电加热器 电加热器示意图及符号	电加热器水平安装，发热部分应全部浸入油中，安装位置应使油箱的油液有良好的自然对流，单个加热器的功率不能太大，以避免其周围油液过度受热而变质

(1) 对密封装置的要求

① 在一定的工作压力和温度范围内具有良好的密封性能。

② 与运动件之间摩擦因数要小。

③ 寿命长，不易老化，抗腐蚀能力强。

④ 制造容易，维护使用方便，价格低廉。

(2) 常用的密封结构及特点

见表 3-56 所示。

表 3-56 密封装置结构简图和特点

名称	结构简图	特点和说明
O形密封圈	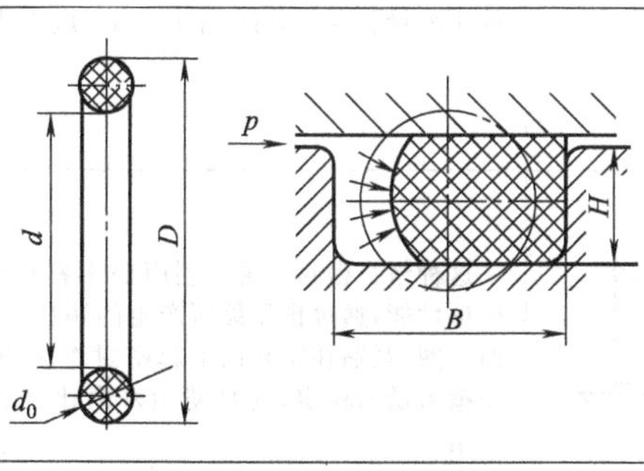 d D d_0 p H B	O形密封圈截面为圆形，它的特点是结构简单、安装尺寸小、使用方便，摩擦阻力小、价格低，故应用十分广泛
唇形圈	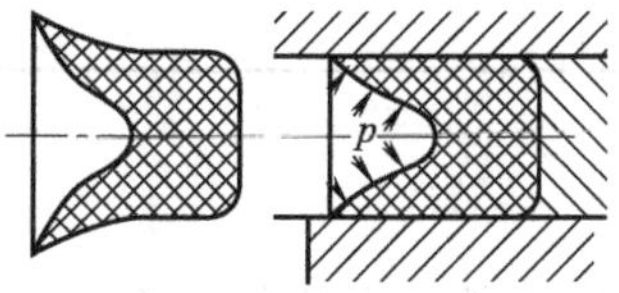 p Y形密封圈	当工作压力超过 20MPa 时，应加挡圈，当工作压力波动大时要加支承环 Y形密封圈摩擦力小、寿命长、密封可靠、磨损后能自动补偿，适用于运动速度较高的场合，工作压力可达 20MPa

续表

名称	结构简图	特点和说明
唇形圈	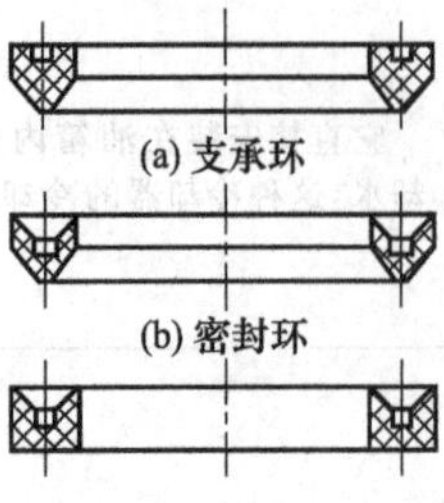 (a) 支承环 (b) 密封环 (c) 压环 V形密封圈	V形密封圈是由压环、密封环和支承环组成的。当工作压力高于10MPa时，可增加密封环的数量，安装时开口应面向高压侧。此种密封耐高压，但密封处摩擦阻力大，适用于相对运动速度不高的场合
	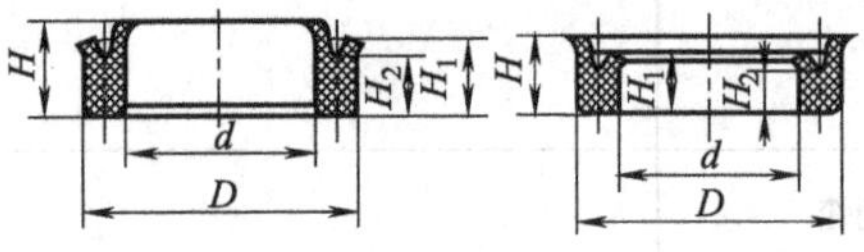 H H₂ H₁ d D (a) 孔用 H H₁ H₂ d D (b) 轴用 Yx形密封圈	目前液压缸中普遍使用。作为活塞和活塞杆的密封，特点是断面宽度和高度的比值大，增加了底部支承宽度，可以避免摩擦力造成的密封圈的翻转和扭曲
油封	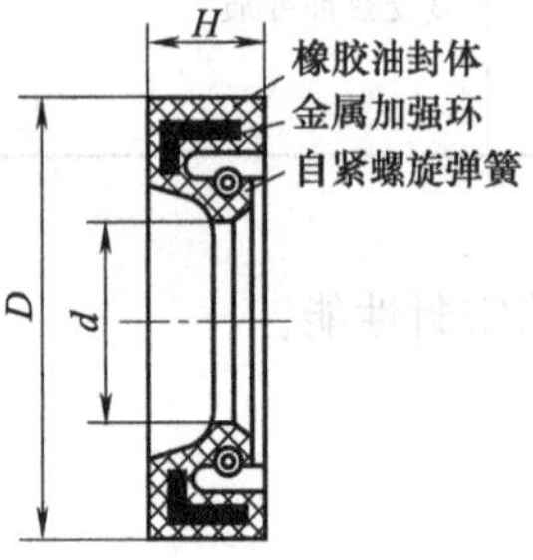 H 橡胶油封体 金属加强环 自紧螺旋弹簧 D d 回转轴用油封	油封是旋转轴用密封装置，按其结构可分为无骨架式和骨架式两类。由橡胶油封体、金属加强环、自紧螺旋弹簧组成。油封的内径 d 比密封的轴径略小，油封装到轴上对轴产生一定的抱紧力。油封常用于液压泵和液压马达的转轴密封
组合密封装置	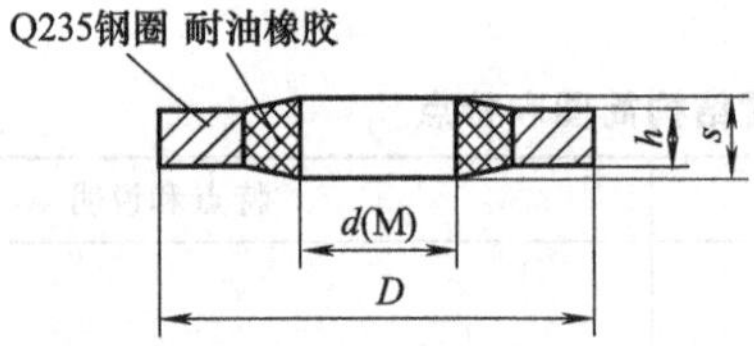 Q235钢圈 耐油橡胶 h s d(M) D 组合密封垫圈	主要用在管接头或油塞的端面密封，安装时外圈紧贴两密封面，内圈厚底 h 与外圈厚度 s 之差为橡胶的压缩量。安装方便、密封可靠，应用非常广泛
	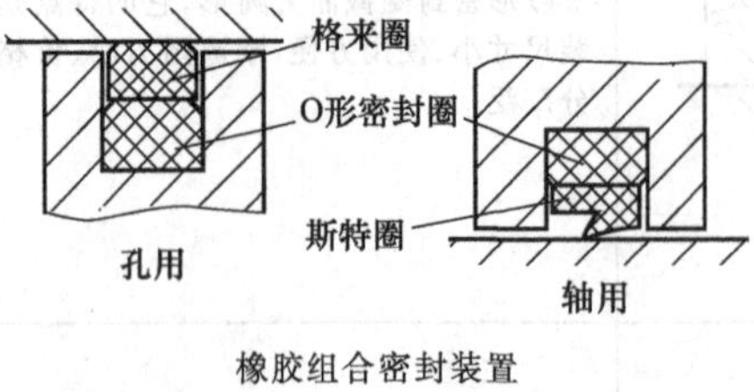 格来圈 O形密封圈 斯特圈 孔用 轴用 橡胶组合密封装置	这种组合密封装置是利用O形密封圈的良好弹性变形性能，通过预压缩所产生的预压力将格来圈(或斯特圈)紧贴在密封面上起密封作用的。密封可靠、摩擦力低而稳定，而且使用寿命比普通橡胶密封高百倍

3.5.5 管件

管件是用来连接液压元件、输送液压油液的连接件。它应保证有足够的强度，没有泄漏，密封性能好，压力损失小，拆装方便。它包括油管和管接头。

(1)油管

应根据液压装置工作条件和压力大小来选择油管。油管内径 d 的选取应以降低流速减少压力损失为前提；管壁厚 δ 不仅与工作压力有关，还与管子材料有关。

液压系统中常用油管的种类及特点见表 3-57。

表 3-57 液压系统中常用油管的种类及特点

种类		特点和适用场合
硬管	钢管	能承受高压,价格低廉,耐油,抗腐蚀,刚性好,但装配时不能任意弯曲。常在装拆方便处做压力管道(中、高压用无缝管,低压用焊接管)
	紫铜管	易弯曲成各种形状,但承压压力一般不超过 6.5～10MPa。抗振能力较弱,又易使油液氧化。通常用在液压装置内配接不便之处
软管	尼龙管	乳白色半透明,加热后可以随意弯曲成形或扩口,冷却后又能定形不变,承压能力因材质而异,自 2.5MPa 至 8MPa 不等
	塑料管	质轻耐油,价格便宜,装配方便,但承压能力低,长期使用会变质老化,只宜用作压力低于 0.5MPa 的回油管、泄油管等
	橡胶管	高压管由耐油橡胶夹几层钢丝制成,钢丝网层数越多,耐压越高,价格越高。常用作中、高压系统中两个相对运动件之间的压力的管道 低压管由耐油橡胶帆布制成,可用作回油管道

(2)管接头

管接头是油管与油管、油管与液压件之间可拆式连接件，应具有装拆方便、连接牢固、密封可靠、外形尺寸小、通流能力大等特点。液压系统中常用管接头见表 3-58。

表 3-58 常用管接头的结构及特点

名称	结构简图及图形符号	特点和说明
焊接式管接头	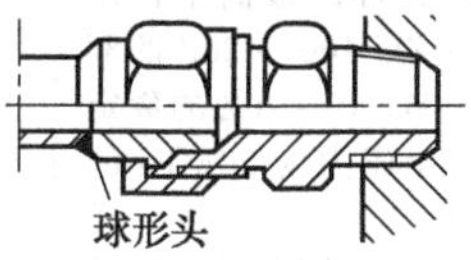 球形头	连接牢固,利用球面进行密封,简单可靠。焊接工艺必须保证质量,必须采用厚壁钢管,装拆不便
卡套式管接头	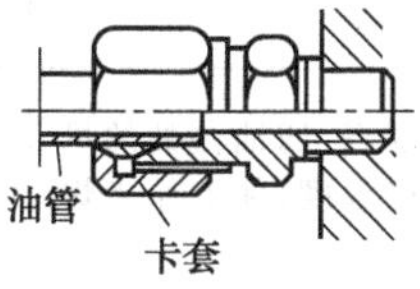 油管 卡套	用卡套卡住油管进行密封,轴向尺寸要求不严,装拆简便。对油管径向尺寸精度要求较高,要采用冷拔无缝钢管
扩口式管接头	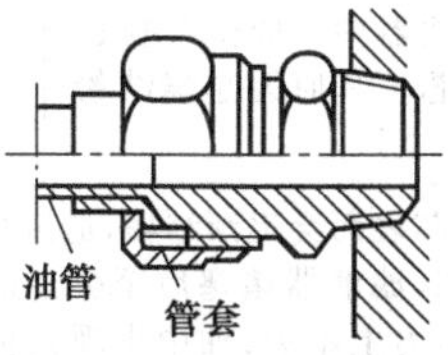 油管 管套	用油管管端的扩口在管套的压紧下进行密封,结构简单。适用于铜管、薄壁钢管、尼龙管和塑料管等低压管道的连接
扣压式管接头	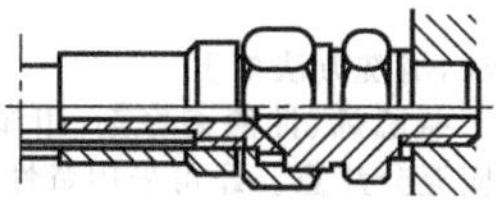	用来连接高压软管。在中、低压系统中应用
固定铰接式管接头	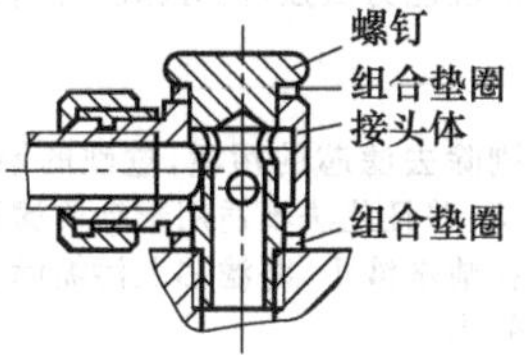 螺钉 组合垫圈 接头体 组合垫圈	直角接头,可以随意调整布管的方向,安装方便,占用空间小。接头与管子的连接方法除卡套式外,还可以用焊接式。中间有通油孔的固定螺钉,把两个组合垫圈压紧在接头体上进行密封

3.5.6 辅助元件常见故障检测与维修

(1)管接头漏油原因与排除方法

管接头漏油原因与排除方法，见表3-59。

表3-59 管接头漏油原因与排除方法

故障部位(故障原因)	排除方法
管接头未拧紧	按一般经验拧紧
螺纹部分热膨胀	热态下重新拧紧
管接头振松	重新拧紧,并采用带有减振器的管夹作支承
管接头或螺母的螺纹尺寸过松	检查尺寸,重新更换
公制细牙螺纹的管接头拧入锥牙螺纹孔中	更换,用锥牙管接头须缠绕聚四氟乙烯生胶带拧紧
螺纹或螺孔在安装前磨损、弄脏或损坏	用丝攻或板牙重新修整螺纹或螺孔,或换新
管接头拧得太紧使螺纹孔口裂开	更换新件
管接头密封圈漏装或破损	更换新件
管子开裂	补焊或更换

(2)过滤器的故障分析与排除方法

过滤器的故障分析与排除方法，见表3-60。

表3-60 过滤器的故障分析与排除方法

故障	故障分析排除方法	
滤芯破坏变形(包括滤芯的变形、弯曲、凹陷吸扁与冲破等)	①滤芯在工作中被污染物严重阻塞而未得到及时清洗,流进与流出滤芯的压差增大,使滤芯强度不够而导致滤芯变形破坏 ②滤油器选用不当,超过了其允许的最高工作压力,例如同为纸质滤油器,型号为ZU-100 *20Z的额定压力为6.3MPa,而型号为ZU-H100 *20Z的额定压力可达32MPa,如果将前者用于压力为20MPa的液压系统,滤芯必定被击穿而破坏 ③在装有高压蓄能器的液压系统中,因某种故障蓄能器油液反灌冲坏蓄能器	①及时定期清洗滤油器 ②正确选用滤油器,强度、耐压能力要与所用滤油器的种类型号相符 ③针对各种特殊原因采取对策
滤油器脱焊	对金属网状滤油器,当环境温度高,滤油器处的局部油温过高,超过或接近焊料熔点温度,加上原来焊接就不牢,油液的冲击造成脱焊	将金属网的焊料由锡铅焊料(熔点为183℃)改变为银焊料或银镉焊料,它们的熔点大为提高(235～300℃)
滤油器掉粒	多发生在金属粉末烧结式滤油器中。脱落颗粒进入系统后,堵塞节流孔,卡死阀芯。其原因是烧结粉末质量不佳造成的	要选用检查合格的烧结式滤油器
滤油器堵塞	一般滤油器在工作过程中,滤芯表面会逐渐结垢,造成堵塞是正常现象。所谓堵塞是指导致液压系统产生故障的严重堵塞,滤油器堵塞后至少会造成泵吸油不良、泵产生噪声、系统无法吸进足够的油液而造成高压力上不去、油中出现大量气泡以及滤芯因堵塞而可能产生压力增大被击穿等故障 滤油器堵塞后应及时进行清洗,清洗方法如下 (1)用容积清洗:常用容积有三氯乙烯、油漆稀释剂、甲苯、汽油、四氯化碳等,这些溶剂都易着火,并有一定毒性,清洗时应充分注意。还可采用苛性钠、苛性钾等碱溶剂,界面活性脱脂清洗以及电解脱脂等,后者清洗能力虽强,但对滤芯有腐蚀性。在洗后须用水洗等方法尽快清除溶剂 (2)用机械及物理方法清洗 ①用毛刷清扫:采用柔软毛刷除去滤芯的污垢,过硬的钢丝刷会将网式、线隙式的滤芯损坏,使烧结式滤芯烧结颗粒刷落,并且此法不适用于纸质滤油器 ②超声波清洗:超声波作用在清洗液中,将滤芯上污垢除去,但滤芯是多孔物质,有吸收超声波的性质,可能会影响清洗效果	

续表

故障	故障分析排除方法
滤油器堵塞	③加热挥发法:滤油器上的积垢,用加热方法可以除去,但应注意在加热时不能使滤芯内部残存有炭灰及固体附着物 ④压缩空气吹:用压缩空气在垢积层反面吹出积垢,采用脉动气流效果更好 ⑤用水压清洗:方法与上同,两法交替使用效果更好 (3)酸处理法 (4)各种滤芯的清洗步骤和更换 ①纸质滤芯:根据压力表或堵塞指示器指示的过滤阻抗,更换新滤芯,一般不清洗 ②网式和线隙式滤芯:清洗步骤为溶剂脱脂→毛刷清洗→水压清洗→气压吹净干燥→组装 ③烧结金属滤芯:可先用毛刷清扫,然后用溶剂脱脂(或用加热挥发法,400℃以下)→水压机气压吹洗(反向压力 0.4~0.5MPa)→酸处理→水压、气压吹洗→气压吹净脱水、干燥 拆开清洗后的滤油器,应在清洁的环境中按拆卸顺序组装起来,若须更换滤芯的应按规格更换,包括外观和材质相同、过滤精度及耐压能力相同等。对于滤油器内所用密封件,要按材质规格更换,并注意装配质量,否则会产生泄漏、吸油和排油损耗以及吸入空气等故障
带堵塞指示发信装置的过滤器,堵塞后不发信	当滤芯堵塞后,如果过滤器的堵塞指示发信装置不能发信和不能发出堵塞指示(指针移动),则如过滤器用在吸油管上,则泵不进油;如过滤器用在压油管上,则可能造成管路破损、元件损坏甚至使液压系统不能正常工作故障,失去了包括过滤器本身在内的液压系统的安全保护功能和故障提示功能 排除方法是检查堵塞指示发信装置的活塞是否被污物卡死而不能右移,或者弹簧是否错装成刚度太大的弹簧,查明情况予以排除 与上述相反的情况是发信装置在滤芯未堵塞时老发信,则是活塞卡死在右端或者弹簧折断或漏装的缘故
带旁通阀的过滤器故障	带旁通阀的过滤器产生的故障有:密封圈破损或漏装、弹簧折断或漏装;旁通阀发信的锥面不密合或卡死在开阀位置,过滤器将失去过滤功能。可酌情排除,例如更换或补装密封盒弹簧 当阀芯被污物卡死在关闭位置,且滤芯严重堵塞时,失去了安全保护作用。系统会有背压太大,击穿滤芯,产生液压系统执行元件不动作甚至破坏相关液压元件的危险情况。此时可解体过滤器,对旁通阀(背压阀)的阀芯重点检查,清除卡死等现象

(3)蓄能器的故障分析与排除方法

蓄能器的故障分析及排除方法,见表 3-61。

表 3-61 蓄能器的故障分析与排除方法

故障	故障分析原因及排除方法
皮囊式蓄能器压力下降严重,经常需要补气	皮囊式蓄能器,皮囊的充气阀为单向阀形式,靠密封锥面密封。当蓄能器在工作过程中受到振动时,有可能使阀芯松动,使密封锥面不密合,导致漏气。或者阀芯锥面上拉有沟槽,或者锥面上粘有污物,均可能导致漏气。另外,出现阀芯上端螺母松脱、或者弹簧折断或漏装的情况,有可能使皮囊内氮气顷刻泄完 可在充气阀的密封盖内垫入厚 3mm 左右的硬橡胶垫,及采取修磨密封锥面使之密合等措施
皮囊使用寿命短	其影响因素有皮囊质量、使用的工作介质与皮囊材质的相容性;或者有污物混入;选用的蓄能器公称容量不合适(油口流速不能超过 7m/s);油温太高或太低;作蓄能用时,往复频率是否超过 1 次/10s,超过则寿命下降,若超过 1 次/3s,则寿命急剧下降;安装是否良好,配置设计是否合理等 另外,为了保证蓄能器在最小工作压力 p_1 时能可靠工作,并避免皮囊在工作工程中常与蓄能器下端的菌形阀相碰撞,延长皮囊的使用寿命,p_0 一般应在$(0.75\sim0.9)p_1$ 的范围内选取;为了避免在工作中皮囊的收缩和膨胀的幅度过大而影响使用寿命,要有 $p_0\geqslant2.5\%p_2$,即 $p_1\geqslant\frac{1}{3}p_2$
蓄能器不起作用(不能向系统供油)	主要是气阀漏气严重,皮囊内根本无氮气,以及皮囊破损进油。另外当 $p_0\geqslant p_2$,即最大工作压力过低时,蓄能器完全丧失蓄能功能(无能量可储) 排除办法是检查气阀的气密性。发现泄气,应加强密封,并加补氮气;若气阀处泄油,则很可能是皮囊破裂,应予以更换;当 $p_0\geqslant p_2$ 时,应降低充气压力或者根据负载情况提高工作压力

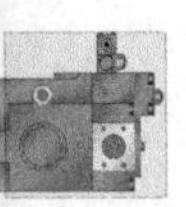

续表

故　　障	故障分析原因及排除方法
吸收压力脉动的效果差	为了更好地发挥蓄能器对脉动压力吸收作用，蓄能器与主管路分支点的连接管路要短，通径要适当大些，并要安装在靠近脉动源的位置。否则它消除压力脉动的效果就差，有时甚至会加剧压力脉动
蓄能器释放出的流量稳定性差	蓄能器充放液的瞬时流量是一个变量，特别是在大容量且 $\Delta p=p_2-p_1$ 范围又较大的系统中，若要获得较恒定的和较大的瞬时流量，可采取下述措施 ①在蓄能器与执行元件之间加入流量控制元件 ②用几个容量较小的蓄能器并联，取代一个大容量蓄能器，并且几个容量较小的蓄能器采用不同挡次的充气压力 ③尽量减小工作压力范围 Δp，也可以采用适当增大蓄能器结构容积（公称容积）的方法 ④在一个工作循环中安排好足够的充液时间，减少充液期间系统其他部位的内泄漏，使充液时蓄能器的压力能迅速和确保升到 p_2，再释放能量
蓄能器充压时，压力上升得很慢，甚至不能升压	这一故障泵的原因有：充气阀密封盖未拧紧或使用中松动而漏了氮气；充气阀密封用的硬橡胶垫漏装或破损；充气的氮气瓶已经气压太低 解决方法：可在检查的基础上对症下药

（4）冷却器的故障与排除方法

冷却器的故障与排除方法，见表3-62。

表3-62　冷却器的故障与排除方法

故　障	故障分析及排除方法
油冷却器被腐蚀	产生腐蚀的原因主要是材料、环境（水质、气体）以及电化学反应三大要素 选用耐腐蚀的材料，是防止腐蚀的重要措施，目前列管式冷却器多用散热性好的铜管制作，其离子化倾向较强，会因与不同金属接触产生接触性腐蚀（电位差不同），例如在定孔盘、动孔盘及冷却铜管管口往往产生严重的腐蚀现象，解决办法：一是提高冷却水质，二是选用铝合金、铁合金制的冷却管 另外，冷却器的环境包括溶存的氧、冷却水的水质（pH值）、温度、流速及异物等。水中溶存的氧越多，腐蚀反应越强烈；在酸性范围内，pH降低，腐蚀反应越活泼，腐蚀越严重，在碱性范围内，对铝等两性金属，随pH值的增加，腐蚀的可能性增加；流速的增大，一方面增加了金属表面的供氧量，另一方面流速过大，产生紊流涡流，会产生汽蚀性腐蚀；另外水中的砂石、微小贝类细菌附着在冷却管上，也往往产生局部侵蚀 还有，氯离子的存在增加了使用液体的导电性，使电化学反应引起的腐蚀增大，特别是氯离子吸附在不锈钢、铝合金上也会局部破坏保护膜，引起空蚀和应力腐蚀。一般温度增高，腐蚀增加 综上所述，为防止腐蚀，在冷却器选材和水质处理等方面应引起重视，前者往往难以改变，后者用户可想办法 对安装在水冷式油冷却器中用来防止电蚀作用的锌棒要及时检查和更新
冷却性能下降	产生这一故障的原因主要是堵塞及沉积物滞留在冷却管壁上，结成硬块与管垢使散热换热功能降低 解决办法是首先从设计上采用难以堵塞和易于清洗的结构。在选用冷却器的冷却能力时，应尽量以设计为依据，并留在较大的余地（增加10%～25%容量）。堵塞时可采用各种方法（如用刷子清洗，用压力油、水、蒸汽等冲洗）或化学的方法（如用 Na_2CO_3 溶液及冲洗剂等）进行清扫。还可用增加进水量或用温度较低的水进行冷却、拧下螺塞排气、清洗内外表面积垢等措施
破损	由于两流体的温度差，油冷却器材料受热膨胀的影响，产生热应力，或流入油液压力太高，可能导致有关部件损坏。另外在寒冷地区或冬季，晚间停机时，管内结冰膨胀将使冷却器水管炸裂。所以要尽量选用难受热膨胀影响的材料，并采用浮动头之类的变形补偿结构；在寒冷季节每晚都要放干冷却器中的水
漏油、漏水	出现漏油、漏水，会出现流出的水发白。排出水有油花现象 漏水、漏油多发生在油冷却器的端盖与筒体结合面，或因焊接不良、冷却水管破裂等原因造成漏油、漏水。此时可根据情况，采取更换密封、补焊等措施予以解决。更换密封时，要洗净结合面，涂覆一层“303”或其他胶黏剂
过冷却	由于冷却器装在溢流阀回油口的冷却回路上，溢流阀的溢流量是随系统的负载流量变化而变化的，因而发热器也将发生变化，有时产生过冷却，造成浪费。为保证系统有合适的油温，可采用自动调节冷却水量的温控系统。若低于正常油温，可停止冷却器的工作，甚至可接通加热

续表

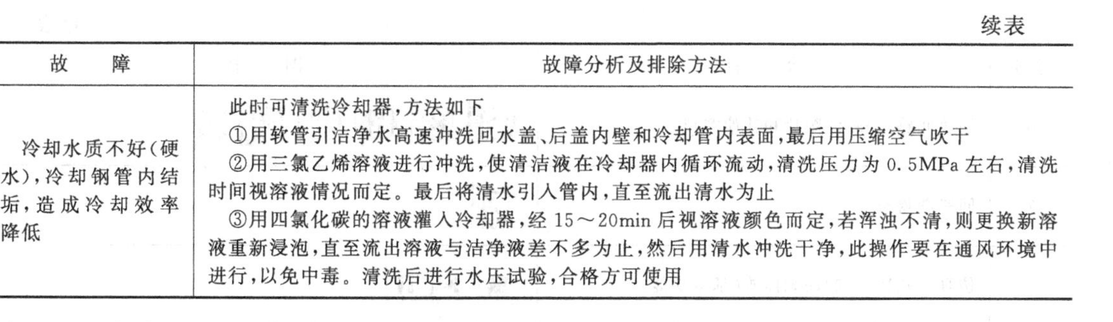

故　障	故障分析及排除方法
冷却水质不好(硬水),冷却钢管内结垢,造成冷却效率降低	此时可清洗冷却器,方法如下 ①用软管引洁净水高速冲洗回水盖、后盖内壁和冷却管内表面,最后用压缩空气吹干 ②用三氯乙烯溶液进行冲洗,使清洁液在冷却器内循环流动,清洗压力为 0.5MPa 左右,清洗时间视溶液情况而定。最后将清水引入管内,直至流出清水为止 ③用四氯化碳的溶液灌入冷却器,经 15～20min 后视溶液颜色而定,若浑浊不清,则更换新溶液重新浸泡,直至流出溶液与洁净液差不多为止,然后用清水冲洗干净,此操作要在通风环境中进行,以免中毒。清洗后进行水压试验,合格方可使用

3.6 液压元件应用典型实例

3.6.1 液压技术应用仿真软件及训练设备

FluidSIM-H 液压技术应用仿真软件可以为液压技术应用典型实例提供回路设计、系统仿真、性能测试等的学习环节，Festo Didactic 训练设备可以为液压技术应用典型实例提供回路连接、调试等的教学模拟训练。它能利用软件和设备上训练不断完善学习环节，能为工程设计技术人员全面、系统、准确地掌握机电液气等综合系统设计方法及正确的设计符合实际生产的复杂电、气、液控制回路，缩短了系统设计过程，提高了系统设计的准确性，方便了系统诊断与纠错。所设计系统能有更大的自由度、更能贴近实际。

(1) FluidSIM-H 仿真软件简介

FluidSIM 软件的主要特征是可以与 CAD 功能和仿真功能紧密联系在一起，符合 DIN 电气-液压回路图绘制标准，且可对基于元件物理模型的回路图进行实际仿真。FluidSIM 软件的另一个特征就是其系统学习概念：FluidSIM 软件可用来自学、教学和多媒体教学液压技术知识，液压元件可以通过文本说明、图形以及介绍其工作原理的动画来描述。FluidSIM 软件界面直观，易于学习，用户可以很快地学会绘制电气-液压回路图，并对其进行仿真。

① 仿真现有回路图　在程序/Festo Didactic 目录下，启动 FluidSIM 软件。主窗口如图 3-77 所示。

a. 工具栏包括功能，见表 3-63。

表 3-63　工具栏功能

序号	功　能	图　标
1	新建、浏览、打开和保持回路图	
2	打印窗口内容,如回路图和元件图形	
3	编辑回路图	
4	调整软件位置	
5	显示网络	

续表

序号	功　　能	图　　标
6	缩放回路图、软件图片和其他窗口	
7	回路图检查	
8	仿真回路图,控制动画播放(基本功能)	
9	仿真回路图,控制动画播放(辅助功能)	

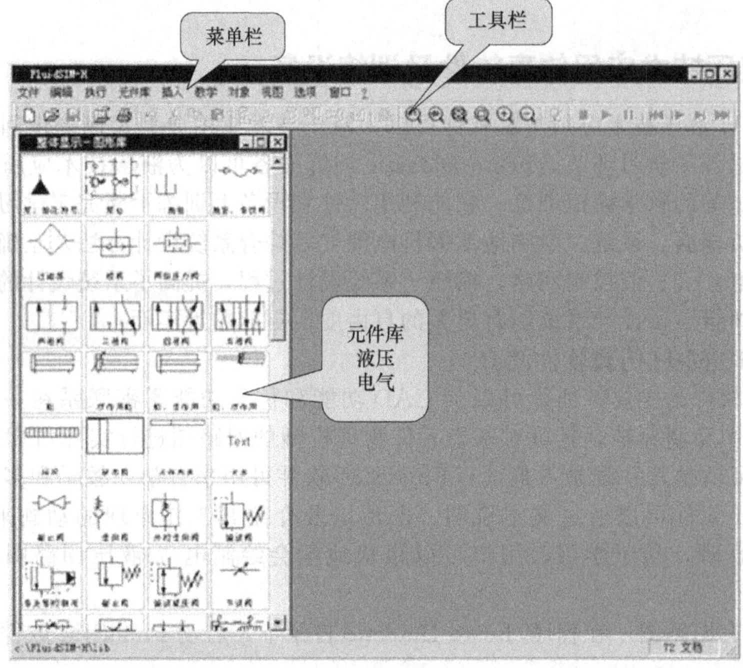

图 3-77　FluidSIM 软件主窗口

b. 不同仿真模式

ⅰ. 辅助仿真模式。除了上一节所介绍的功能(■ ▶ Ⅱ)外,还有以下辅助功能,见表 3-64。

表 3-64　辅助仿真模式及操作

辅助功能名称	图标	操作及状态说明
复位和重新启动仿真		单击按钮,或者在"执行"菜单下,执行"复位"命令,可以将正在运行或暂停的仿真复位,然后重新启动仿真
单步模式仿真		在单步模式期间,每经过一步之后,仿真都将暂停,更确切地说,就是通过单击按钮或者在"执行"菜单下,执行"单步"命令,经过短暂时间间隔,将开始仿真,然后系统暂停
仿真值系统状态变化		单击按钮或在"执行"菜单下,执行"仿真至系统状态变化"命令,仿真开始,直至系统状态发生变化的位置,然后仿真暂停

ⅱ．下列情况描述了仿真暂停的位置：

☑ 液压缸活塞停止移动；

☑ 控制阀被驱动；

☑ 继电器触点切换；

☑ 操作开关；

☑ 可以将正在运行的仿真切换至系统状态变化模式。

② 新建回路图（液压基本回路的建立）

a. 两种方式打开新建回路窗口，见图 3-78。

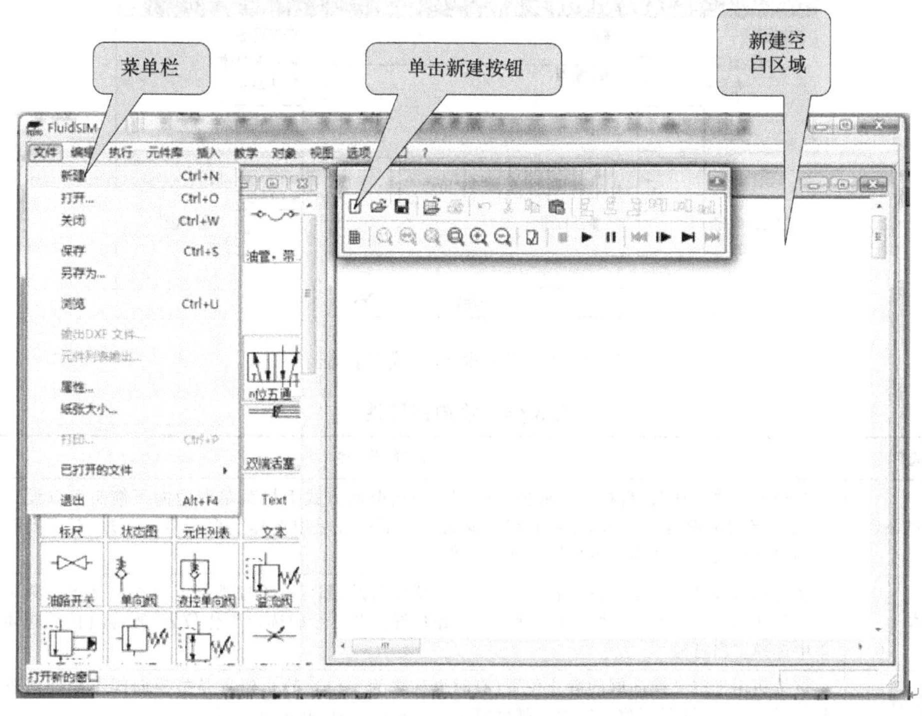

图 3-78　新建空白绘图窗口

b. 每个新建绘图区域都自动含有一个文件名，且可按该文件名进行保存。

c. 选择元件库中的元件，组成液压基本回路。

◇用户可以从元件库中将元件“拖动”和“放置”在绘图区域上。

基本回路组成中的元件选择见表 3-65。

◇按下列方式排列已选择的元件，如图 3-79 所示。

◇为确定换向阀驱动方式，双击换向阀，弹出图3-80 所示的对话框。

◇换向阀属性选择见表 3-66。

◇在两个选定的油口之间自动绘制液压管路，完成回路图的绘制。如图 3-81 所示。

◇仿真组接的回路。单击按钮▶（或在“执行”菜单下，执行“启动”命令，或者启用功能键 F9），启动仿真如图 3-82 所示。

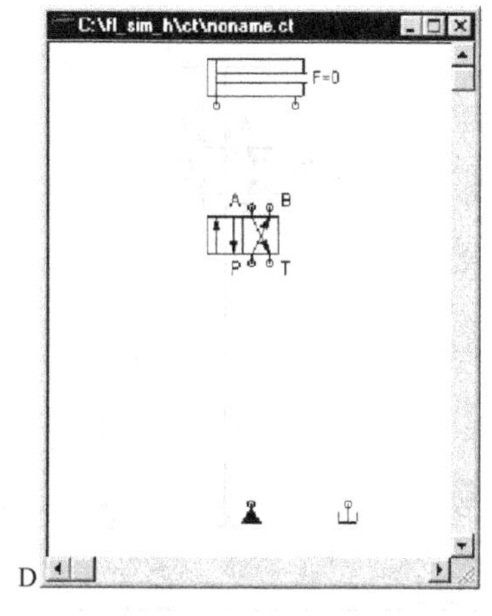

图 3-79　排列元件窗口

表 3-65　元件选择

选择元件	操作方式	操作步骤
液压缸	将鼠标指针移动到元件库中液压缸元件上	按下鼠标左键。在保持鼠标左键期间，移动鼠标指针
		选中液压缸，鼠标指针由箭头变为的形式
		鼠标指针移动到绘图区域，释放鼠标左键，则液压缸被拖至绘图区域里
重复上述方法，可以从元件库中“拖动”每个元件，并将其放到绘图区域中的期望位置上，也可以重新布置绘图区域中的元件。拖拽：*n* 位四通阀、液压源、油箱等元件		

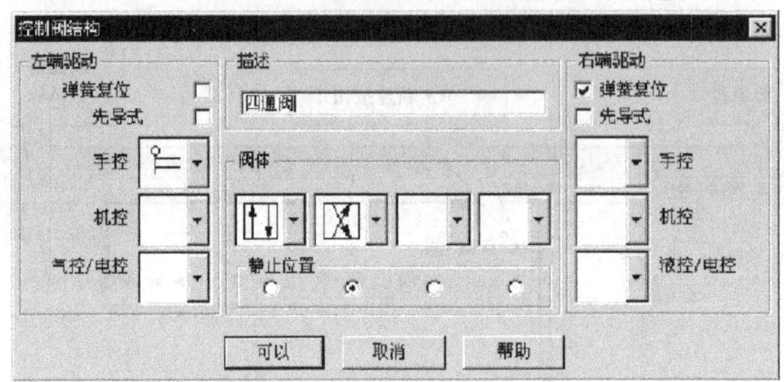

图 3-80　确定驱动方式对话框

表 3-66　换向阀属性

属性选择	选择步骤
左端/右端驱动	驱动方式：“手动”、“机控”或“液控/电控”。单击驱动方式下拉菜单右边向下箭头可以设置驱动方式，若不希望选择驱动方式，则应直接从驱动方式下拉菜单中选择空白符号。不过，对于换向阀的每一端，都可以设置为“弹簧复位”或“液控复位”
阀体	换向阀最多具有四个工作位置，对每个工作位置来说，都可以单独选择。单击阀体下拉菜单右边向下箭头并选择图形符号，就可以设置每个工作位置。若不希望选择工作位置，则应直接从阀体下拉菜单中选择空白符号
静止位置	该按钮用于定义换向阀的静止位置(有时也称之为中位)，静止位置是指换向阀不受任何驱动的工作位置。注意：只有当静止位置与弹簧复位设置相一致时，静止位置定义才有效

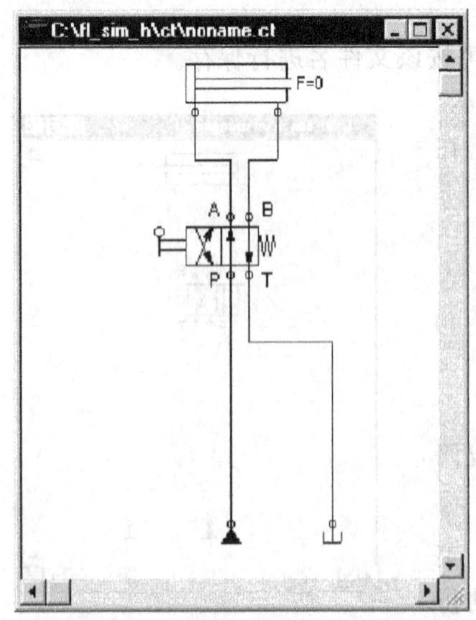

图 3-81　液压油管线路绘制窗口

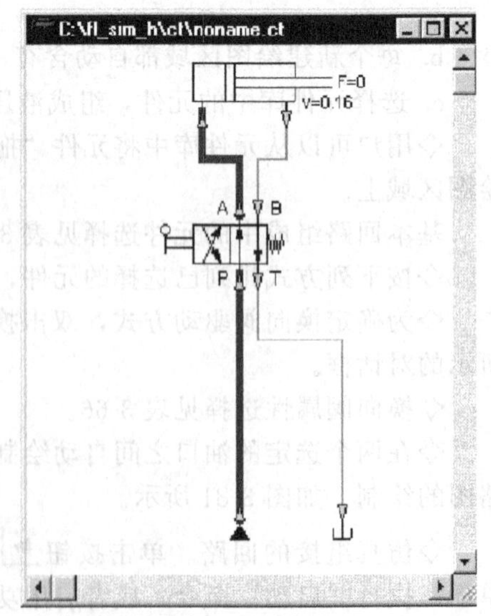

图 3-82　修正液压回路图

◇修改系统回路图。

☑ 为了保证液压系统安全，系统工作压力不超过最大值，液压源出口处应安装溢流阀。

☑ 在运行过程中，单击按钮 ■（或在“执行”菜单下，执行“停止”命令，或者使用功能键 F5)，激活编辑模式。

☑ 将溢流阀和油箱拖至窗口。

☑ 绘制管路，将油箱与溢流阀出口连接起来，以便清晰布局回路图，如图 3-83 所示。

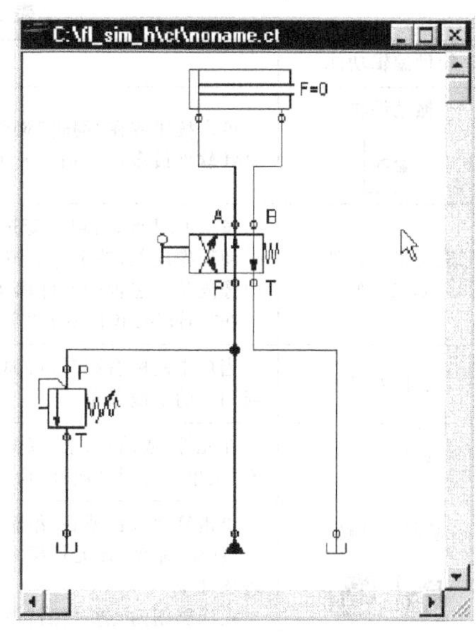

图 3-83 启动仿真窗口

d. 单击按钮 或在“文件”菜单下，执行“保存”命令，保存回路图。

e. 单击按钮 ▶ 启动仿真。液压缸活塞杆伸出。只要活塞杆完全伸出，就会发生系统状态变化。该状态由 FluidSIM 软件识别，并进行重新计算，溢流阀打开，显示压力分布如图 3-84 所示。

f. 状态图选择。

◇将状态图移至绘图区域中的空位置。拖动液压缸，将其放在状态图上。

◇启动仿真，观察状态图。状态图记录了关键元件的状态量，并将其绘制成曲线。如图 3-85 所示。

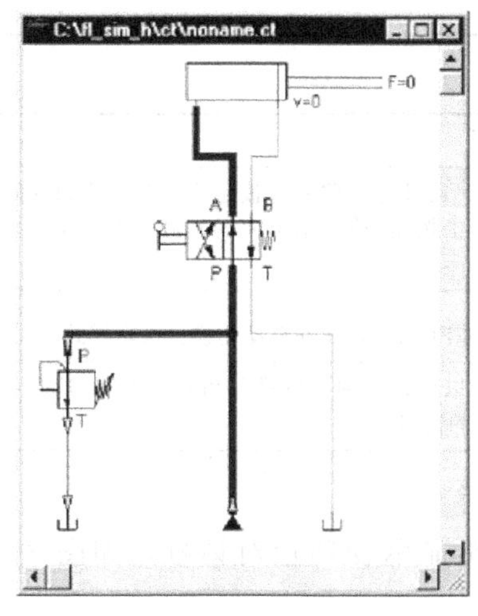

图 3-84 压力分布

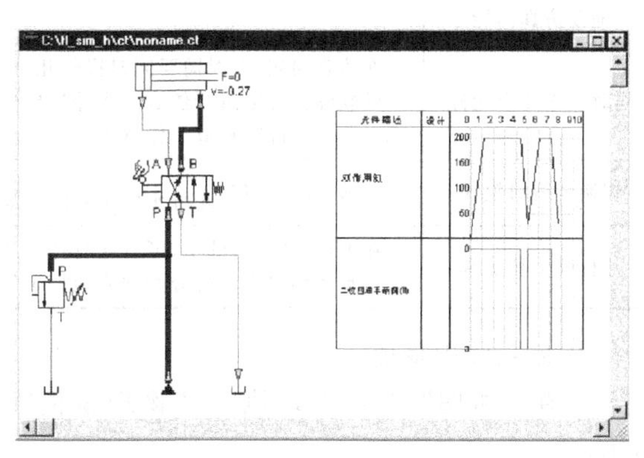

图 3-85 仿真状态图

③ 仿真和新建回路图的各种概念

a. 辅助编辑功能见表 3-67。

b. 辅助仿真功能见表 3-68。

在含有回路图窗口中，一个回路图可能处于编辑模式，而另一个回路图则处于仿真模式，如图 3-86 所示。

c. 自动连接功能。为有效地设计回路，FluidSIM 软件提供了许多用于元件连接的功能。

插入 T 形接头：当绘制已有管路与油口之间的管路时，FluidSIM 软件自动插入 T 形接头，该功能可用于液压管路和电缆。

表 3-67　辅助编辑功能

辅助编辑功能	操 作 步 骤
撤销编辑	单击按钮或在“编辑”菜单下，执行“撤销”和“恢复”命令，可撤销最后处理的编辑步骤。FluidSIM 软件最多可撤销 128 个已处理的编辑步骤。“恢复”命令可恢复先前编辑步骤
选定多个元件 Ctrl＋A	按下 Ctrl 键，可以改变选定元件状态，实现多个元件选定 使用橡皮条，按下并保持鼠标左键，激活选择对象方式，然后移动鼠标指针，释放鼠标左键，则由橡皮条所包含的元件都将被选定 在“编辑”菜单下，执行“全选”命令，或按下 Ctrl＋A 组合键，可选定当前回路图中的所有元件和管路
鼠标右键	当单击鼠标右键时，可弹出相应快捷菜单。若鼠标指针位于元件或油口之上，则将选定该元件或油口的快捷菜单
鼠标左键	在元件（或油口）上，双击鼠标左键是下列两个操作的快捷键，即选定元件（或油口）以及在“编辑”菜单下，执行“属性”命令
复制　粘贴	单击复制按钮或在“编辑”模式下，执行“复制”命令；通过单击粘贴按钮或在“编辑”菜单下，执行“粘贴”命令，该元件插入到回路图。还可以将剪切板中内容粘贴到另一个图形软件或文字处理软件中 在回路图内，通过保持按住 Shift 键，并采用鼠标指针移动选定元件，也可以完成复制操作
调整对象	。可单击按钮或者在“编辑”菜单下，执行“调整”完成几个元件对齐方式
旋转	选定元件可按 90°、180°或 270°旋转。对于每步按 90°旋转的单个元件来说，可由快捷键实现，即按下 Ctrl 键，并双击元件
删除管路 Del 键	如果仅选定一个油口，则在“编辑”菜单下，执行“删除”命令，或者按下 Del 键，可删除与其相连的管路，而不必选定管路

表 3-68　辅助仿真功能

辅助仿真功能	操 作 过 程
同时操作几个元件	在仿真期间，有时需要同时操作几个开关或换向阀。通过将这些元件设定为工作状态，FluidSIM 软件就可以进行仿真。当保持按住 Shift 键时，单击按钮（或手动换向阀），其就变为工作状态。单击元件将释放工作状态
切换至编辑模式	若暂停仿真 并将元件从元件库拖至回路图中，则 FluidSIM 软件自动切换到编辑模式
并行编辑和仿真	在 FluidSIM 软件中，可以同时打开几个回路图。可以对每个回路图进行仿真或编辑，这意味着仿真和编辑模式可分别独立地用于每个含有回路图的窗口

④ 显示物理量值

a. 在“视图”菜单下，执行“物理量值”命令，弹出显示物理量对话框，如图 3-87 所示。

b. 进入编辑模式，双击油口，或者在“编辑”菜单下，执行“属性”命令。

弹出油口属性设置对话框，如图 3-88 所示。一旦选择了物理量，“显示值”区域就定义了将要显示的物理量值。不过，在油口属性设置对话框中，若没有选择物理量，则不会显示所计算的物理量值。

c. 物理量显示特征。矢量由带方向的绝对值表示。在回路图内，为了指示方向，采用了“＋”和“－”符号，“＋”号表示流入或流向元件，“－”号则表示流出或离开元件。指示方向也可以采用箭头。FluidSIM 软件采用上述两种方向指示方法。

⑤ 显示状态图　处于编辑模式，在“编辑”菜单下，执行“属性”命令。弹出如图 3-89所示对话框：

状态图对话框描述见表 3-69。

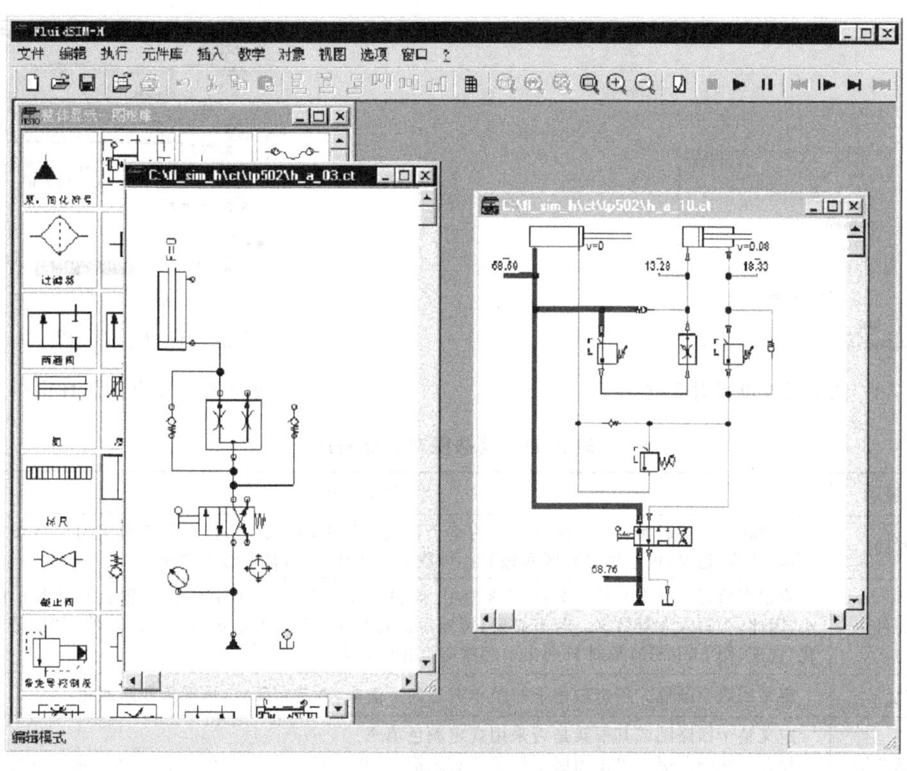

图 3-86　并行编辑和仿真窗口

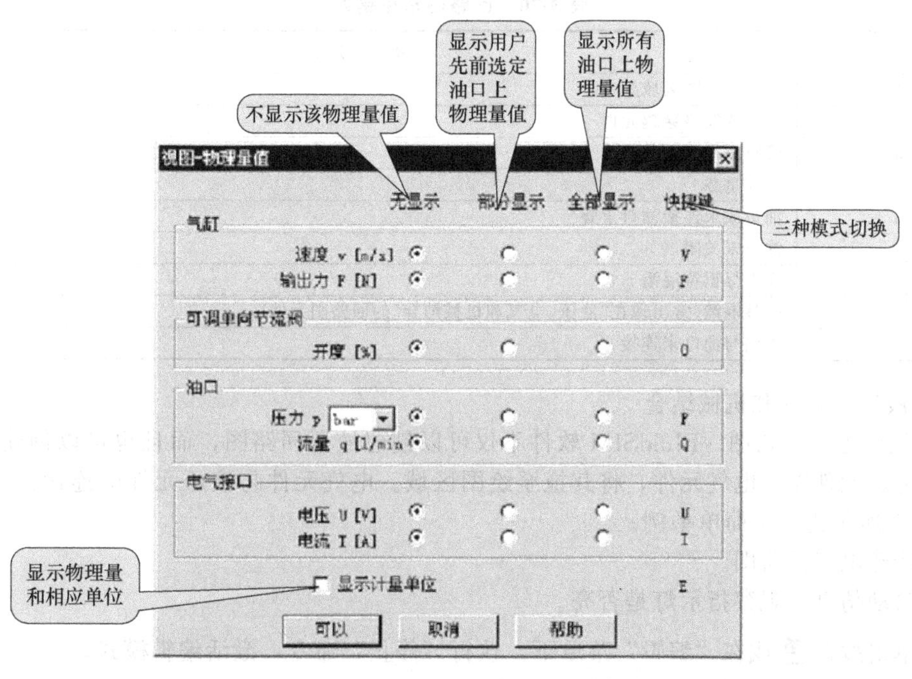

图 3-87　物理量对话框窗口

⑥ 回路图检查　启动仿真之前，可以检查回路图，以查看其是否正确。回路图常见错误见表 3-70。

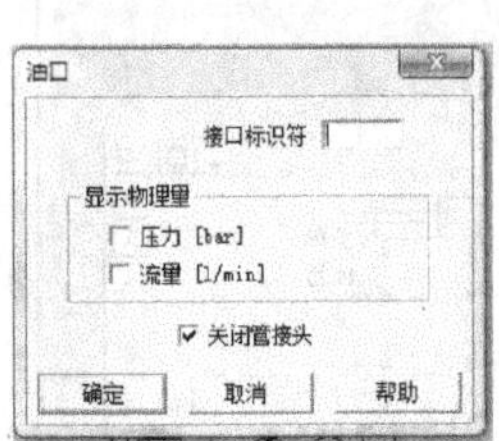

图 3-88　油口属性设置对话框

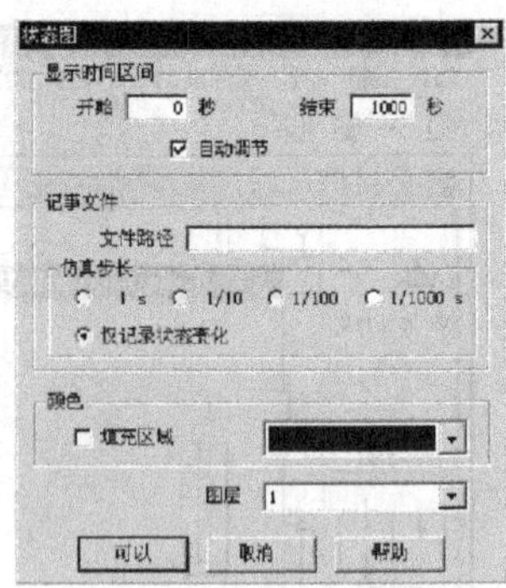

图 3-89　状态图属性窗口

表 3-69　状态图对话框描述

对话框显示	对话框描述
显示时间	记录状态值的起始时间和停止时间的整个仿真过程中的状态值,仿真后再设置时间区域。若使用“自动调节”选项,可忽略时间区间边界。可放大时间轴,显示整个仿真时间
记事文件	将状态值写入一个文件。为使用该选项,应输入文件名的完整路径,并设置合理步长。由于步长小,因此,将写入大量数据。若有必要,可缩短仿真时间区间或增加仿真步长。若使用“仅记录状态变化”选项,则 FluidSIM 软件只列出引起状态变化的状态值
颜色	定义回路图颜色。单击颜色下拉菜单右边向下箭头,并选定颜色,可设置回路颜色
填充区域图层	定义整个回路图或其框架是否采用规定颜色填充 设置回路图图层。单击图层下拉菜单右边箭头,并选定图层。根据图层,回路图是不可见或不能选定的。在这种情况下,修改回路图之前,必须在“编辑”菜单下,执行“图层”命令,以激活图层

表 3-70　回路图常见错误

序号	错误项目
1	对象在绘图区域外
2	管路或线路穿越元件
3	管路或线路重叠
4	元件重叠
5	油口或未连接油口重叠
6	油口未关闭
7	元件标识符混淆
8	标签混淆(常出现在“液压、电气和机械结合”的回路图元件)
9	管路与油口未连接

⑦ 液压、电气和机械结合

a. 创建电气回路图。FluidSIM 软件不仅可以创建液压回路图，而且也可以创建电气回路图。选定元件库中电气元件，将其拖至绘图区域。电气元件与液压元件的连接方式相同。如图 3-90 所示为一个简单举例。

◇新建电气回路图。

◇启动仿真，观察指示灯是否亮。

◇单击按钮■或在“编辑”菜单下，执行“停止”命令，激活编辑模式。

b. 新建电气液压回路图，如图 3-91 所示。

◇双击电磁线圈，或选定电磁线圈，在“编辑”菜单下，执行“属性”命令。弹出如图 3-92 所示对话框。

◇启动仿真。

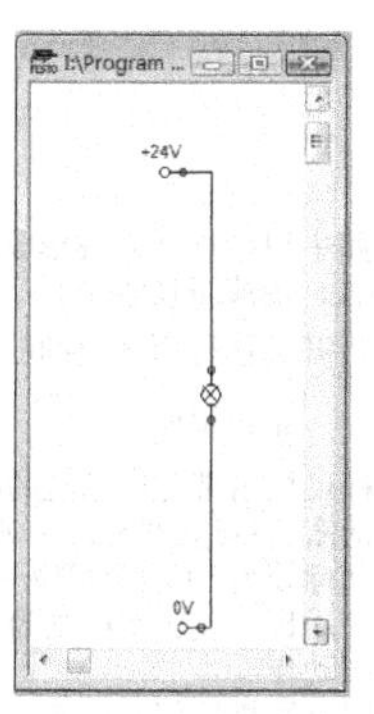

图 3-90 电气回路实例窗口

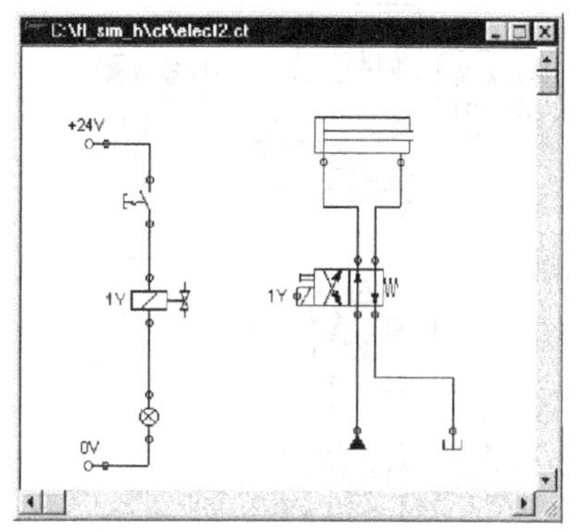

图 3-91 电气液压回路图

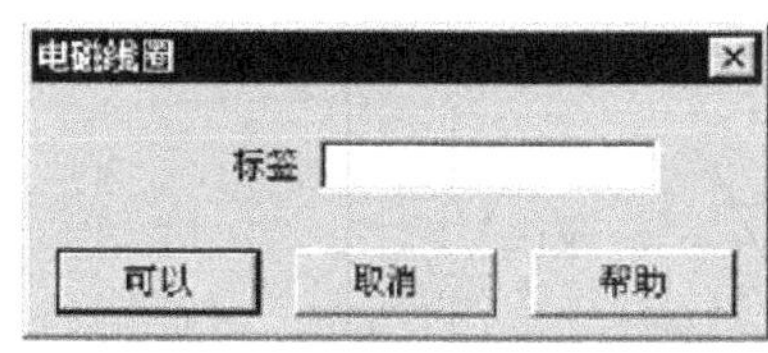

重点说明

标签，在文本区域给出标签名，标签名最多含32个字符，由字母、数字和符号组成

键入标签名，如“1Y”

为电磁换向阀写标签：双击换向阀线圈，弹出对话框，键入“1Y”

为电磁线圈写标签：双击电磁线圈，弹出对话框，键入“1Y”

图 3-92 电磁线圈属性对话框

◇操作电气开关动作。结果换向阀换向，液压缸活塞杆伸出，如图 3-93 所示。

⑧ 驱动开关

a. 行程检测。由于行程开关、接近开关和机控阀都可由液压缸驱动，因此，应在液压缸上使用标尺，以准确定位各种开关。

◇将液压缸和标尺拖至绘图区域。

◇拖动标尺靠近液压缸。当在液压缸附近放下标尺时，其自动占据正确位置。轻微地移动液压缸，标尺就会随液压缸移动。如果移动液压缸距离大于 1 cm，则就会破坏标尺与液压缸之间联系，标尺也不再随液压缸移动而移动。标尺正确位置取决于液压缸类型，其既可以放置在液压缸之上，也可以放置在液压缸之前，或者同时放置在这两个位置上。

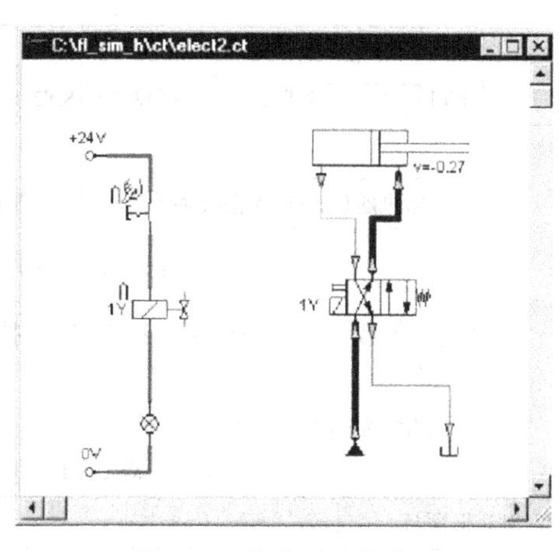

图 3-93 电液回路仿真图

◇双击标尺。弹出如图 3-94 所示对话框。

b. 继电器。采用继电器可同时驱动多个触点，因此，应将继电器与相应触点结合。在 FluidSIM 软件中，继电器也有标签，其按先前方式与继电器和触点结合。双击继电器，弹出用于标签名的对话框。图 3-95 所示为一个继电器同时驱动两个常闭触点和两个常开触点的情况。

除了简单继电器外，还有通电延时继电器、断电延时继电器和计数器，如图 3-96 所示。这些继电器常用于达到预置时间或预置脉冲数后，驱动相应触点动作的场合。双击继电器，弹出继电器对话框，在此可以键入预置值。

⑨ 元件的可调参数　当处于编辑模式时，可设置元件参数。

⑩ 仿真设置

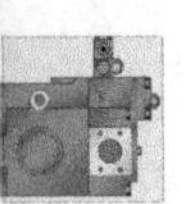

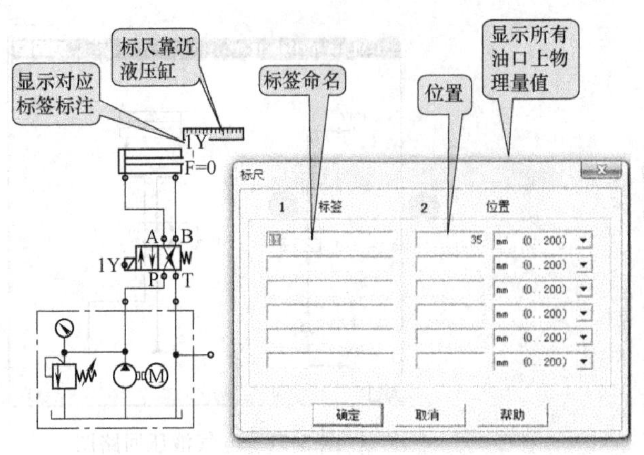

图 3-94　标尺对话框

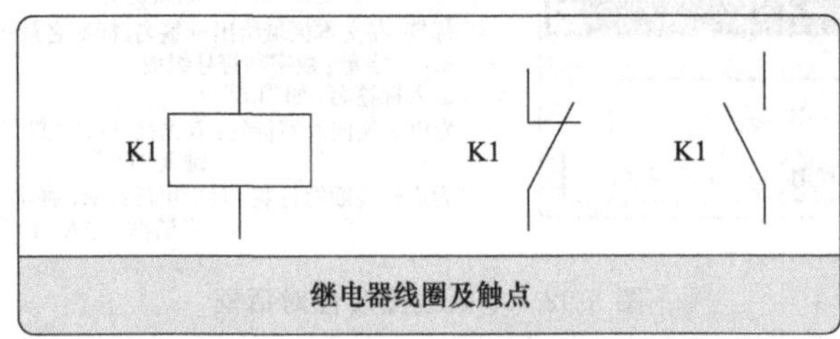

图 3-95　继电器与所对应的触点

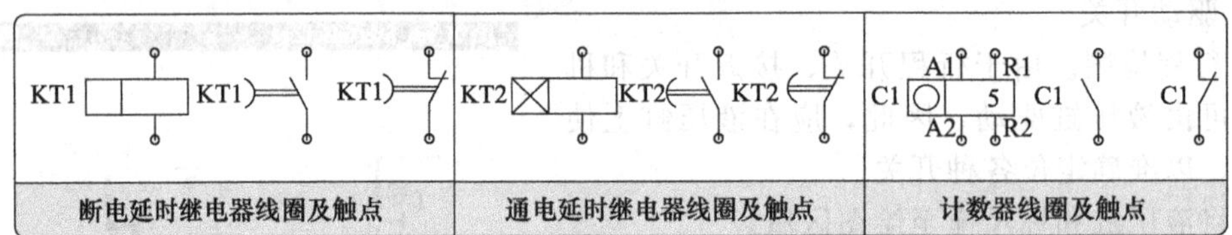

图 3-96　时间继电器及计数器线圈及触点

a. 仿真参数。在“选项”菜单下，执行“仿真”命令，弹出设置仿真参数对话框，如图 3-97 所示。

◇对话框描述见表 3-71。

表 3-71　仿真参数设置对话框描述

对话框项目	项 目 描 述
缓慢运动系数	缓慢运动系数控制仿真是否比实际运动更慢。当缓慢运动系数为 1∶1 时，仿真按实际时间进行
活塞运动	通过设置“保持实时”，FluidSIM 软件动画活塞就像其实际运动一样。因观察活塞实际运动通常需要高性能计算机，所以，仍要考虑缓慢运动系数。设置“光滑”可使计算机能力达到最佳，其目的就是使运行仿真时不出现活塞爬行现象，因此，活塞运动可以比实际更快或更慢
优先权	如果同时运行多个 Microsoft Windows⑥应用软件，优先权定义 FluidSIM 软件相对于其他应用软件而言花费多少运算时间。高级优先权指 FluidSIM 软件将被最优先考虑。当独自运行 FluidSIM 软件，而没有其他应用软件时，该设置是无用的
管路颜色	在仿真期间，根据电气线路和液压管路状态，可改变其颜色。单击颜色列表右边向下箭头，并选定颜色，可以设置从状态到颜色的变换

b. 声音参数。在“选项”菜单下，执行“声音”命令，弹出设置仿真参数的对话框，如图 3-98 所示。

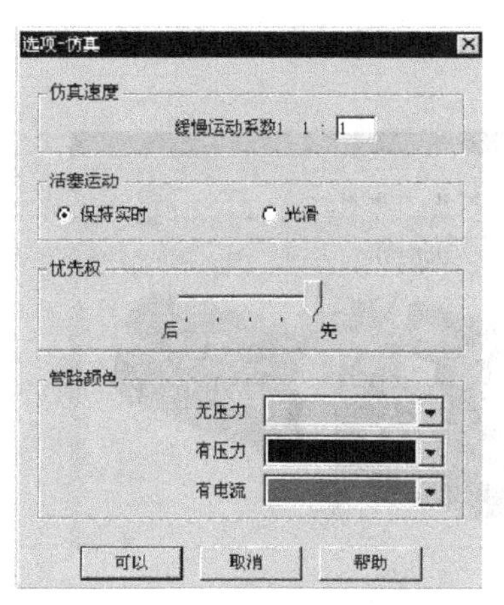

图 3-97 仿真参数设置对话框

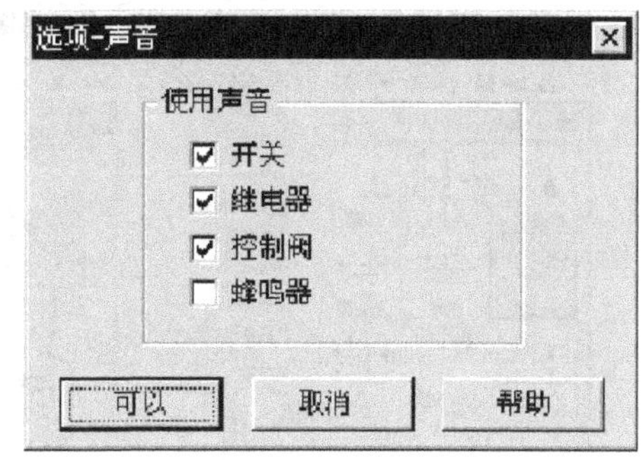

图 3-98 声音设置对话框

使用声音：对于下列每一种元件，都可以激活或撤销声音信号，如开关、继电器、控制阀和蜂鸣器。

⑪ 液压技术多媒体教学 除了创建和仿真电气-液压回路图外，FluidSIM 软件还支持液压技术教学，这些知识以文本、图片、剖视图、练习和教学影片的形式给出。在“教学”菜单下，通过选定“教学资料”，就可找到相应功能。

这些功能一部分是关于单个选定元件信息，另一部分则涉及教学资料综述（这里可对各章节进行选择），以便选择一个感兴趣的主题。最后，还可以任意选择主题，并将其连接在“演示文稿”内。

单个元件的信息。在“教学”菜单中，前三个命令都涉及到选定元件，且彼此之间相关，详细描述如下。

如果选定当前窗口中元件，或所有选定元件为同类型，则将激活“元件描述”命令。

在已有选定元件图片或插图情况下，则也可使用“元件图片”和“元件插图”这两个命令。如果当前窗口显示了教学资料中图片，则将激活“主题描述”命令，如图 3-96 所示。

⑫ 从主题列表中选择教学资料 在“教学”菜单下，“液压技术基础”、“元件工作原理”和“练习”三个命令构成了 FluidSIM 软件的教学资料，其按三个主题列表形式编排。从这些列表中，可以单独选择各主题，如图 3-99 所示。

a. 液压技术基础。此命令含有介绍液压技术的图片、元件剖视图和回路图动画，这些都有助于液压技术教学。可以找到关于某些主题的信息，如图形符号表示法及其含义、指定元件动画和说明单个元件之间相互作用的简单回路图。

在“教学”菜单下，执行“液压技术”命令，弹出如图 3-100 所示对话框。

b. 工作原理。在“教学”菜单下，执行“工作原理”命令，可以找到描述单个元件功能的元件剖视图，某些元件剖视图可以动画播放。与打开液压技术基础知识的主题相同，在“教学”菜单下，执行“工作原理”命令，也可弹出如图 3-101 所示对话框。

c. 练习。FluidSIM 软件在电气-液压技术部分将 11 个实际应用作为标准练习。每个应用都由三张图片组成，第一张图片为实际问题提出；第二张图片给出一种解决方案，以讲解基本概念；第三张图片则以回路图方式给出完整解决问题方案。

在“教学”菜单下，执行“液压技术”命令，弹出如图 3-102 所示对话框。

⑬ 演示文稿 在 FluidSIM 软件安装盘上，已有许多备好的演示文稿。不过，通过 FluidSIM 软件还可以编辑或新建演示文稿。在“教学”菜单下，执行“演示文稿”命令，可以找到演示文稿。

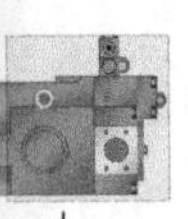

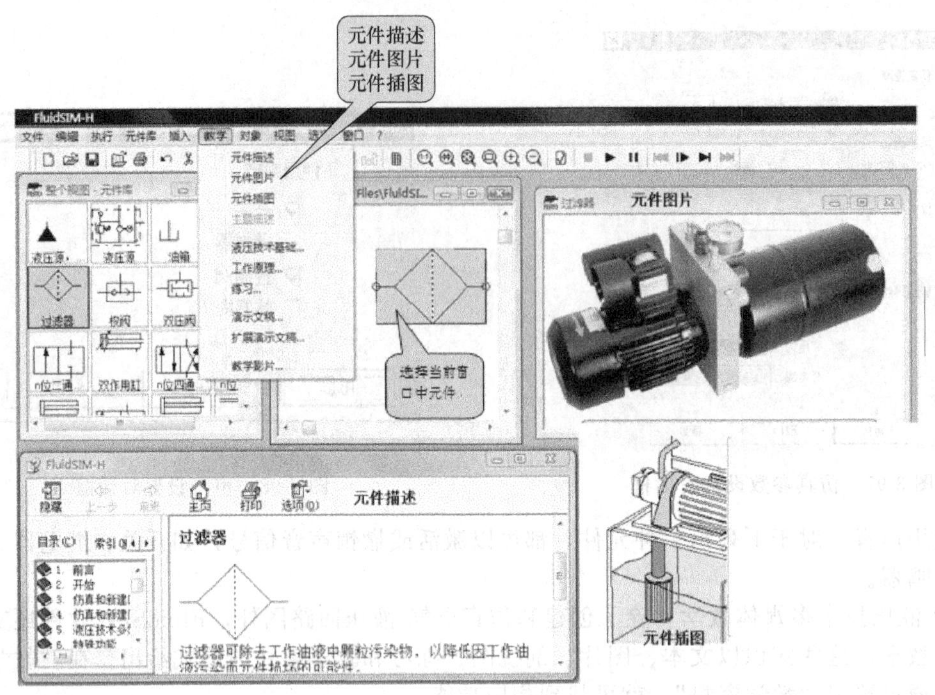

图 3-99　单个元件信息选择窗口

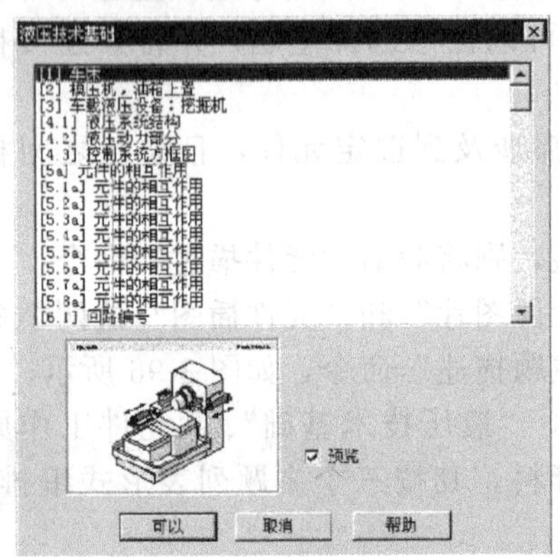

图 3-100　液压技术菜单选择对话框

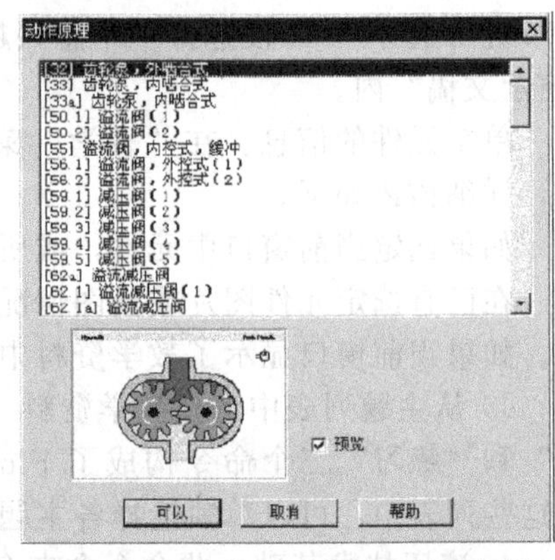

图 3-101　工作原理菜单选择对话框

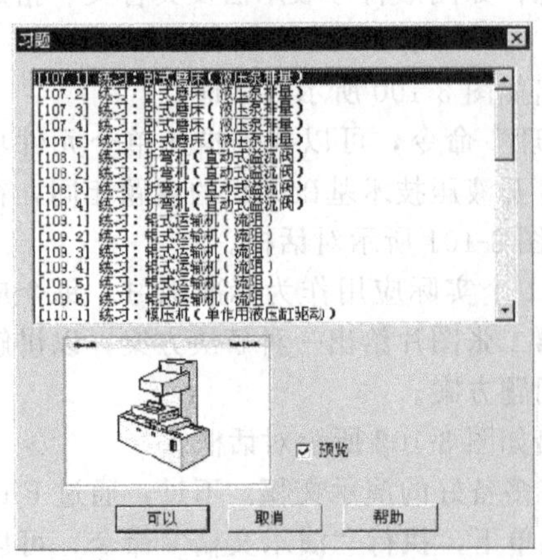

图 3-102　液压练习选择对话框

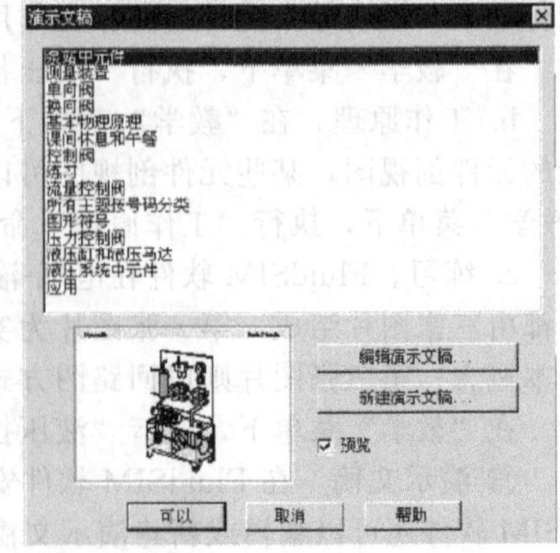

图 3-103　演示文稿选择对话框

在“教学”菜单下，执行“演示文稿”命令。弹出如图 3-103 所示对话框。

演示文稿对话框描述见表 3-72。

表 3-72　演示文稿对话框描述

对话框项目	项 目 描 述
可选演示文稿	该部分包含已有演示文稿的主题列表
新建演示文稿	单击“新建演示文稿”，弹出对话框，该对话框用于新建演示文稿
编辑演示文稿	单击“编辑演示文稿”，弹出对话框，该对话框用于编辑演示文稿
预览	激活“预览”设置时，相应的演示文稿图片显示在主题列表下

⑭ 播放教学影片　FluidSIM 软件光盘含有 15 个教学影片，每个影片长度为 1～10min，覆盖了电气-液压技术的一些典典领域。

在“教学”菜单下，执行“教学影片”选项，弹出如图 3-104 所示对话框。

⑮ 教学设置　在“教学”菜单下，执行“教学影片设置”，弹出播放影片的对话框，如图 3-105 所示。

图 3-104　教学影片选择对话框

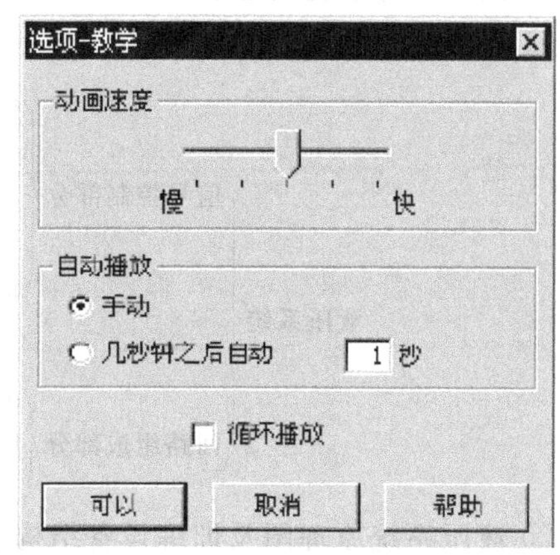

图 3-105　播放设置对话框

教学设置对话框描述见表 3-73。

表 3-73　教学设置对话框描述

对话框项目	项 目 描 述
动画速度	该设置定义了动画播放速度
自动播放	在 FluidSIM 软件中，可以将演示文稿设置为自动播放模式。为了自动播放演示文稿，应激活“几秒钟后自动”的设置，时间间隔定义了切换至下一个演示文稿主题之前，FluidSIM 软件需等待的时间。单击按钮[按钮图标]，演示文稿将立即切换至下一个演示文稿主题。若激活“手动”设置，则在播放演示文稿过程中，不会发生自动切换
循环播放	循环模式定义了在显示完所有主题之后，对运行的演示文稿进行重复播放，这称之为循环播放模式。如果一个动画独立于演示文稿播放，例如在“教学”菜单下，执行“元件插图”命令，开始动画播放，则该设置定义了动画本身是否自动重复播放

(2) 液压训练设备介绍

① 液压系统控制原理及回路组成图解　见图 3-106。

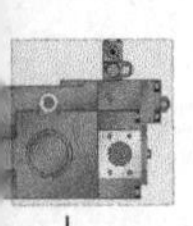

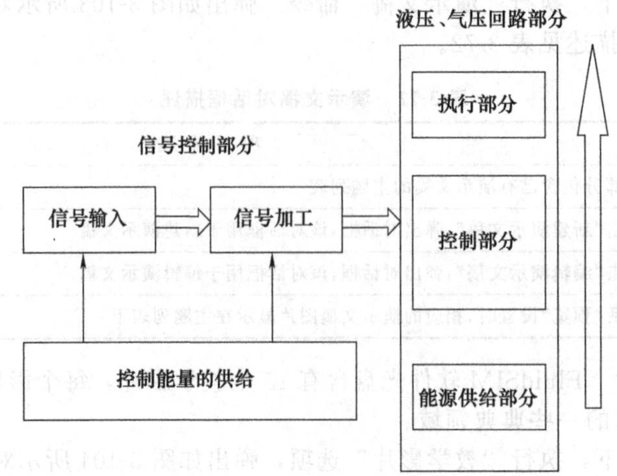

图 3-106 液压、气动系统控制及组成图解

② 液压训练系统的组成

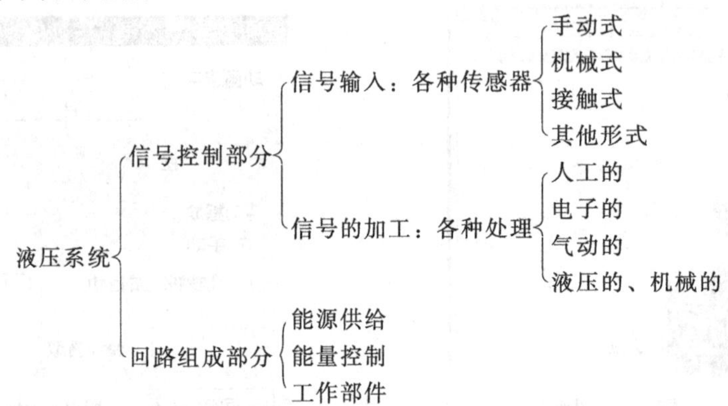

③ 液压系统原理图及训练设备结构的表示方法　液压系统通过图形符号的平面图方式来表示每个元器件间相互联系，在回路图中，设备的组成元件按能量源流动方向排列。

底部：能量供给部分。

中部：能量控制部分。

上部：执行部分。

a. 绘制系统图时换向阀应尽可能画成水平方向，回路画成直线或分叉的。所有元器件必须以初始位置标出。

b. 绘制系统图时元器件的位置。

◇静态位置（即指设备不具有能量；各部件不工作的情况下，可移动部分所处的位置）。

◇基本位置：能源加入后，各部件所处的固定位置。

◇初始位置：各部件在工作开始时按要求所处的位置，它由启动预置。

◇启动预置：指从静态位置按要求到达初始位置所必经的一个步骤。

④ FestoDidactic 系列的液压训练装置技术参数及特点　有液压训练装置（TP500）、电气液压训练装置（TP600）、比例液压训练装置（TP700）。可进行多种课题的培训，其最明显的特点就是结构设计合理。装置中包括移动式、固定式，单侧及双侧的液压训练台。为学员完成训练提供了一个整洁方便的操作环境，元器件的存储和取放因其配套元器件柜的设计而变得快速而准确。如图 3-107 所示为 TP500 训练装置构成部分。

⑤ TP500 液压训练装置技术数据　见表 3-74。

1. 部件插件板1100mm×700mm
2. 具有回油到蓄油器的量筒
3. 采用两块插件板结构时，只要将各种单个液压部件数增加一倍，便可同时使两个学习小组各自独立地完成训练内容

1. 带整体油容器的集油盘
2. 整体式集油盘上有放置部件和工具用的网格金属板
3. 配有带操作总开关锁的电源装置开关
4. 所有液压元件可插接在设备面板上。需要举升重物时，可把液压缸竖直地安装在插件板旁
5. 每台泵由一套内在的安全阀保护

每台装置具有独立的电动机，电压380V，50Hz，3相，1.1kW

1. 装有4个轮子的训练装置，其中两个轮子可以固定锁紧
2. 具有3个插入式可推拉锁住抽屉的柜

电气元件的钢柜框架，用4个固定螺栓，装配简单

图 3-107 TP500 训练装置构成

表 3-74 TP500 液压训练装置技术数据

技术数据	
外形尺寸/mm	1600×1530×860+205(钢柜框架)
总重/kg	约 250
蓄油器容积/dm^3(L)	40
工作压力/kPa(bar)	6000(60)
液压流体	矿物油国际标准(ISO)VG22
置换容积/cm^3	2.8
电动机数据	
转速/(r/min)	1420
功率/kW	1.1(1.5)
电压/V	380/220,50Hz 3 相/单相

⑥ TP500-700 液压训练装置特点

a. 液压元件特点。紧凑的设计结构可以在有限的空间内完成更广泛的训练、培训以及更复杂的训练、培训，液压元件选用质量优良的标准尺 size4（NG 4)、size6（NG 6）工业元件完成面向工业的训练、培训。

b. 液压油管特点。采用无泄漏快接油管及管接头确保操作环境的整洁。油管结构为自动密封式插座，确保油管断开连接时不漏油。插入快插式接头，即可构成致密的液压连接。

c. 连接系统。所有液压元件都配有自锁连接装置。这种独特的设计可以使元件在回路安装和拆卸时毫不费力，而且不会有泄油的情况，以确保不污染环境。

由于连接装置配有防漏的密封环，致使压力可能会滞留在元器件内。当发生此种情况时，如果用力强行泄压，就会损坏元件，元件不能再次使用。该情况的解决方法是使用压力释放器。压力释放器的设计类似连接插座，但带有一个可调的转轴。转轴首先被全部旋转出来，然后将其放至连接接套上。旋转转轴使之缩回，从而推回连接接套的密封环，密封环打开。在插座里的压力将释放，在操作过程中，可能会有微量油液泄漏。压力释放器可以通过推回滑动套筒来拆卸。

⑦ 安装系统　训练操作过程中，液压元件安装在 Festo Didactic 训练设备插件板或铝合

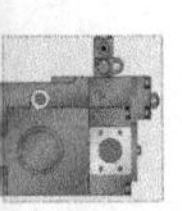

金试验板上。插件板为标准尺寸的插孔，铝合金试验板为50mm平行T形槽间隔。电信号开关单元、电信号指示单元和继电器可以安装在ER电器安装支架上，铝合金试验板可安装不同类型的元器件。安装系统说明见表3-75。

表3-75　安装系统具体说明

系统结构	安装说明
卡座安装式系统，固定时无需使用其他元件	元件固定在卡座上。夹紧卡座两侧的手柄就可以在铝合金底板的T形槽内移动卡座，松开手柄固定卡座。用于轻质、无负载的元件。使用A型卡座式安装系统时，卡座中有一滑片与铝合金底板的凹槽咬合。滑片通过弹簧拉紧。压下卡座的蓝色手柄，滑片缩回可以在铝合金底板的凹槽中取出或安装元件。元器件在凹槽内移动并通过凹槽对齐
旋转安装式系统，固定时无需使用其他元件	带有锁紧圆盘，通过旋紧元件底座上的螺母和底座下面的T形螺钉来垂直或水平固定元件。用于较重、带负载的元器件。使用B型卡座式安装系统时，通过旋紧元件底座上的蓝色螺母和底座下面的T形螺钉固定元件。锁紧圆盘可以以90°的角度旋转来固定元器件，因此可以与凹槽平行或垂直安装元件。当锁紧圆盘位于需要的位置时，元件放置在铝合金底板上。顺时针旋锁紧转螺母，T形螺钉在铝合金底板凹槽中以90°旋转。继续旋转螺母，将元件固定
螺钉固定式系统，固定时需使用其他元件	通过内六角螺钉和T形螺母垂直或水平固定元件。用于重型、带较重负载的元件或无需经常取下的元器件。使用C型卡座式安装系统时，用于安装重型元件，或一旦固定就很少移动的元件。此时，使用内六角螺钉和T形螺母固定元件
快插式安装系统，固定时需要接头	元件通过定位栓固定，可以沿着凹槽方向移动。用于轻质、无负载的元件。使用D型卡座式安装系统时，ER单元可以插入带定位栓的实验板上，并通过套管接头与铝合金实验板相连。每个定位栓都带有一个黑色塑料接头。T形槽上每隔50mm要有一个接头，将接头旋转90°即可固定。然后ER单元的定位栓便可插入到接头的穿孔中

⑧ 设备使用注意事项及操作说明

a. 操作说明。需按照下列顺序搭接和拆卸液压回路。

◇搭接回路时需关断液压泵及稳压电源。

◇所有元器件必须牢固地安装在插件板、铝合金底板或电器安装架上。

◇检查保证所有回油管已连接好，确保安装安全。

◇在启动电源前，应先把压力阀、流量阀全打开，然后让泵和电机在低压下启动。

◇在拆卸回路之前，需确保液压元件中的压力已释放。只能在压力为0bar的情况下才能拔掉液压油管接头，防止残留压力残留在油管与元件中。

◇先关闭液压泵，然后再关闭电源。

b. 安全事项。应注意下列事项以确保安全操作。

◇当液压泵开启时，液压缸活塞杆可能向外伸出。

◇当操作过程中，不要超出液压的最大允许操作压力（见设备技术参数）。

◇要遵守所有常规安全规则。

◇液压泵与泄压阀配合使用。为安全起见，最大压力为60bar。

◇所有液压元件的最大允许压力为120bar。工作压力不能超过60bar。

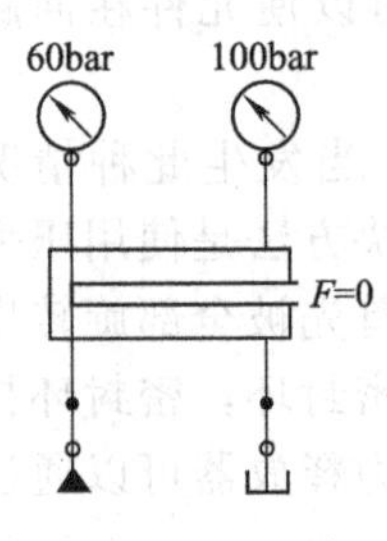

图3-108　压力增强示意图

◇在使用双作用液压缸时，增强压力可能导致在相应的面积比上产生更多的压力。压力增强示意如图3-108所示。若面积比为1∶1.7，工作压力增加为60bar，则压力可能超过100bar。

◇如果加压回路断开，回路中连接的单向阀可能导致阀或其他元器件中压力的滞留。可以使用减压装置释放这个压力。这种方法不适用于液压油管及单向阀。因此在拆除油管及液压回路时需确保控制回路已减压。

◇为防止液压油的意外溢出，所有阀、其他元器件及油管接头都带有自锁式快接插接头。为确保回路图的简洁，绘制系统回路图时不绘制快插接头，如图 3-109 所示。

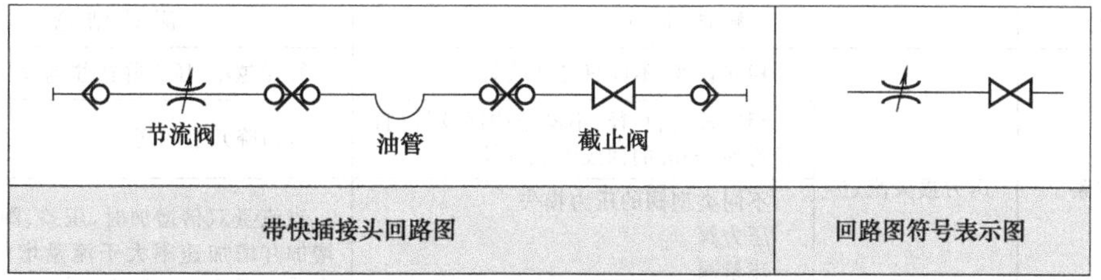

图 3-109 绘制系统回路图管路连接方法

c. 在搭接回路的过程中经常要对已有的回路图进行调整。使用此套教学设备时，可使用下列替换方式。

◇使用接头改变换向阀的功能和方向，如图 3-110 所示。

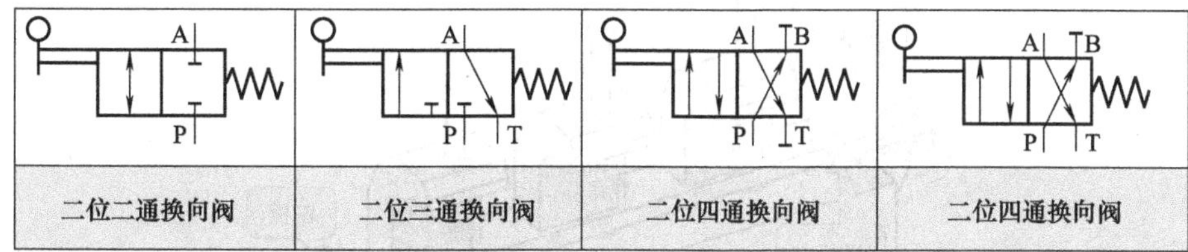

图 3-110 换向阀的功能图

◇使用换向阀的不同的常规位置，如图 3-111 所示。

◇磁阀可代替手动阀使用，如图 3-112 所示。

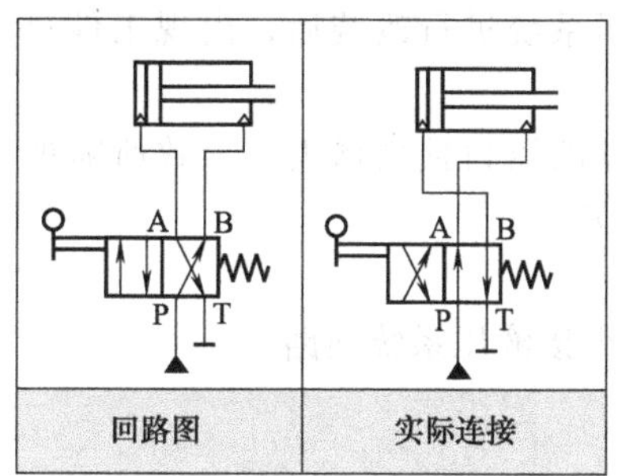

图 3-111 换向阀静态位置

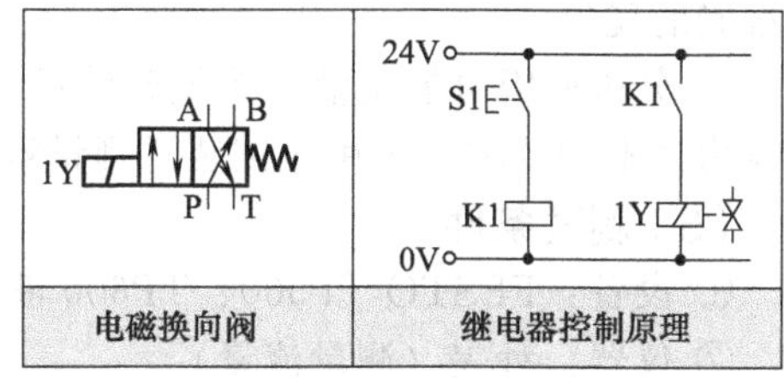

图 3-112 电磁换向阀的控制原理

3.6.2 拉伸压力机典型实例——液压元件压力损失测试

(1) 测试目的

掌握液体阻力特性，理解产生压力损失原因与变化规律，掌握压力损失测量与调节方法。

(2) 基本知识点

① 通过测量油液经过不同管道和液压元件的压力损失，深入了解产生压力损失的主要原因，并分析压力损失数值的大小，从而建立液体阻力特性的概念。

② 掌握不同结构中液体阻力对压力降和流量的影响。

(3) 测试内容分析

见表 3-76。

(4) 具体任务

① 拉伸压力机是一个金属工件成形的液压设备，铁板的输入由一个卷轴经过一个送料

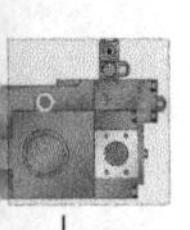

表 3-76　典型实例测试内容

测试重点	测试难点		测试结论
组接回路	压力损失测定	相同长度、不同直径回纹管	管径越小，压力降往往越大
		相同长度、直径，不同结构回纹管（直径均为 6mm 的回纹管和螺栓）	压力降几乎相同
		不同类型阀的压力损失 压力阀 流量阀 方向阀	当流量双倍增加时，压差、阀口压降也增加并增加速率大于流量增加的速率，实质上意味着功率的损失

说明：测出回纹管流量-压力数值，作出流量-压力特性曲线，进行分析：流量变大→压力降变大

方向矫直装置送入压力机系统示意图，如图 3-113 所示。

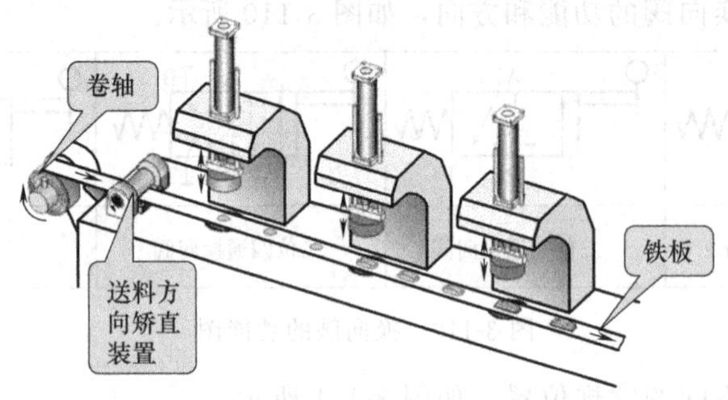

图 3-113　拉伸压力机示意图

② 拉伸压力机将单件生产改装成自动化生产，当液压系统进行改装后，出现工件尺寸不准确的现象。

③ 分析原因可能是液压系统改装后，系统中液压元件的压力损失增大，导致所需的冲压压力达不到要求。先用测试装置测量液压元件的压力损失。

（5）测试条件

① 设备：FESTO TP500、TP600 液压、电气液压（组接液压系统回路）。

② 仪器：秒表（测量流量）。

（6）液压系统设计方案

液压系统工作原理仿真回路图、实际组接回路图如图 3-114 所示。

① 仿真回路中为改变流量参数，测试对压力损失的影响。

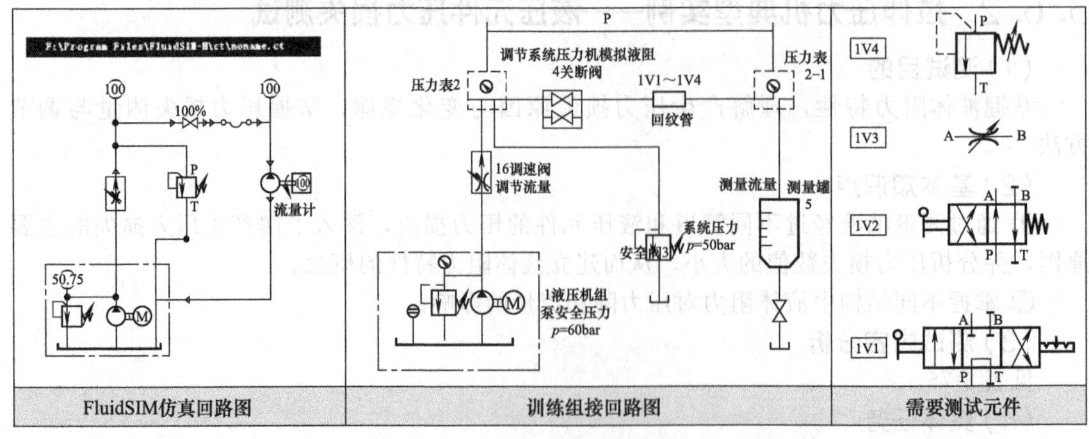

图 3-114　压力损失测试液压原理图

② 实际组接回路图。液压软件中只有流量计，测试设备中的液压元件测量罐和秒表可以取代流量计。

③ 按照原理图在训练装置上正确组接液压系统。

④ 压力损失测定。液压系统中常见到的局部和沿程压力损失形式很多，测试中只需对几种形式进行验证，触类旁通，本项典型实例在液压元件方面选取了调速阀 、关断阀；在管路方面选取了两种类型管路（相同长度、不同直径的回纹管；相同长度、相同直径、不同结构的回纹管）。

a. 相同长度、不同直径回纹管的阻力测量。测出回纹管流量-压力数值，作出流量-压力特性曲线，进行分析，根据理论上液压损失公式可知：

流量变大→压力降变大

对于相同长度管子而言，管径越小，压力降往往越大。

b. 相同长度、相同直径、不同结构的回纹管阻力测量。两根直径均为 6mm 的回纹管和螺栓连接管几乎具有相同的压力降。

c. 测试不同元件的压力损失。换向阀、流量阀、压力阀的压力损失测试。

（7）调试步骤（参考）

① 按系统原理图在断电时正确构造液压回路。

② 把系统中所有阀门的旋钮拧松，接通液压机组（让液压机组的启动压力最小）。

③ 关闭位置 4（关断阀）的阀门的开关。

④ 液压系统的压力通过调节溢流阀的旋钮，当压力表的压力指针指到 50bar 时，开启关断阀的阀门。

⑤ 按照测试报告中拟定好的方案，用调速阀的流量的大小，进行测量。

⑥ 训练后将回路中元件的旋钮拧松，关电源，拆回路，将元件收纳到元件抽屉。

（8）测试报告

按本典型实例测试内容分三项，即相同直径不同结构、不同直径相同结构管道、不同类型阀的压力损失，对试验数据进行整理，作出特性曲线进行分析。测试项目记录表格，见表 3-77～表 3-79 所示。

内容 1：相同长度、结构，不同直径回纹管的压力损失。

设备：FESTO 训练装置；仪器：万能测试仪或秒表；液压油牌号：VG22。

所用元件：泵、调速阀、关断阀、溢流阀、回纹管、压力表、测量罐、快接软管。

表 3-77 相同长度、结构，不同直径回纹管的压力损失

位置 25		p_2	p_{2-1}	Δp
ϕ6mm 2300mm 回纹管	1L/min			
	2L/min			
	3L/min			
	4L/min			
ϕ3mm 2300mm 回纹管	1L/min			
	2L/min			
	3L/min			
	4L/min			

内容 2：相同长度、直径，不同结构回纹管的压力损失。

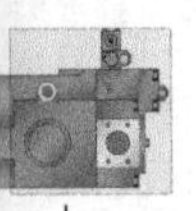

表 3-78 相同长度、直径，不同结构回纹管的压力损失

位置 25		p_2	p_{2-1}	Δp
ϕ6mm 2300mm 回纹管	1L/min			
	2L/min			
	3L/min			
	4L/min			
ϕ6mm 2300mm 角螺栓管	1L/min			
	2L/min			
	3L/min			
	4L/min			

内容 3：测试不同类型阀。

表 3-79 测试不同类型阀

元器件	流量 q	压力 p_2/bar	压力 p_{2-1}/bar	压差 Δp /bar
溢流阀完全打开	2L/min	1		
	L/min			
节流阀完全打开	2L/min	1		
	L/min			
4/2 换向阀 P—A	2L/min	1		
	1L/min			
4/3 换向阀 P—A	2L/min	1		
	1L/min			

结论：流量变大，压力降变大；对于相同长度管子而言，管径越小，压力降往往越大；两根直径均为 6mm 的回纹管和螺栓连接管几乎具有相同的压力降。

3.6.3 自动车床典型实例——液压泵性能测试

(1) 测试目的

理解动力源主要参数 p、Q 性能，掌握泵的额定压力调节与控制方法，掌握液压泵容积效率的检测方法。

(2) 基本知识点

① 掌握小功率泵的测试方法。

② 了解泵的分类。

③ 熟悉泵的结构及工作原理。

④ 了解液压泵产生泄漏的原因。

⑤ 学会绘制泵的压力-流量特性曲线及代表的意义。

(3) 测试内容分析

见表 3-80。

表 3-80 液压泵性能测试内容分析

测试重点	测试难点	测试疑点
设计及组接液压系统原理图	调试泵的流量	在额定压力时的 p-Q 曲线的趋势

说明：定量泵的实际流量＜理论流量（有泄漏）；叶片泵的容积效率较高（泄漏较少）

(4) 具体任务

① 有一自动车床的主轴由一个液压马达驱动，系统示意图如图 3-115 所示。

② 同时用一个液压缸来控制刀具溜板的前向冲程运动。

③ 在零件加工过程中主轴未能达到额定转速，试说明原因。

(5) 测试条件

① 设备：FESTO TP500、TP600 液压、电气液压（组接液压系统回路）。

② 仪器：秒表（测量流量）。

(6) 典型实例液压系统原理图

FluidSIM 仿真回路图，如图 3-116 所示。

a. 溢流阀起安全作用，保证系统压力。

b. 单向节流阀起负载作用。改变节流口的通流截面积大小，就可以改变液流流经节流口时所产生的阻力损失，从而控制通过节流口的流量大小，达到调解执行元件运动速度的目的。

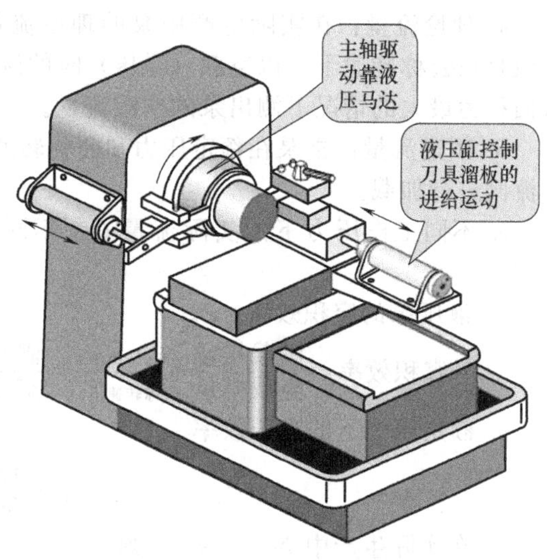

图 3-115 自动车床系统示意图

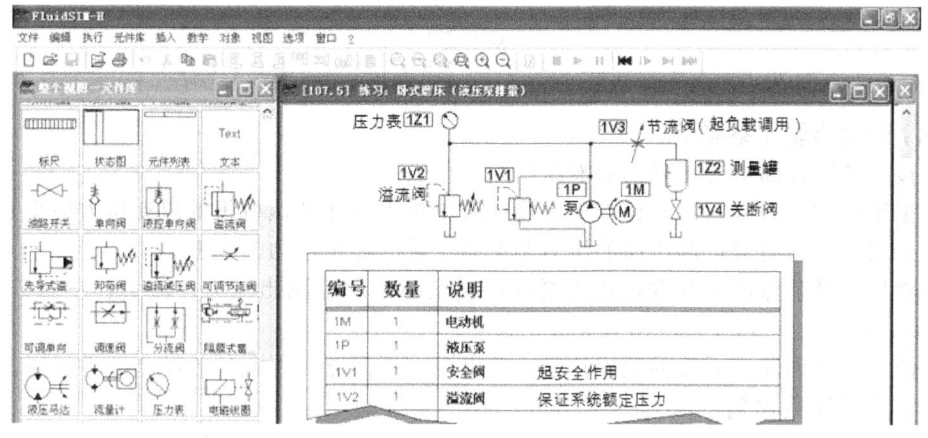

图 3-116 仿真系统回路图

注：测试时可按仿真图形组接回路。

(7) 液压系统设计方案

液压泵的主要性能包括：能否达到额定压力、额定压力下的流量（额定流量），容积效率，总效率，压力脉动（振摆）值，噪声，寿命，振动等项。前三项是最重要的性能。泵的测试主要是检查这几项。

液压泵由原动机输入机械能而将液压能输出，送给液压系统的执行机构。由于泵内有摩擦损失（用机械效率反映）、容积损失即泄漏（用容积效率反映）和液压损失（用液压效率反映，其值小通常忽略）。所以泵的输出功率必定小于输入功率

$$总效率=\frac{输出功率}{输入功率}=机械效率\times容积效率$$

鉴于本系统要求，应该测量泵的压力-流量特性及容积效率即可。

① 液压泵的流量-压力特性。测定液压泵在不同工作压力下的实际流量，得出流量-压力曲线 $Q=f(p)$，液压泵因泄漏将造成流量的损失。油液黏度越低、压力越高，其泄漏越大。本实验中压力及流量现可采用 FEST 万用测量仪进行测量；也可用传统的测量方法进行测量。

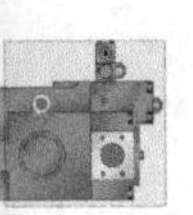

a. 理论流量：在实际生产中泵的理论流量与液压泵设计的几何参数和运动参数无关，一般是在公称转速下，以空载（零压）时的流量代替理论流量。本实验中应在节流阀的通流截面积为最大的情况下测出泵的空载流量。

b. 额定流量：指泵在额定压力和公称转速的工作情况下，测出的流量$Q_{额}$。本系统中由节流阀进行加载。

c. 不同工作压力下的实际流量Q：不同工作压力由节流阀确定，读相应压力下的流量Q。

② 液压泵的容积效率$\eta_{容}$。

$$容积效率=\frac{满载排量_{(公称转速下)}}{空载排量_{(公称转速下)}}=\frac{满载流量\times 空载转速}{空载流量\times 满载转速}\quad 即\ \eta_{容}=\frac{Q_{额}}{Q_{空}}\times\frac{n_{空}}{n}$$

a. 额定压力下的容积效率

$$\eta_{v}=\frac{Q_{e}}{Q_{L}}=\frac{N_{k}}{N_{e}}$$

b. 在实际生产中$N_{额}=N_{空}$，则

$$\eta_{ve}=\frac{Q_{e}}{Q_{L}}=1-\frac{\Delta Q}{\Delta Q_{理}}$$

实际压力下的容积效率

$$\eta_{v}=\frac{Q_{实}}{Q_{理}}$$

每个不同的压力下，都有一个不同的容积效率。

(8) 调试步骤（参考）

① 按系统图在断电时正确构造液压回路。

② 把系统中所有阀门的旋钮拧松，接通液压机组（让液压机组的启动压力最小）。

③ 关闭节流阀将旁接调压阀的压力调至高于泵的额定压力为50bar。

④ 然后打开节流阀的开度，作为泵的不同负载，对应测出压力、流量，注意节流阀每次调节后，运转1～2min再测出有关数据。

⑤ 测试后将回路中元件的旋钮拧松，关电源，拆回路，将元件收纳到元件抽屉。

(9) 测试项目报告

根据$Q=f(p)$；$\eta_{v}=g(p)$，用直角坐标绘制特性曲线；记录表格（参考）见表3-81。

内容：液压泵性能测定。

设备：FESTO训练装置 。

仪器：万能测量仪或秒表。

元件 ：叶片泵、溢流阀、单向节流阀、压力表、快速管接头软管。

表3-81 记录表格

压力	0	15	20	25	30	35	40	45	50	bar
1L用时间t										s
Q										L/min
η										

结果分析：制直角坐标曲线：p-Q特性曲线。

3.6.4 提升装置典型实例——溢流阀性能测试

(1) 测试目的

掌握溢流阀的结构及工作原理，理解溢流阀静态特性衡量指标，熟悉溢流阀的启闭特性

及其影响因素。

(2)基本知识点

① 了解溢流阀的启闭特性，熟悉其测量方法。

② 掌握系统的额定压力调节与及观察开启、闭合压力方法。

③ 学会用测试数据绘制压力-流量特性曲线及静态性能评价。

(3)测试内容分析

见表 3-82。

表 3-82 溢流阀性能测试内容

测试重点	测试难点	疑 点
设计及组接液压原理图	测试溢流阀的开启、闭合压力	分析溢流阀的启闭特性
说明:闭合压力<开启压力<调定压力;闭合、开启压力越接近调定压力,溢流阀静态特性越好		

(4)具体任务

① 由于生产的变化，现在需用一个包裹抬举装置将包裹抬起，系统示意图如图 3-117 所示。

② 在抬起过程中，由于包裹重量增加，发现液压缸上升速度变慢了。

③ 用溢流阀的 p-Q 特性曲线来确定：压力为何值时，泵的排流量开始分流。

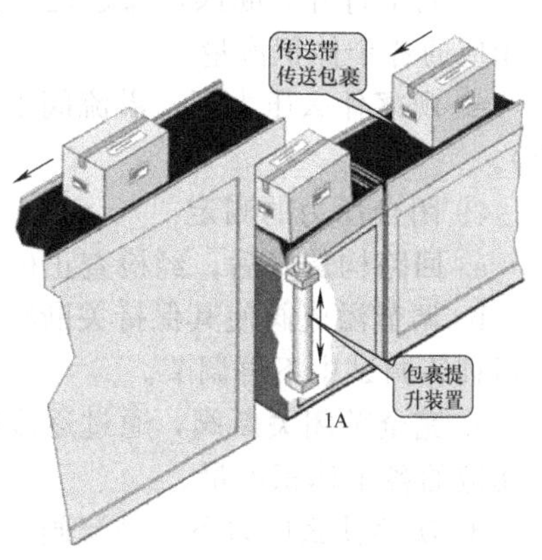

图 3-117 包裹提升装置系统示意图

(5)测试条件

① 设备：FESTO TP500、TP600 液压、电气液压（组接液压系统回路）。

② 仪器：秒表（测量流量）测 $Q=\dfrac{\Delta V}{\Delta E}$。

(6)应用实例液压系统仿真原理图

如图 3-118 所示。

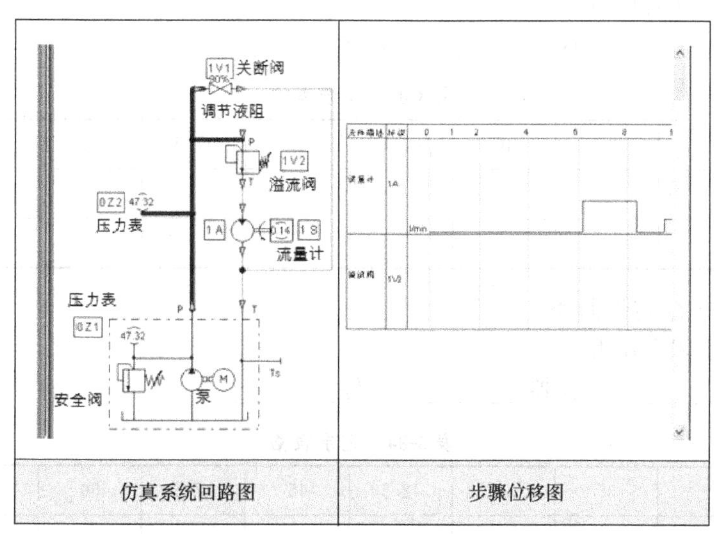

图 3-118 系统仿真回路图

注：测试前绘制组接的回路图，用测量罐替代流量计。

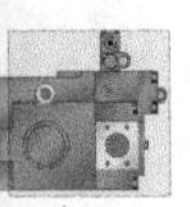

（7）液压系统设计方案

① 测定开启压力。在溢流阀调压弹簧的预压缩量调定后，溢流阀的开启压力即已确定，调节关断阀的开口改变泵提供系统的工作压力，当达到了溢流阀的开启压力后就开始出现分流。溢流阀的进口压力随溢流量的增加而略升高，流量为额定压力时为最大。

② 测定闭合压力。溢流阀的流量在额定压力下为最大，随着系统压力的变化流量减少阀口反向趋于关闭，阀的进口压力降低，直到阀口关闭，此时的系统中所指示的压力为闭合压力。

（8）调试步骤（参考）

① 开启压力的测定

a. 回路构造好后，经检查正确；先将溢流阀完全打开，接通液压机组。

b. 调节溢流阀使其保持关断状态；压力值 $p=50\text{bar}$（即为调定压力），调好后的此阀在以后训练调试中不再调节。

c. 完全打开关断阀，通过逐步关闭的方法，按表格中的数据调节压力表的示值，并测出相应的各个体积流量。

d. 观察什么压力下，溢流阀下面的测量筒有油流过（即溢流阀多大压力下，溢流口开启）。

② 闭合压力的测定

a. 回路构造好后，经检查正确；先将溢流阀完全打开，接通液压机组。

b. 调节溢流阀使其保持关断状态；压力值 $p=50\text{bar}$（即为调定压力），调好后的此阀在以后训练调试中不再调节。

c. 完全关闭关断阀，通过逐步打开的方法，按表格中的数据调节压力表的示值，并测出相应的各个体积流量。

d. 观察什么压力下，溢流阀下面的测量筒无油流过。

（9）测试报告

整理测试试验中的数据，仔细观察现象，完成包括上述测试内容的报告。

记录表格，见表3-83和表3-84所示。

内容1：测定开启压力。

条件：设备________ 仪器________ 元件________

表3-83 记录表格

工作压力	35	40	42.5	45	47.5	50	bar
1L用时间 t							s
Q							L/min

结论：绘制 p-Q 特性曲线。

内容2：测定闭合压力。

条件：设备________ 仪器________ 元件________

表3-84 记录表格

工作压力	35	40	42.5	45	47.5	50	bar
1L用时间 t/L							s
Q							L/min

3.6.5 钻床典型实例——减压阀应用

掌握三通减压阀的功能和工作原理，了解减压阀的使用场合，熟悉减压阀的结构组成。

(1)基本知识点

① 了解三通减压阀的结构，熟悉其测量方法。

② 学会减压阀在回路中的具体功用。

(2)测试内容分析

见表3-85。

表3-85 减压阀测试内容分析

测试重点	测试难点	疑点
设计和组接系统原理图	减压阀在各种工作状态中的压力	调试不同负载对减压阀阀芯状态的影响
说明:减压阀的调定压力为出口压力,受负载影响		

(3)具体任务

① 用钻床对不同空心体进行加工，如图3-119所示。工件用液压虎钳固定。

② 根据空心体的厚度不同，必须能够调整夹紧压力。

③ 液压虎钳的夹紧速度用流量控制阀来调节。

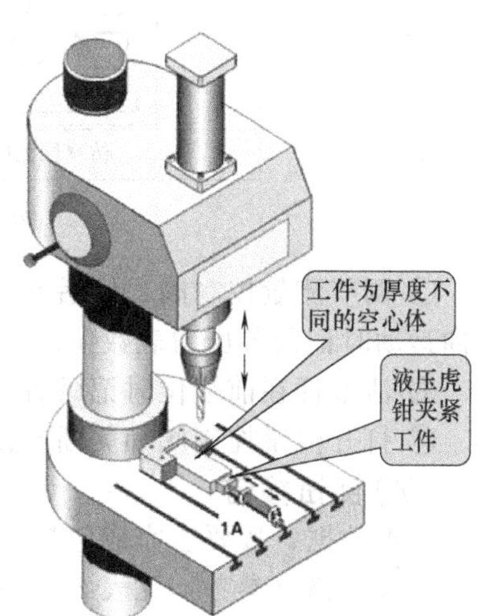

图3-119 钻床系统工作示意图

(4)液压系统设计方案

① 前向冲程无液体流通的情况下的工作状态。

② 测量冲程压力在活塞运动到最前端或有阻力起作用时，才能把减压阀进油压力调节到15bar，这个在活塞处于最前端时会显示出来。

③ 前向冲程在反向加载的情况下的工作状态。

④ 通过关闭流量控制阀可以改变反压，按要求加载，观察减压阀进出口压力；进口压力为系统压力50bar，出口压力为15bar左右，此时活塞保持静止状态，说明减压阀关闭。

⑤ 反向回程不同载荷的工作状态。

a. 为了反向回程绕行，在止回阀前端加个关断阀，两阀全打开油液畅通流过，活塞返程。

b. 关闭关断阀。在反向回程中，通过改变流量控制阀提高反压使减压阀的溢流口打开，溢流回油箱，活塞返程，减压阀的压力为15bar。

c. 当活塞处于最末端时，压力首先保持在15bar，通过阀内部的泄漏，将降低到15bar以下，减压阀便从A—T流向转换到P—A状态。

(5)液压系统原理图

如图3-120所示。

(6)调试步骤

① 打开节流阀和关断阀，接通液压机组。

② 活塞杆处于前端，调节减压阀使出口处压力表压力为15bar。

③ 切换4/3换向阀使活塞杆前向冲程时记录各压力表数值。

④ 活塞处于前端记录各压力表数值。

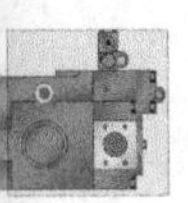

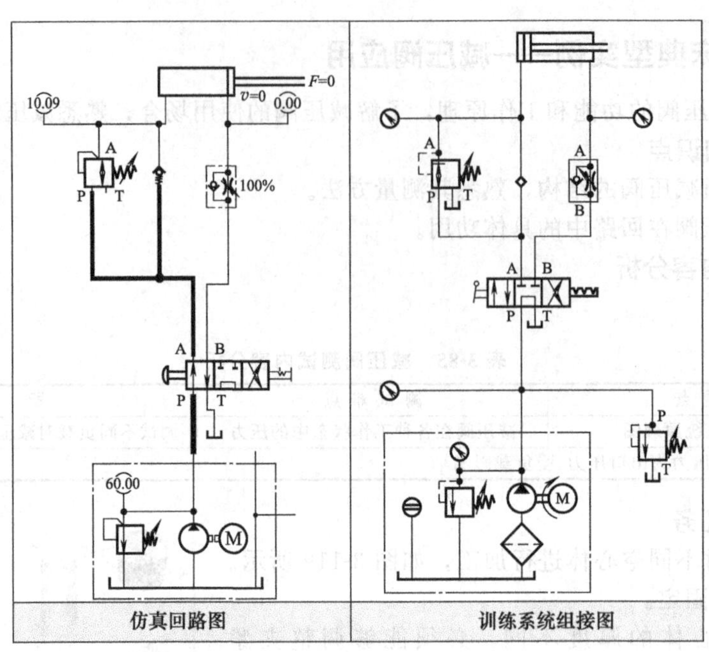

图 3-120 减压阀应用系统原理图

⑤ 调节流量控制阀，使活塞前向冲程时阻力为 20bar，切换 4/3 换向阀，活塞在前向、反向运动时记录各压力表数值。

⑥ 活塞杆在前端位时记录各压力表。

⑦ 打开流量控制阀和关断阀使减压阀的 A—T 口开，活塞杆处于末端记录各压力表。

(7)测试报告

整理数据，按要求完成包括上述测试内容的报告 。

记录表格（参考）见表 3-86～表 3-88。

内容 1：无负载时，减压阀压力为 15bar 的工作状态。

条件：设备________ 仪器________ 元件________

表 3-86 记录表格

	系统压力表	减压阀出口压力表	有杆腔出口压力表
前向冲程过程			
活塞杆前端位置			

内容 2：负载为 20bar，减压阀的工作状态。

条件：设备________ 仪器________ 元件________

表 3-87 记录表格

	系统压力表	减压阀出口压力表	有杆腔出口压力表
前向冲程过程			
活塞杆前端位置			

内容 3：反向回程，减压阀的工作状态。

条件：设备________ 仪器________ 元件________

表 3-88 记录表格

	系统压力表	减压阀出口压力表	有杆腔出口压力表
活塞杆前端位置			

3.6.6 液压马达性能测试

(1)测试目的

掌握液压马达的工作原理；了解如何判断马达旋转方向与旋转速度。

(2)测试内容分析

见表 3-89。

表 3-89 液压马达性能测试内容

测 试 重 点	测 试 难 点	疑 点
设计及组接系统原理图	测试马达旋转速度	调试马达转速

(3)液压系统设计方案

液压马达是将液体的压力能转换为旋转机械能的装置，驱使机床上的工作部件运动。就液压系统来说，液压马达是一个执行元件。机床液压系统中使用的液压马达都是容积式马达，从工作原理上讲，液压传动中的泵和马达都是靠工作腔密封容积的容积变化而工作的，所以说泵和马达作用上是互逆，大部分泵可作液压马达使用，当然结构细节上是有差异的。马达特性参数很多：工作压力和额定压力、流量与容积效率、排量与转速、转矩与机械效率等。但本系统中的问题，只需要做以下的实验：判断旋转方向、测定转速。

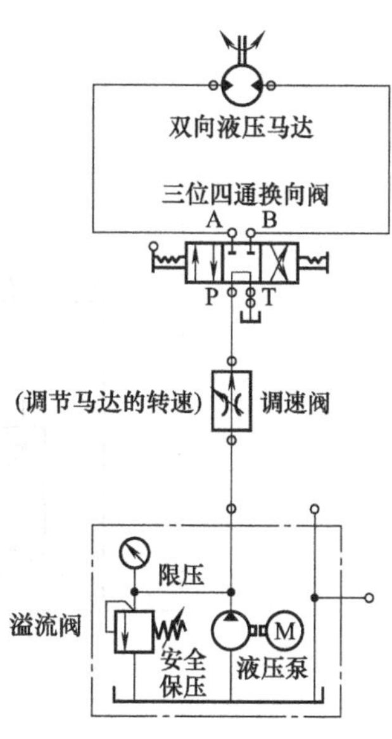

图 3-121 液压马达特性训练原理图

(4)调试步骤

① 打开节流阀，启动液压机组。

② 按表中的数据调节节流阀的流量，从而可以控制马达的转速。

③ 切换 4/3 转换阀，可以改变马达的旋向。

(5)液压系统原理图

如图 3-121 所示。

(6)测试报告

记录表格（参考），见表 3-90。

内容：测定转速。

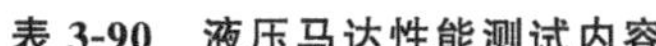

表 3-90 液压马达性能测试内容

节流开度	顺时针		逆时针	
	转 10 周所用时间 T/s	n/(r/min)	转 10 周所用时间 T/s	n/(r/min)
1/4				
1/2				
1				
全打开				

第4章 方向控制典型回路设计

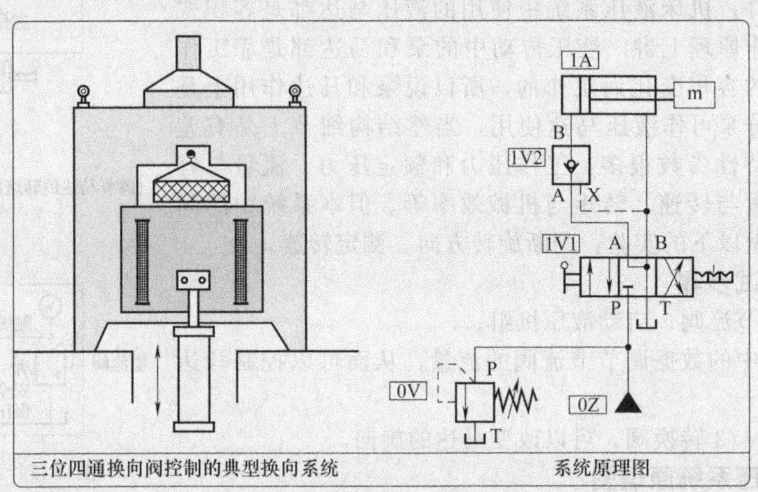

三位四通换向阀控制的典型换向系统　　系统原理图

本章重点内容

- 本章重点介绍了方向控制典型回路，要求熟悉并掌握不同类型方向控制典型回路的组成及工作原理
- 理解各种不同类型典型回路的应用场合和特点
- 掌握方向控制典型回路中的各液压元件的结构原理及功用

任何一个液压传动系统都是由若干个基本的典型回路所组成的，完成许多不同功能的任意完整的液压系统，就像一台机器是由机械部件所组成。掌握它们的作用、原理、组成及特点，就可根据机器的性能、工况要求，正确合理地选择这些回路，从而组成所需要的液压系统。

液压典型回路按其在回路中的作用一般可分为方向控制回路、流量控制回路及压力控制典型回路。

4.1 方向控制基本回路概述

4.1.1 方向控制基本回路的组成

由方向控制典型回路组成的液压系统如图 4-1 所示。系统连接图如图 4-2 所示。

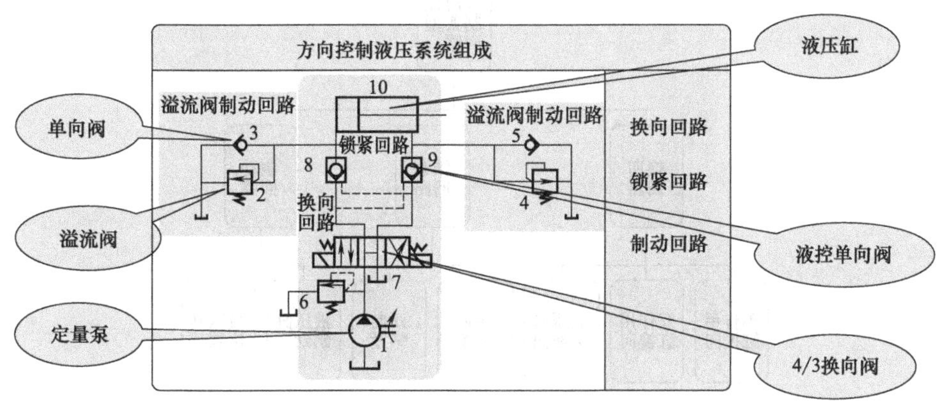

图 4-1 方向控制典型回路组成的液压系统

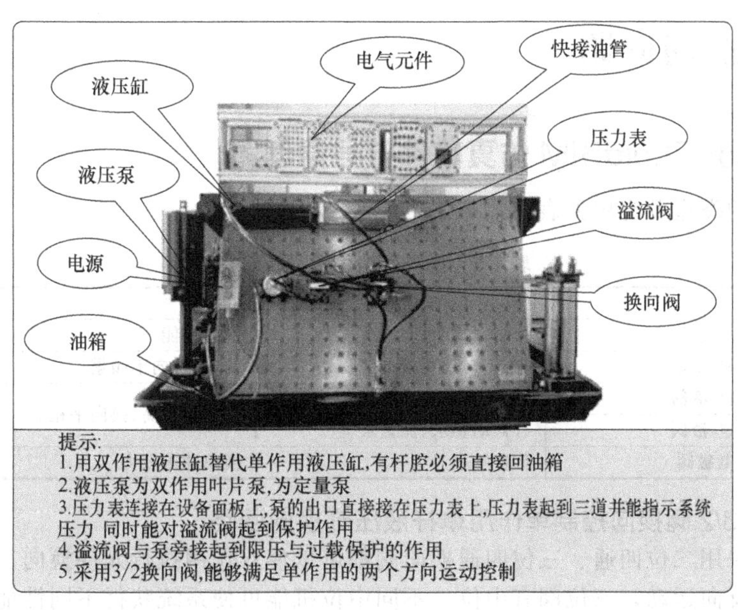

图 4-2 方向控制回路组成元件连接实物图

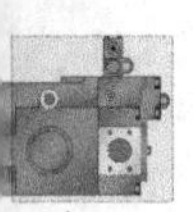

4.1.2 方向控制典型回路的类型及功用

方向控制典型回路类型及功用，见表 4-1。

表 4-1 方向控制典型回路的分类及功用

典型回路类型及名称	功 用
换向回路(主要元件为换向阀)	是使液压系统中的执行元件在其行程端点处迅速、平稳、准确地变换运动方向
锁紧回路(主要元件为单向阀)	通过切断执行元件的进油、出油通道来使它停在任意位置，并防止停止运动后因外界因素而发生窜动
制动回路(主要元件为小型溢流阀)	在于使执行元件平稳地由运动状态转换成静止状态

在液压系统中，执行元件的启动、停止或改变运动方向，是利用控制进入执行元件的液流的通、断或变向来实现的，常见方向控制典型回路分类如图 4-3 所示。

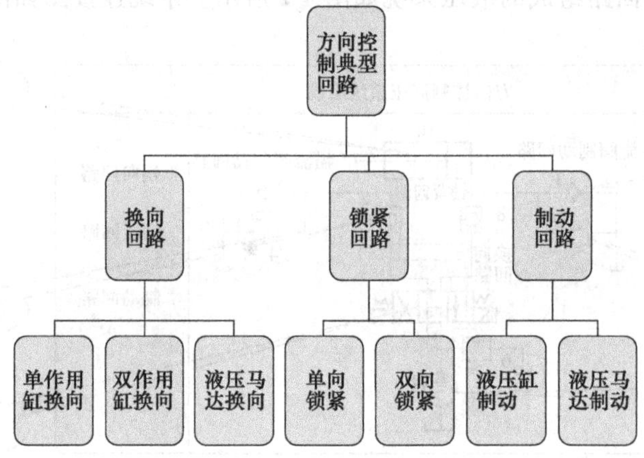

图 4-3 常见方向控制典型回路

4.2 换向回路

4.2.1 基于 FLuidSIM 仿真软件符号原理图

换向回路的类型及应用见表 4-2。

表 4-2 换向回路的类型及应用

	系统要求		
换向阀类型	控制原理	控制方式	换向性能
	机动阀	有、无自动要求都可	简单、换向不频繁
	机-液阀	有、无自动要求都可	换向精度高、换向平稳有一定要求
	电-液阀	有自动要求，流量较大	
	电磁阀	流量较小	换向冲击较大

(1) 采用 3/2 阀换向控制单作用单杆液压缸换向回路

换向回路采用二位四通、三位四通换向阀都可以使双作用执行元件换向。二位阀只能使执行元件正、反向运动，三位阀有中位，不同中位机能可使系统获得不同性能。

如图 4-4 所示为基于 FluidSIM 仿真回路原理图。该回路由单作用缸、3/2 电磁换向阀、

溢流阀、压力表、定量泵组成。

工作原理：对于依靠重力、外力或弹簧力回程的单作用液压缸，采用二位三通换向阀即可实现换向。如图 4-5 所示。当电磁铁通电时，液压泵输出的油液经换向阀进入液压缸无杆腔，推动活塞使活塞杆伸出；当电磁铁断电时，液压缸无杆腔的油液经换向阀流回油箱，外力推动活塞快速退回，实现换向。如果只要求接通或切断油路，采用二位二通换向阀即可。

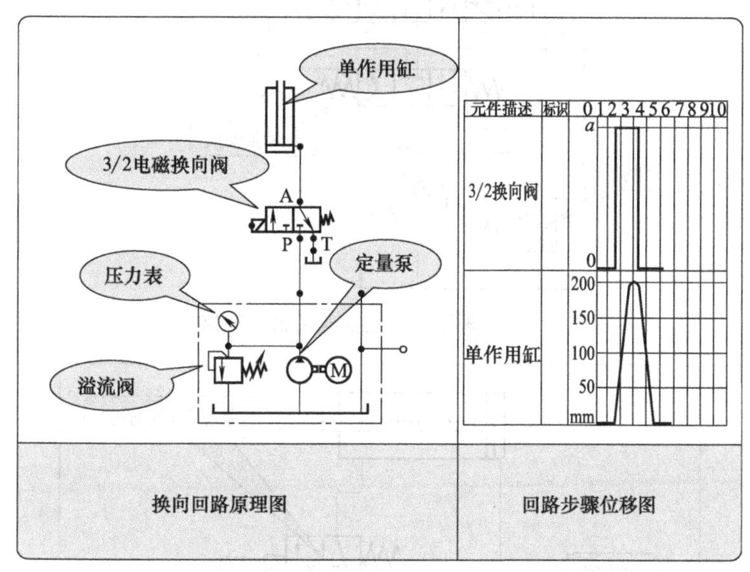

图 4-4　换向回路原理及回路步骤位移图

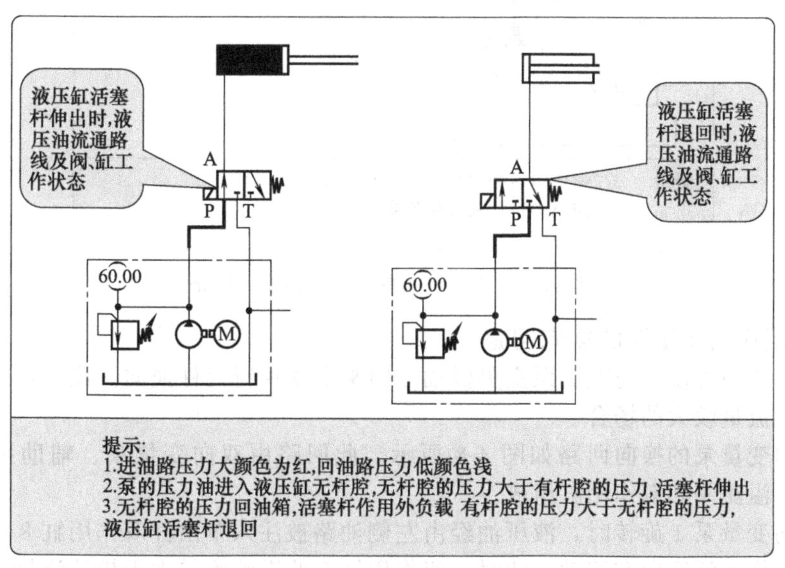

图 4-5　工作过程示意图

(2) 采用 4/3 电液阀的换向回路

如图 4-6 所示，该回路的换向平稳性可通过调节电液阀的节流阀来得到改善。

(3) 采用 3/2 阀的差动连接换向回路

如图 4-7 所示，和任何其他换向回路一样，换向阀如为电磁阀，则换向时冲击较大，只适用于换向频率较低（每分钟 30 次以下）的场合。

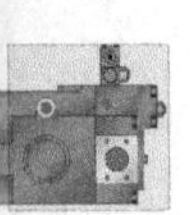

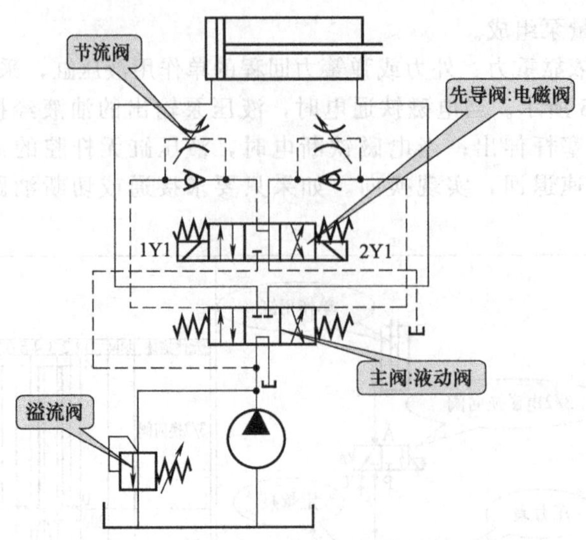

图 4-6　采用 4/3 电液阀的换向回路

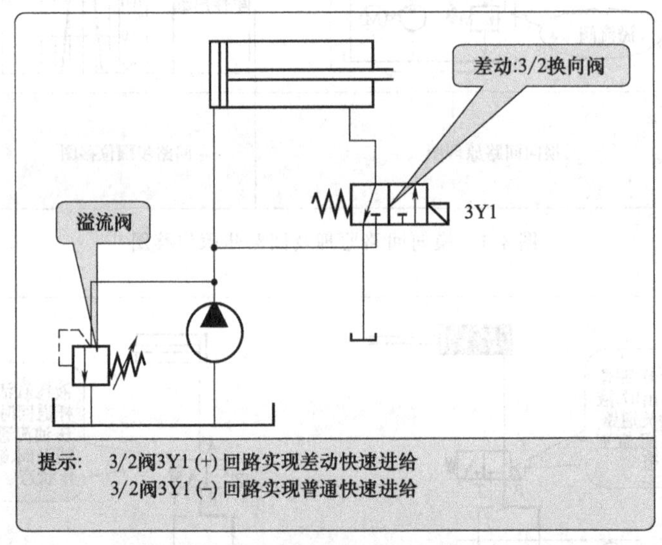

图 4-7　采用 3/2 阀的差动连接换向回路

(4) 采用双向变量泵的换向回路

在闭式回路中可用双向变量泵变更供油方向来实现执行元件换向。注意：这种回路适用于压力较高、流量较大的场合。

采用双向变量泵的换向回路如图 4-8 所示。此回路由双向变量泵、辅助泵、二位二通阀、单向阀、溢流阀和双作用缸组成。

启动双向变量泵 1 旋转时，液压油经由左侧油路被注入单出杆双作用缸 8 的左侧腔（即无杆腔）内，推动活塞向右移动。此时，双作用缸 8 的进油流量大于排油流量，辅助泵 2 将通过单向阀 4 补充双向变量泵 1 吸油侧的流量不足。当双向变量泵 1 反向旋转时，供油方向被改变，液压油通过右侧油路，被注入双作用缸 8 的右腔（即有杆腔）中，推动活塞向左移动。此时，双作用缸 8 的排油流量大于进油流量，二位二通阀 7 右位和溢流阀 6 将泵 1 吸油侧多余的油液排回油箱。

(5) 复杂方向控制回路

复杂方向控制回路是指执行机构需要频繁连续地作往复运动或在换向过程上有许多附加

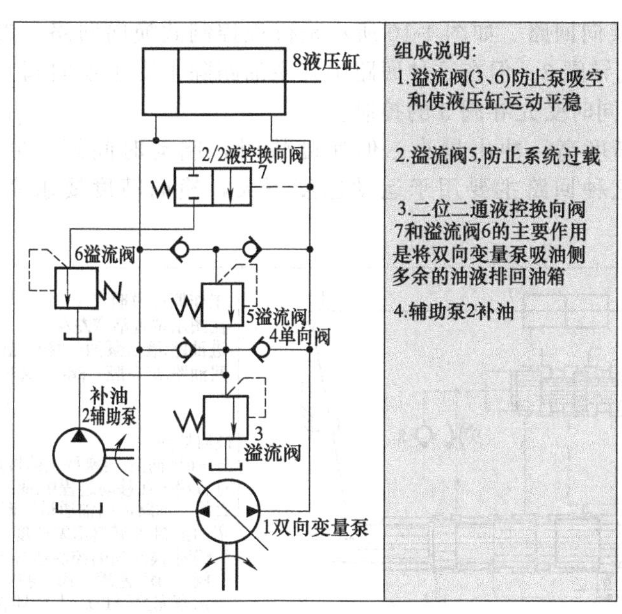

图 4-8 采用双向变量泵的换向回路

要求时采用的换向回路。如在机动换向过程中因速度过慢而出现的换向死点问题，因换向速度太快而出现的换向冲击问题等。复杂方向控制回路有时间控制式和行程控制式两种。

① 时间控制式换向回路 如图 4-9 所示为时间控制式换向回路。该换向回路由主换向阀 6 和先导换向阀 3 组成。主换向阀 6 起主油路换向作用，而先导换向阀 3 主要提供主换向阀 6 的换向动力（由压力油提供）。主换向阀 6 两端的节流阀 5 和 8 是控制主换向阀 6 的换向时间的。

这种回路主要用于工作部件运动速度较高，要求换向平稳，无冲击，但换向精度要求不高的场合，如平面磨床、插床、拉床等。

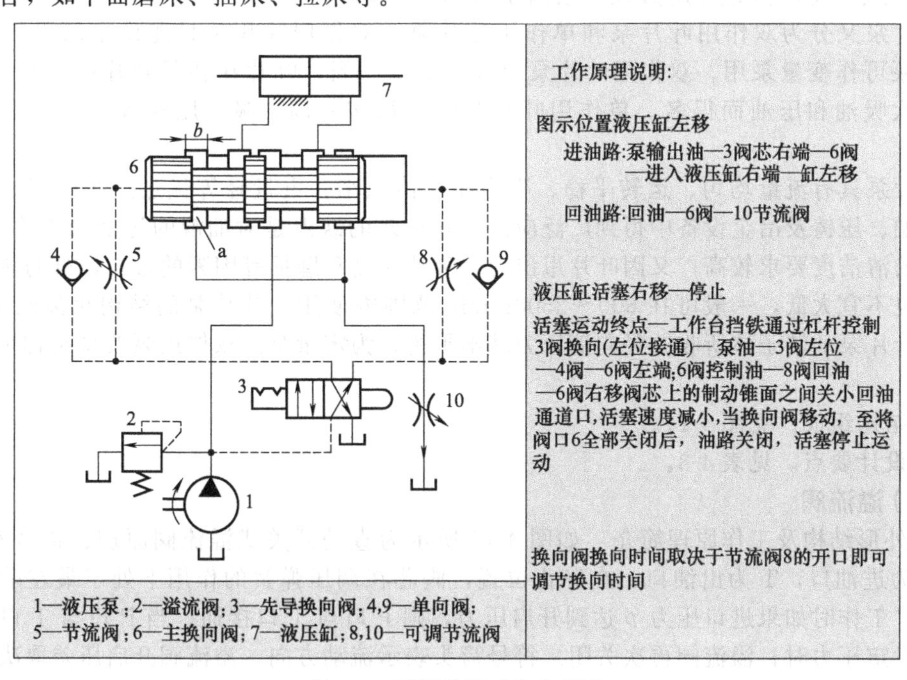

图 4-9 时间控制式换向回路

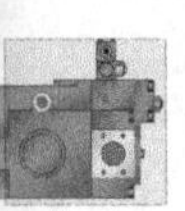

② 行程控制式换向回路　如图 4-10 所示是行程控制式换向回路。该回路也由两个阀组成：主换向阀 6 和先导阀 3。但在这种回路中，主油路除了受主换向阀 6 的控制外，其回油还要通过先导阀 3，同时受先导阀 3 的控制。

这种回路换向精度高，冲出量小，但速度快时，制动时间短，冲击就大。另外，阀的制造精度较高。这种回路主要用于运动速度不大，换向精度要求高的场合，如外圆磨床等。

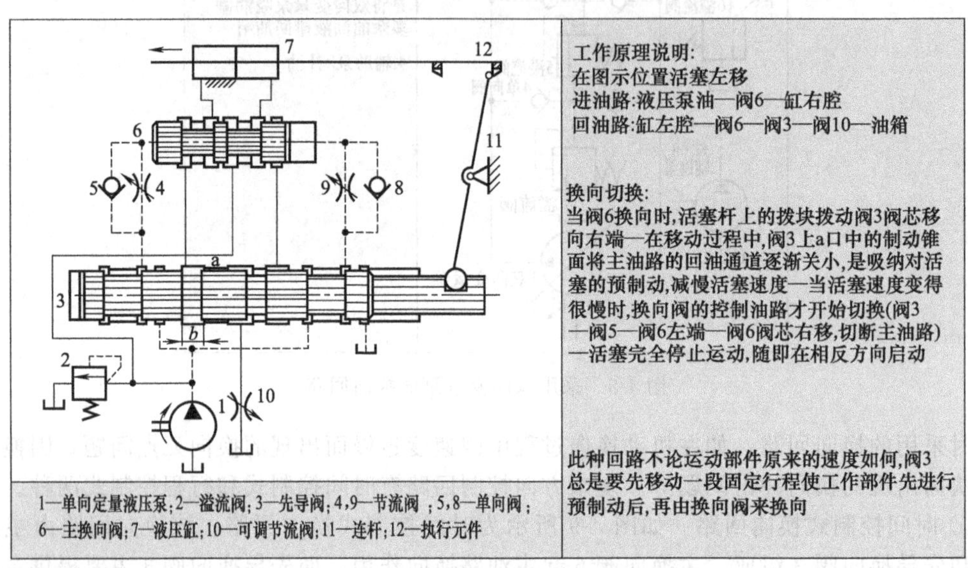

图 4-10　行程控制式换向回路

4.2.2 换向回路中主要元件结构、原理及主要功用

（1）双作用叶片泵（定量泵）结构及原理

叶片泵又分为双作用叶片泵和单作用叶片泵。双作用叶片泵只能作定量泵用，单作用叶片泵可作变量泵用。双作用叶片泵因转子旋转一周，叶片在转子叶片槽内滑动两次，完成两次吸油和压油而得名。单作用叶片泵转子每转一周，吸、压油各一次，故称为单作用。

叶片泵具有流量均匀、运转平稳、噪声小、体积小、重量轻等优点。在机床、工程机械、船舶、压铸及冶金设备中得到广泛应用。叶片泵的缺点是对油液的污染较齿轮泵敏感；对油液的清洁度要求较高；又因叶片甩出力、吸油速度和磨损等因素的影响，泵的转速不能太高，也不宜太低，一般可在 600～2500r/min 范围内使用；叶片泵的结构比齿轮泵复杂。双作用叶片泵的转子体所收的径向液压力基本平衡，为定量泵。双作用泵典型结构如图4-11所示。

① 结构组成。见图 4-11。

② 设计要点。见表 4-3。

（2）溢流阀

① 外形结构及工作原理简介　如图 4-12 所示为直动开关式溢流阀原理、符号及外形。图中 P 为进油口，T 为出油口，在静止位置，阀芯在调压弹簧的作用下处于最左端，溢流阀关闭。工作时如果进口压力 p 达到开启压力，则 P 口与 T 口接通。当 P 口与 T 口之间压差小于设定压力时，溢流阀再次关闭。符号箭头表示流动方向。溢流阀开启压差取决于其在一定流量下的公称压力，所以对于溢流阀，应规定其公称压力和溢流量。

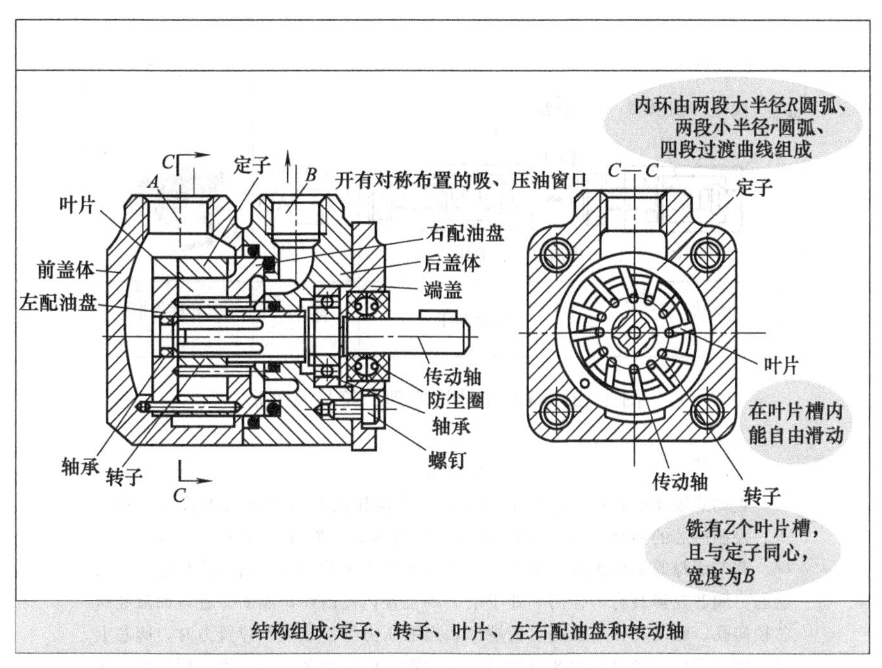

图 4-11　双作用泵典型结构

表 4-3　叶片泵设计要点

结构名称	结构要点	要点说明	备　注
叶片数 Z	多选 12	减少叶片槽加工量并增加根部强度	流量较小时可选 10
叶片厚度 S	$S=1.8\sim2.5$mm	应保证足够的强度和刚度	
叶片的安装角 θ	$\theta=\frac{1}{2}\varphi_{max}$	由于压力角 φ_{max} 为变数，使过渡区各点受力较均匀	
叶片径向高度 L	$2/3L$	避免卡死	叶片在槽内最小高度值
转子半径 r_z 轴向宽度 B	$r_z=(0.9\sim1.0)d_0$ $B=(0.45\sim1.0)r$	提高容积效率，适合配有窗口的过流速度	d_0—花键轴颈 r—定子最小半径
定子短半径 r，长半径 R	$r=r_z+(0.5\sim1)$mm 手册选 R	不脱空，平稳过渡	
配流盘结构	减振槽的范围角 $\gamma=6°\sim8°$		
	配油盘进出油口的流速限制 6～9m/s	防止增加过流面积	

② 主要特点、功用及设计要点　溢流阀在不同场合有不同用途，几乎任何一个液压系统都要用到溢流阀，其主要用途是通过阀口的溢流，使被控系统或回路的压力维持恒定，实现调压或限压（防止过载）作用。在此换向回路中溢流阀在液压系统正常工作时处于关闭状态，只是系统压力大于或等于溢流阀调定压力时才开启溢流。只适用于低压小流量的场合。溢流阀按其结构形式分为直动式和先导式两类，如图 4-13 所示。

③ 设计要点　见表 4-4。

(3) 压力表结构及工作原理

如图 4-14 所示为C形单圈弹簧式压力表。波登管又称弹簧管，弹簧管是横截面呈扁圆形的空心管，弯曲成中心角 270°的圆弧，管子的一端封闭，作为自由端，另一端开口（为进油口），作为固定端，被测压力的介质从开口端进入并充盈整个空心管内腔B面，使其横截面趋向圆形并伴有伸直的倾向，由此产生力矩使自由端出现位移，同时改变其中心角。弹

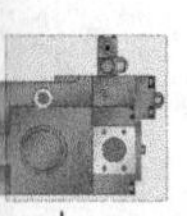

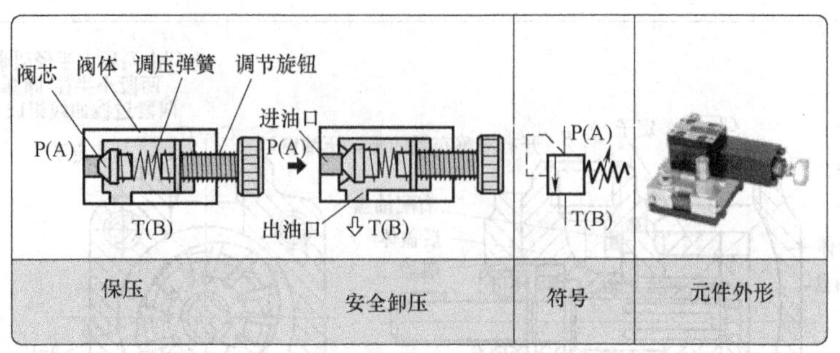

图 4-12　溢流阀结构原理、符号及外形

重点说明

直动式溢流阀是依靠系统中的压力油直接作用在阀芯上与弹簧力等相平衡，控制阀芯的启闭动作。直动型溢流阀由阀芯、阀体、弹簧、上盖、调节杆、调节螺母等零件组成。阀体上进油口旁接在泵的出口，出口接油箱。原始状态，阀芯在弹簧力的作用下处于最下端位置，进出油口隔断。进口油液经阀芯径向孔、轴向孔作用在阀芯底端面，当液压力等于或大于弹簧力时，阀芯上移，阀口开启，进口压力油经阀口溢回油箱。此时阀芯受力平衡，阀口溢流满足压力流量方程。

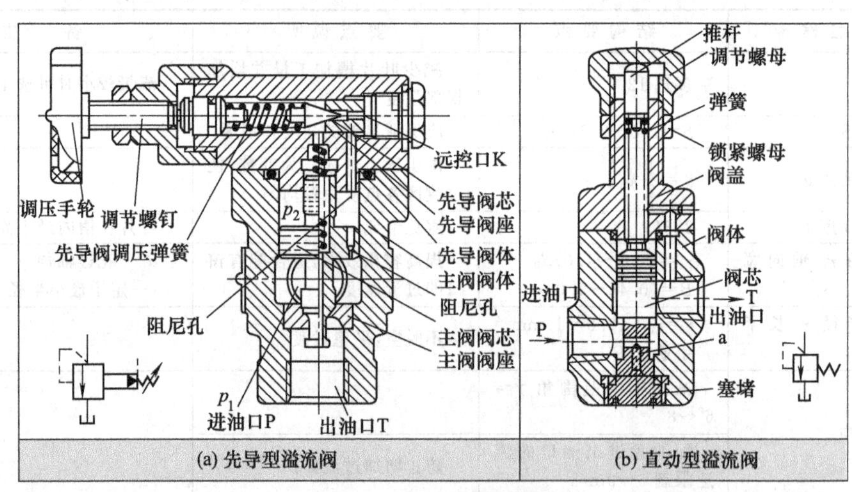

图 4-13　溢流阀典型结构

表 4-4　设计要点

设计要点	对应调压弹簧一定的预压缩量 x_0，阀的进口压力 p 基本为一定值
	由于阀开口大小 x 和稳态液动力 F_s 的影响，阀的进口压力随流经阀口流量的增大而增大。当流量为额定流量时的阀的进口压力 p_s 最大，p_s 称为阀的调定压力
	弹簧腔的泄漏油经阀内泄油通道至阀的出口引回油箱，若阀的出口压力不为零，则背压将作用在阀芯上端，使阀的进口压力增大
	对于高压大流量的压力阀，要求调压弹簧具有很大的弹簧力，这样不仅使阀的调节性能变差，结构上也难以实现

簧管压力表是一种指示仪表，被测压力经引压接头引入弹簧管的自由端产生的位移经拉杆带动扇形齿轮做逆时针偏转，从而带动中心齿轮及其同轴指针做顺时针偏转，在面板上显示被测压力，游丝的作用是克服扇形齿轮和中心齿轮的间隙所产生的仪表变差，改变调整螺钉的

位置可以调整压力表的量程，如上所述，弹簧管压力表为线性刻度。单圈弹簧管最大可测压力 686MPa，精度可达 0.1%。

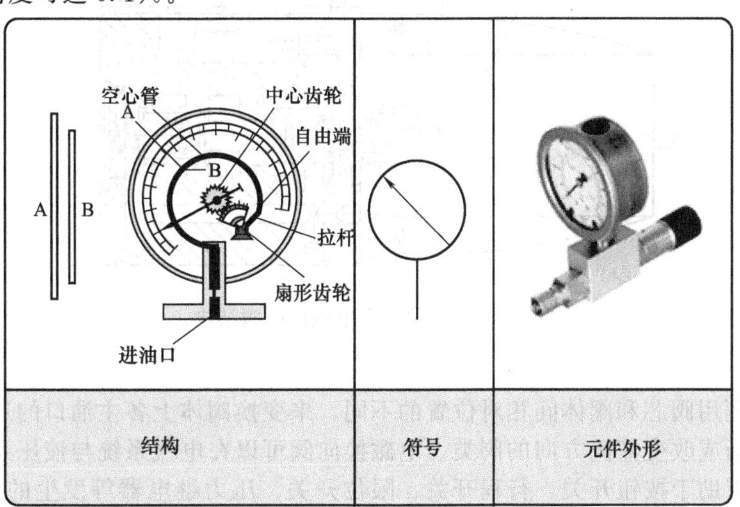

图 4-14　C 形单圈弹簧式压力表的结构原理、符号及外形

(4) 换向阀

① 换向阀外形结构及工作原理　二位三通手动换向阀结构、符号及元件外形如图 4-15 所示。二位三通换向阀具有三个油口，即工作油口 A、进油口 P 和回油口 T。工作油液可从进油口 P 流向工作油口 A，或者从工作油口 A 流向回油口 T，在上述两种情况下，未接通的油口处于关闭状态。在图示静止位置，进油口 P 关闭，而工作油口 A 与回油口 T 接通。如图 4-16 所示为不同控制原理换向阀的外形。

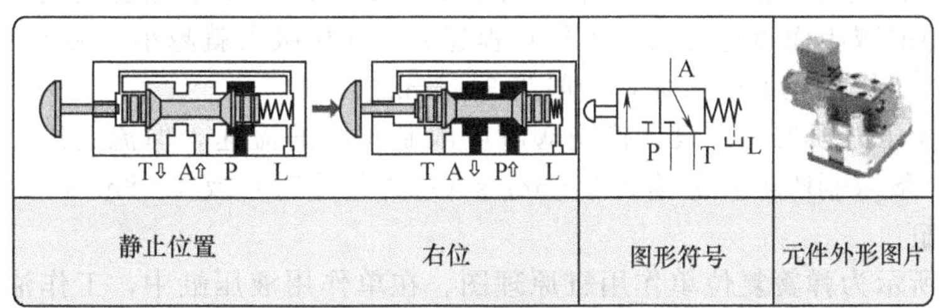

图 4-15　二位三通手动换向阀结构、符号及元件外形

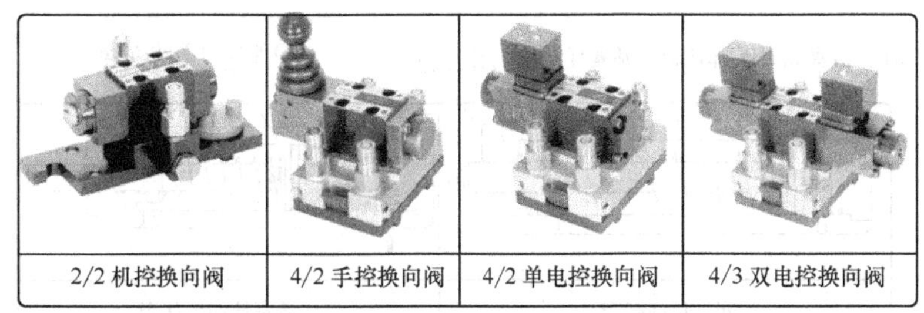

图 4-16　换向阀外形

如图 4-17 所示为 3/2 电磁换向阀结构。阀芯运动是靠电磁力和弹簧力的共同作用。电磁铁不得电，阀芯在右端弹簧的作用下，处于右位，油口 P 与 A 通，B 不通；电磁铁得电产生一个电磁吸力，通过推杆推动阀芯右移，则阀左位工作，油口 P 与 B 通，A 不通。电磁铁可以是直流或交流的。二位电磁阀有弹簧复位式（一个电磁铁）和钢球定位式（两个电

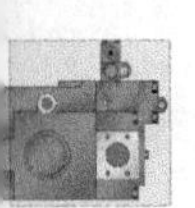

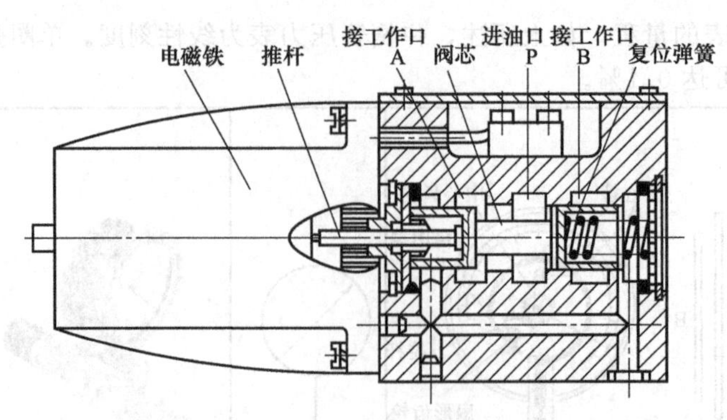

图 4-17　二位三通电磁换向阀结构

磁铁）。

换向阀是利用阀芯和阀体间相对位置的不同，来变换阀体上各主油口的通断关系，实现油路连通、切断或改变液流方向的阀类。电磁换向阀可以在电气系统与液压系统之间进行信号的转换。可借助于按钮开关、行程开关、限位开关、压力继电器等发生的信号进行控制，易于实现动作转换的自动化，因此应用广泛。

② 在设计使用时注意的要点

a. 油液流经阀口的压力损失要小：在工作压差一定时，减小阀芯与阀体孔的配合间隙，增大密封长度可以减少泄漏量。考虑到加工条件，一般设计取半径间隙 $\delta=0.0035\sim0.01\text{mm}$。

b. 设计推力时，应比运动阻力高一定数值，以便能在规定的时间内可靠地完成换向动作。

c. 电磁换向阀的力特性取决于所采用的电磁铁的形式。由于螺管式电磁铁的特点，其电磁吸力随气隙的减小而迅速增大。工作行程越大，起始吸力就越小。为了不致使电磁铁的吸力明显降低，工作行程不能太大，一般为 3～6mm。

d. 为了减少压力损失，在设计换向阀时应限制阀内的流速，但流速过小，会使阀的结构尺寸过大。一般限制阀内各流速为 2～6m/s（压力越低时）或 4～8m/s（压力越高时）。

（5）液压缸

如图 4-18 所示为弹簧复位单作用缸原理图。在单作用液压缸中，工作油液仅流入无杆腔。进入无杆腔的工作油液可在活塞表面建立压力，从而使液压缸活塞杆伸出。在复位弹簧、活塞杆重量或外力作用下，液压缸活塞杆回缩。

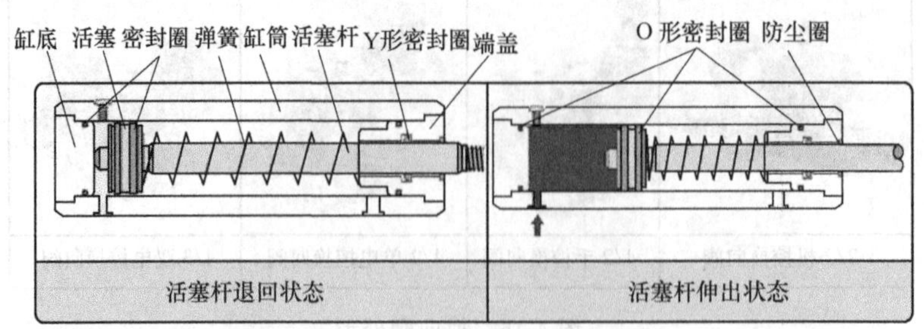

图 4-18　单作用液压缸的原理图

4.2.3　典型回路工作原理

如图 4-19 所示为采用手动操作的 3/2 换向阀直接控制单作用液压缸的工作原理，这里

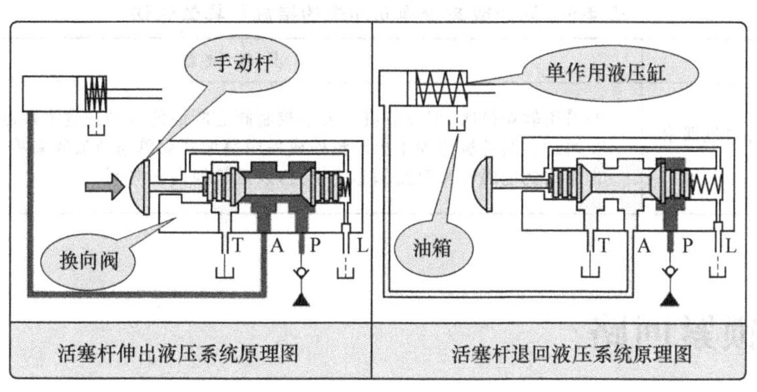

图 4-19 换向回路工作原理图

二位三通换向阀以剖视图表示。当驱动二位三通换向阀动作时，液压缸活塞杆伸出，此时单向阀用于保护液压泵。

4.2.4 回路设计禁忌注意事项

① 换向回路实际禁忌及注意事项见表 4-5。

表 4-5 回路设计禁忌注意事项

回路设计禁忌及注意事项	具体说明
控制阀的选择禁忌	选择控制阀的依据是系统的最高压力和通过阀的实际流量以及阀的操纵、安装方式等
	确定通过阀的实际流量时要注意通过管口的流量与油路串、并联的关系
	油路串连时系统的流量为油路中各处所通过的流量 油路并联且各油路同时工作时系统的流量等于各条油路通过流量之和
不要忽略单活塞杆液压缸两腔回油的差异	活塞外伸和内缩的回油流量是不同的，内缩时无杆腔回油流量与外伸时有杆腔的回油流量之比，等于两腔活塞面积之比
选阀时用主要参数之一为通过阀的实际流量。避免导致系统达不到要求	实际流量作为选阀的主要参数之一，不是按泵的流量
	若通过阀的实际流量小了，将导致阀的规格(容量)选得偏小，使阀的局部压力损失过大，引起油温过高等后果，严重时会造成系统不能正常工作
不要错误选用滑阀中位机能和滑阀的过渡状态机能。避免导致系统运行不久就会出现软管爆破的故障	滑阀的过渡状态机能是指换向过渡位置滑阀油路的连通状态，掌握滑阀的过渡状态机能，以便检查滑阀在换向过渡状态过程中是否有油路被堵死，而导致系统瞬时压力无穷大的现象
控制阀的使用压力、流量，不要超过其额定值	如控制阀的使用压力、流量超过了其额定值，就容易引起液压卡紧和液动力，对控制阀工作品质产生不良影响
避免单向阀开启压力选用不合理	单向阀的开启压力取决于其内装弹簧的刚度
	为了减小流动阻力损失，应尽可能使用低开启压力单向阀
	为了使电液换向阀建立必要的控制压力，作背压使用的单向阀，为保证足够的背压力，应选用开启压力高的单向阀
不要忽略电磁换向阀和电液换向阀的应用场合	电磁换向阀电磁铁的类型(直流式、交流式等)和阀的结构一经确定，阀的换向时间就确定了
	电液换向阀，可通过调节其控制油路上节流阀的开度来调整其换向时间。但换向平稳性要求较高，宜采用换向时间可调的电液换向阀，又可导致换向过程液压冲击强烈，伴随设备震动，影响产品质量
避免元、辅件位置不当	元、辅件选型合理，回路构成合理，否则也可能达不到预定要求
注意换向阀换向滞后	设计液压系统时应充分考虑三位换向阀比二位换向阀换向滞后的现象

② 防止或减少换向冲击宜采用的几种措施和具体做法见表 4-6。

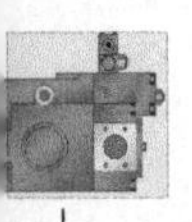

表 4-6　防止或减少换向冲击的措施与具体做法

措　施	具体做法
①延长换向时间 ②合理选择滑阀的过渡和中位机能 ③控制换向推力	①采用软切换阀，调节节流孔大小控制阀芯断面的泄油速度来限制阀芯的移动速度 ②通过在阀芯棱边加工出节流槽或采用叠加式双单向节流阀来控制主阀芯移动速度 ③用比例电磁铁来改变阀芯的推力，以延长换向的时间

4.3 锁紧回路

锁紧回路的功能是使执行机构在需要的任意运动位置上锁紧。在执行元件不工作时，锁紧回路通过切断执行元件的进、出油路，使液压缸活塞准确地在任意位置停止，并可防止其停止后在外力作用下发生窜动。

4.3.1 基于 FLuidSIM-H 仿真软件符号原理图

(1) 采用换向阀中位机能的锁紧回路

液压缸锁紧回路最简单的实现方法是利用三位换向阀的 M 型或 O 型中位机能来封锁缸的两腔，使活塞在行程范围内任意位置停止。但由于滑阀的泄漏，不能长时间保持停止位置不动，锁紧精度受元件的漏损影响，锁紧精度不高，如图 4-20 所示。

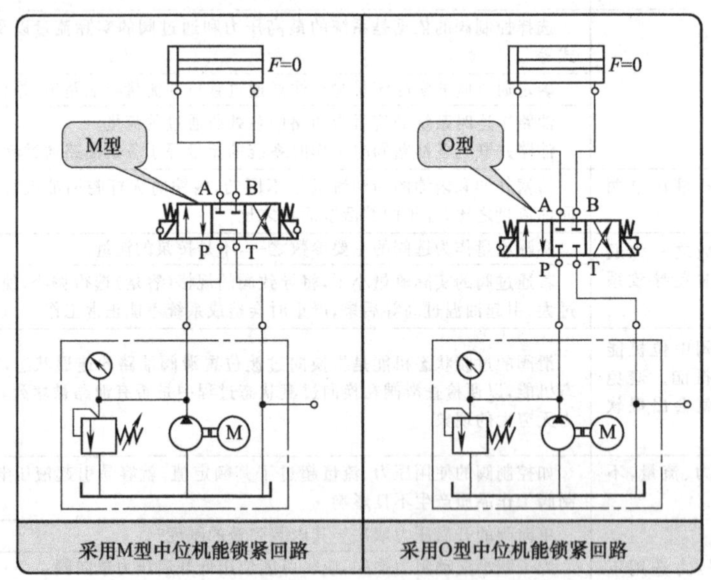

图 4-20　采用换向阀中位机能的锁紧回路

(2) 采用液控单向阀的锁紧回路

如图 4-21 所示为回路原理图，该回路由双作用液压缸、液控单向阀、4/3 电磁换向阀、溢流阀、定量泵组成。

工作原理：当换向阀处于右位时，压力油经液控单向阀Ⅱ进入液压缸右腔，同时进入液控单向阀Ⅰ的控制口 K_1 并打开阀Ⅰ，使缸左腔的油经阀Ⅰ和换向阀流回油箱，活塞左行。反之，活塞右行。当 H 型或 Y 型中位机能的三位换向阀处于中位时，液控单向阀的控制口 K_1 和 K_2 卸压，阀Ⅰ和阀Ⅱ关闭，使活塞迅速、平稳、可靠且长时间地双向锁紧，不会因

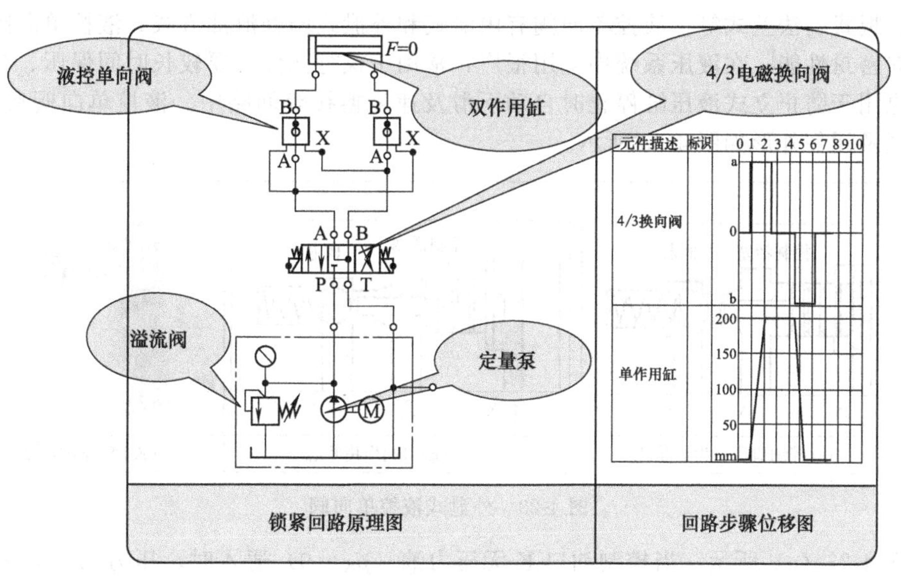

图 4-21　锁紧回路图及步骤位移图

外力而移动。液控单向阀密封性能好，泄漏少，能使执行元件长期锁紧。

(3) 用制动器的液压马达锁紧回路

如图 4-22 所示。

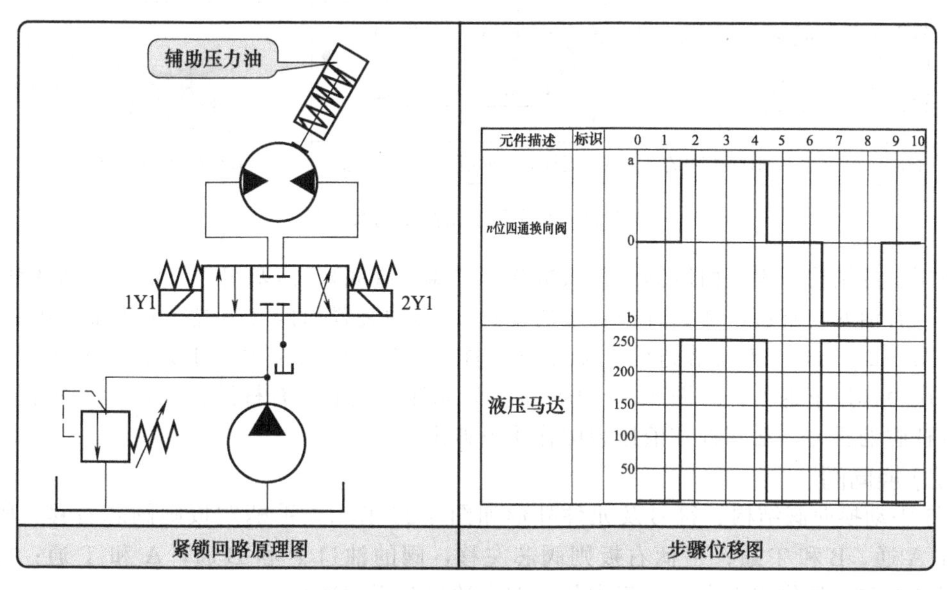

图 4-22　用制动器的马达锁紧回路

切断液压马达进出口后，马达理应停转，但因马达还有一泄油口直接通回油箱，马达在重力负载力矩的作用下变成泵工况，其出口油液将经泄油口流回油箱，马达出现滑转。因此，在切断马达进、出口的同时，需通过液压制动器来保证马达可靠地停转。

4.3.2　锁紧回路主要元件结构原理及主要功用

液控单向阀是一类特殊的单向阀，它除了实现一般单向阀功能外，还可以根据需要由外部油压控制，实现逆向流动。液控单向阀的阀芯通常为锥阀式。液控单向阀的安装连接方式

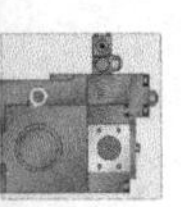

有管式、板式、法兰式等。液控单向阀有内泄式和外泄式两种泄油方式。液控单向阀具有良好的单向密封性能，在液压系统中应用很广，常用于执行元件需要较长时间保压、锁紧等情况下，也用于防止立式液压缸停止时自动下滑及速度换接等回路中。液控单向阀典型结构、工作原理及元件外形如图 4-23 所示。

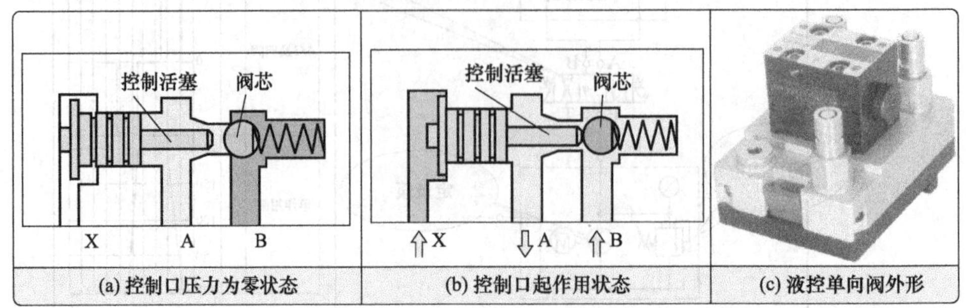

图 4-23 外泄式液控单向阀

如图 4-23（a）所示，当控制油口 K 无压力油（$p_K=0$）通入时，压力油只能从由 A 口流向 B 口，不能反向倒流。如图 4-23（b）所示，若从控制油口 K 通入控制油压 p_K 时，即可推动控制活塞，将阀芯顶开，实现反向开启，液流可从 B 口流向 A 口。

(1) 双作用液压缸结构及工作原理

如图 4-24 所示为常用单杆活塞缸结构原理及元件外形。

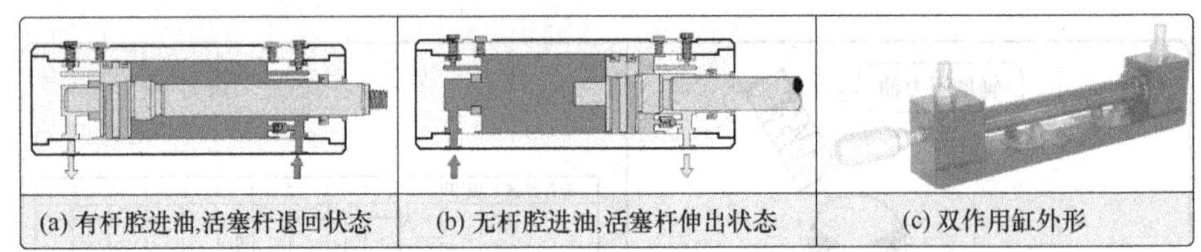

图 4-24 双作用活塞缸结构及外形

液压缸的结构基本上由缸筒组件（缸筒、缸盖、缸底）、活塞组件（活塞与活塞杆）、密封装置（有活塞与缸筒、活塞杆与缸盖的密封）、缓冲装置和排气装置等五大部分组成。

如图 4-24（a）为有杆腔进油，无杆腔回油箱，有杆腔的压力大于无杆腔的压力，活塞杆在液压力作用下退回；如图 4-24（b）所示为无杆腔进油，有杆腔回油箱，无杆腔的压力大于有杆腔的压力，活塞杆在液压力的作用下伸出。

(2) 换向阀

4/3 手动换向阀结构、符号及元件外形如图 4-25 所示，手柄左扳则阀芯右移，阀的油口 P 和 A 通，B 和 T 通；手柄右扳则阀芯左移，阀的油口 P 和 B 通，A 和 T 通；放开手柄，阀芯在弹簧的作用下自动回复中位（四个油口互不相通）。

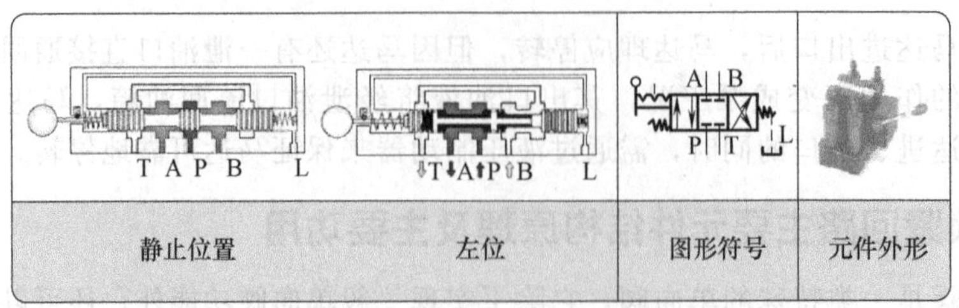

图 4-25 4/3 手动换向阀结构、符号及元件外形

4.3.3 典型回路工作原理

锁紧回路的功用是使执行机构在需要的任意运动位置上锁紧。如图 4-26 所示是一种利用双向液控单向阀（液压锁）的液压锁紧回路。

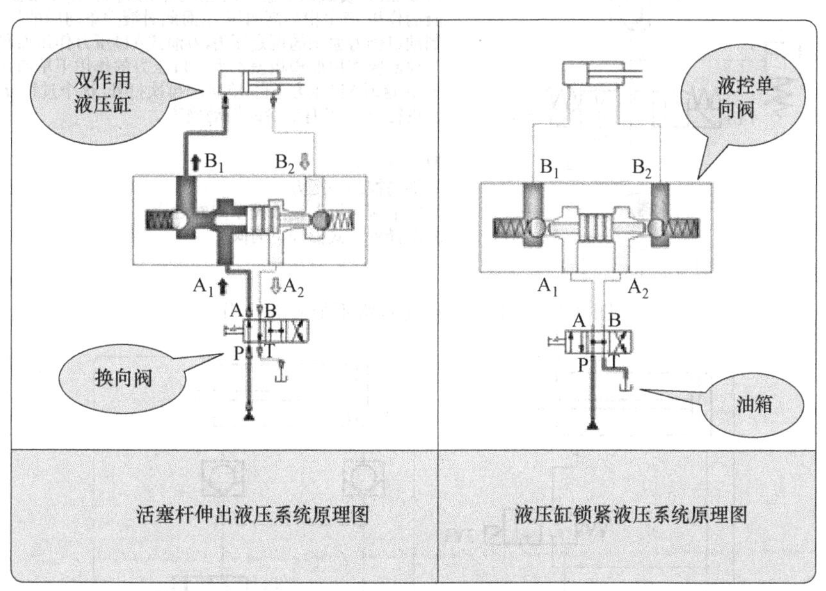

图 4-26　双向锁紧回路原理图

在汽车起重机的支腿油路或矿山采掘机械的液压支架中，要求执行元件准确、可靠地在任意位置停留，停止后即使有外力作用也不会发生窜动。锁紧回路就能实现此功能。

① 锁紧回路是在执行元件不工作时，通过切断执行元件的进、出油路，使液压缸活塞准确地在任意位置停止，实现锁紧功能。其工作，当换向阀处于左位时，压力油经液控单向阀Ⅰ进入液压缸左腔，同时进入液控单向阀Ⅱ的控制口并打开阀Ⅱ，使缸右腔的油经阀Ⅱ和换向阀流回油箱，活塞右行。当换向阀处于右位时，压力油经液控单向阀Ⅱ进入液压缸右腔，同时进入液控单向阀Ⅰ的控制口并打开阀Ⅰ，使缸左腔的油经阀Ⅰ和换向阀流回油箱，活塞左行。

② 当 H 型或 Y 型中位机能的三位换向阀处于中位时，液控单向阀的控制口卸压，阀Ⅰ和阀Ⅱ关闭，使活塞迅速、平稳、可靠且长时间地双向锁紧，不会因外力而移动。

4.3.4 回路应用、设计禁忌及注意事项

(1) 锁紧回路设计禁忌

① 禁忌液控单向阀的泄压方式选用不合理，当液控单向阀的出口存在背压时，宜选用外泄式，其他情况可选内泄式。如果选择不当，会造成系统有强烈振动和噪声。

如图 4-27 所示，系统中的液控单向阀为内泄式。当换向阀左位工作时，负载向下运动，从原理上分析，工作原理是正确的。

② 在锁紧回路内不允许有泄漏。由于液压油的弹性模量很大，因此很小的容积变化就会带来很大的压力变化。锁紧回路是靠将液压缸两腔的液压油密封住来保持液压缸不动的。但是如果锁紧回路中的液控单向阀和液压缸之间还有其他可能发生泄漏的液压元件，那么就可能因为这些元件的轻微泄漏，导致锁紧失效，如图 4-28（a）所示。正确的做法应该如图 4-28（b）所示，双向液控单向阀和液压缸之间不设置任何其他液压元件，以保证锁紧回路

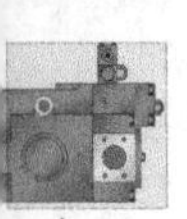

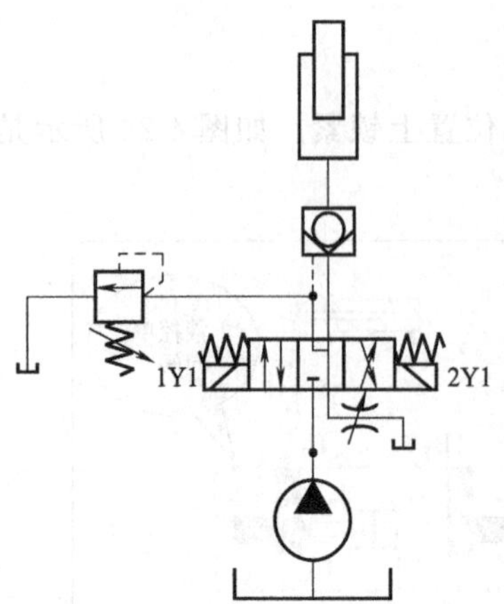

重点说明

实际工作中，每当负载下降时，总会发出有节奏的噪声，振动严重。

造成原因：负载向下运动时，液控单向阀A口由于节流阀的作用，产生相当高的压力，而此时液控单向阀的控制油口仍为原来的调定压力。内泄式A口压力作用面积与控制腔作用面积相差不大，A口压力的作用下单向阀关闭，这时A口压力下降，单向阀再次打开 这个过程反复进行，导致了有节奏的振动噪声。

解决方法：
1. 提高控制油压力
2. 将节流阀设置在液控单向阀之上
3. 选择外泄式液控单向阀

图 4-27　液控单向阀回路不能正常工作

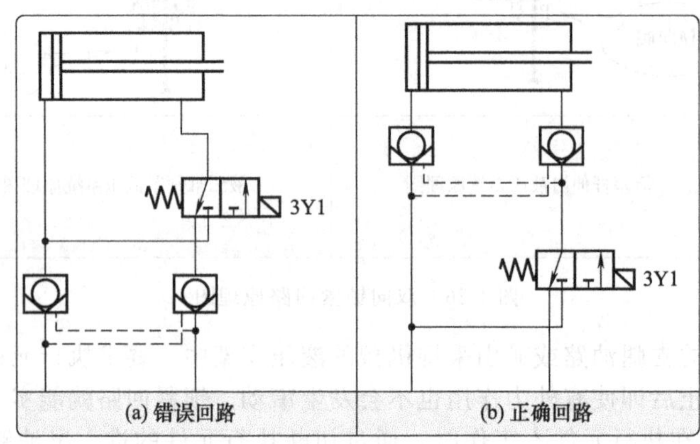

(a) 错误回路　(b) 正确回路

图 4-28　锁紧回路内不允许有泄漏回路图

的正常工作。

③ 重力负载向下运动时可能导致液压缸驱动一侧油路压力过低。液压系统的重力负载较大，在下降过程中导致负载出现快降、停止交替的不连续跳跃、振动等非正常现象。这主要是由于负载较大，向下运动时由于速度过快，液压泵的供油量来不及及时补充液压缸上腔形成的容积，因此在整个进油回路产生短时负压，这时右侧单向阀的控制压力随之降低，单向阀关闭，突然封闭系统的油路时液压缸突然停止。当使油路的压力升高后，右侧的单向阀打开，负载再次快速下降。上述过程反复进行，导致系统振荡下行，如图 4-29 (a) 所示。这种问题的解决方法之一是在下降的回油路上安装一个单向节流阀，如图 4-29 (b) 所示，这样就能防止负压的产生。另外，若使用卸荷型的 H 型中位机能换向阀，锁紧效果会更好。

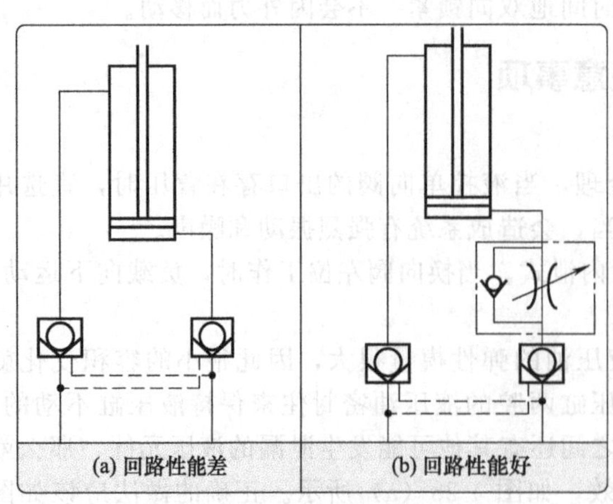

(a) 回路性能差　(b) 回路性能好

图 4-29　重载下的锁紧回路

④ 避免单纯用换向阀的中位机能来锁定定位精度要求高的执行机构。例如应用 M、H 型中位卸荷的 4/3 换向阀，活塞可以在行程的任何位置上锁紧系统。但由于

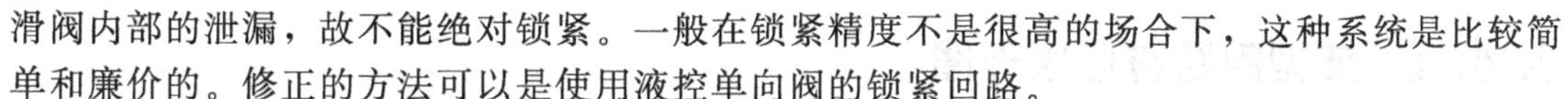

滑阀内部的泄漏，故不能绝对锁紧。一般在锁紧精度不是很高的场合下，这种系统是比较简单和廉价的。修正的方法可以是使用液控单向阀的锁紧回路。

⑤ 用液控单向阀锁紧执行机构时其控制油口一定要接油箱，否则可能达不到锁紧目的。若采用中位为O型的换向阀，其负载惯性较大。当换向阀切换到中位时，液压缸和换向阀之间的油路被封闭，在一段时间内仍包成一定压力，使液控单向阀不能彻底关闭，液控单向阀阀芯不能复位，因此会产生泄漏，锁紧精度差，导致不能准确定位。

（2）锁紧回路液控单向阀使用注意事项

① 在液压系统中使用液控单向阀时，应确保其反向开启流动时具有足够的控制压力。

② 根据液控单向阀在液压系统中的位置或反向出油腔后的液流阻力（背压）大小，合理选择液控单向阀的结构（简式还是复式）及泄油方式（内泄还是外泄）。如果选用了外泄式液控单向阀，应注意将外泄口单独接至油箱。

③ 用两个液控单向阀或一个双单向液控单向阀实现液压缸紧锁的液压系统中，应注意选用Y型或H型中位机能的换向阀，以保证中位时，液控单向阀控制口的压力能立即释放，单向阀立即关闭，活塞停止。但选用H型中位机能应非常慎重，因为当液压泵大流量流经排流管时，若遇到排油管道细长或局部堵塞或其他原因而引起的局部摩擦阻力（如装有低压滤油器或管接头多等），可能使控制活塞所受的控制压力较高，致使液控单向阀无法关闭而使液压缸发生误动作。Y型中位机能就不会形成这样的结果。

④ 工作时的流量应与阀的额定流量相匹配。

⑤ 安装时，不要搞混主流口、控制油口和泄油口，并认清主油口的正、反方向，以免影响液压系统的正常工作。

4.4 制动回路

制动回路的功能是使液压执行元件平稳地由运动状态转换为静止状态。制动回路要求制动快，冲击小，制动过程中油路出现的异常高压和负压能自动有效地被控制。

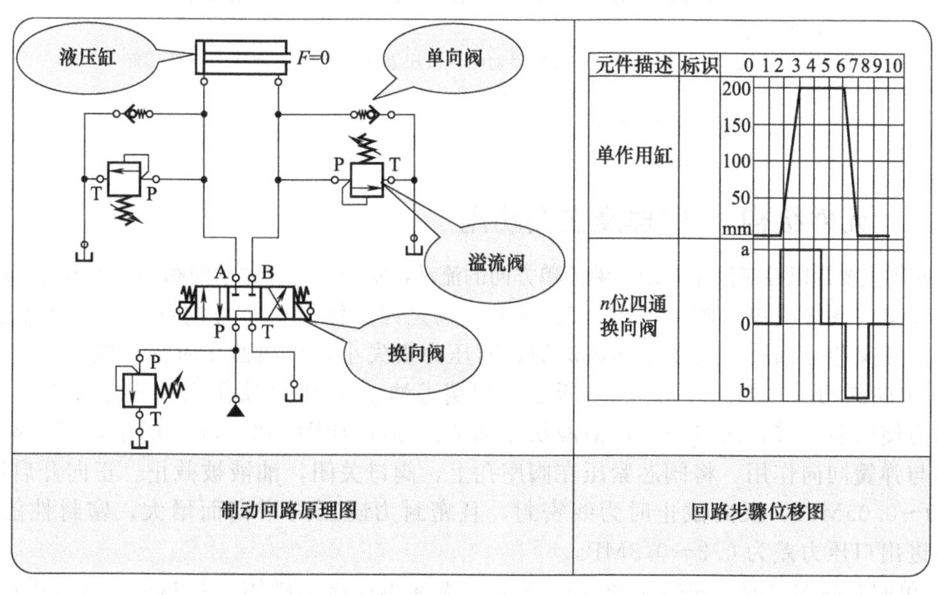

图4-30 系统仿真工作原理及步骤位移图

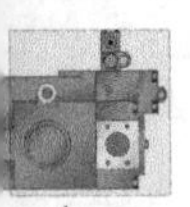

4.4.1 典型回路符号原理图

(1)用溢流阀的液压缸制动回路

使用溢流阀的液压缸制动回路图仿真原理及步骤位移图如图 4-30 所示。回路由双作用液压缸、单向阀、溢流阀、三位四通换向阀、油箱和管路组成。

(2)采用溢流阀的液压马达制动回路

如图 4-31 所示，在马达的回油路上串联一溢流阀 6。回路由变量泵、溢流阀、背压阀、换向阀、双向定量马达、油管等组成。

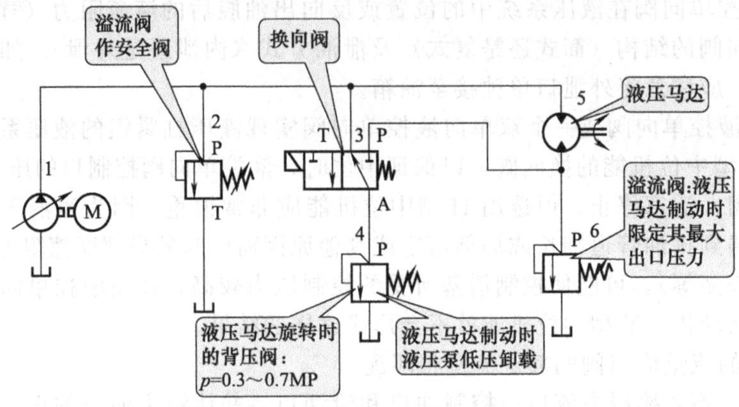

图 4-31　液压马达制动回路

重点说明

1. 换向阀电磁线圈得电，左位接通：

液压泵→液压马达旋转→背压阀 4→回油箱。

2. 换向阀电磁线圈失电，切断液压马达回油，液压马达制动：

(1) 由于惯性负载作用，液压马达将继续旋转为液压泵工况，阀 6 限定最大出口压力；

(2) 液压马达出口压力超过阀 6 调定压力时，6 打开溢流，缓和管路中的液压冲击。

3. 阀 4 的作用：在液压马达制动时，液压泵在阀 4 的调定压力下低压卸载；液压马达制动时实现补油，不吸空。

4. 溢流阀为系统安全阀。

4.4.2 元件结构、原理及主要功用

单向阀主要用以控制液压系统中液流单方向的流动，常用的有普通单向阀和液控单向阀两种。

普通单向阀简称单向阀，如图 4-32 所示，只允许液体沿一个方向通过，反向流通时则不通，因此又称止回阀。要求正向液流通过时压力损失小，反向截止时密封性能好。

① 单向阀功用　如图 4-32 (a) 所示，右端进油 p_1，压力油作用在阀芯右端，克服左端弹簧力使阀芯左移，阀口开启，油液从左端流出 p_2；如图 4-32 (b) 所示，若左端进油，压力油与弹簧同向作用，将阀芯紧压在阀座孔上，阀口关闭，油液被截止。正向开启压力只需 0.03～0.05MPa，反向截止时为线密封，且密封力随压力增高而增大，密封性能良好。开启后进出口压力差为 0.2～0.3MPa。

② 单向阀结构组成　如图 4-32 (a) 所示，普通单向阀由阀体、阀芯和弹簧等零件组成。按阀芯形状不同，普通单向阀有球阀式和锥阀式两种。球阀阀芯结构简单，但其反向截止时的

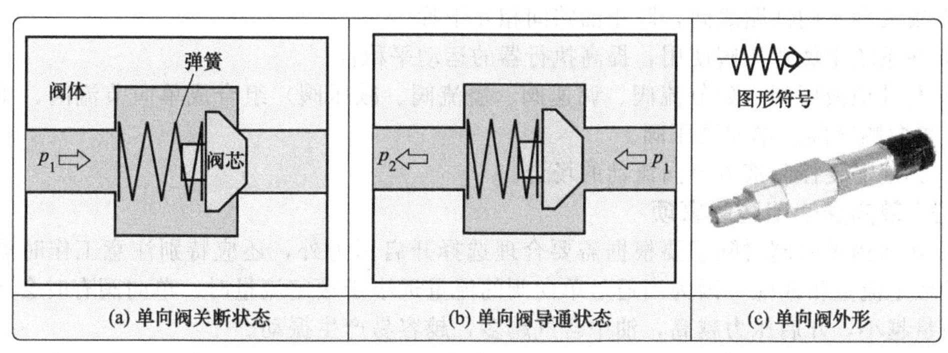

图 4-32　单向阀结构原理及外形符号

密封性能略差，一般用于流量较小的场合；锥阀阀芯导向性好、密封可靠，应用较广。

4.4.3　典型回路工作原理

以液压缸制动回路（如图 4-33 所示）说明制动回路工作原理。

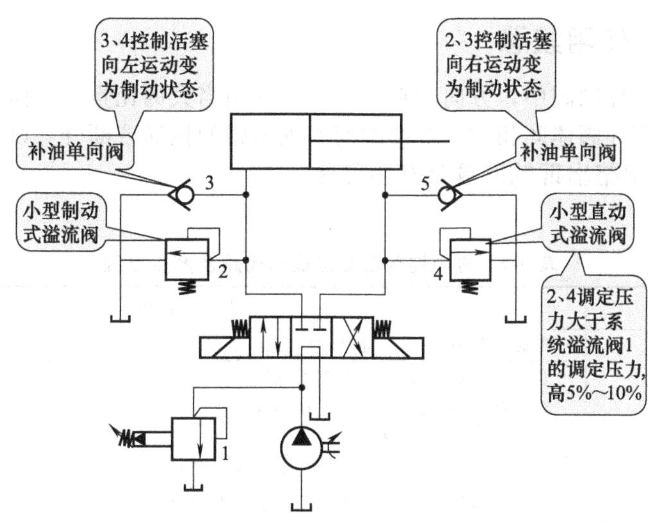

重点说明
1. 2、4为反应灵敏的小型溢流阀,制动时缓和管路中的压力冲击
2. 3、5为单向阀,制动时补油
3. 活塞向右运动时突然制动,缸右腔由于运动部件的惯性而突然升高,超过4调定压力,4打开溢流,缓和压力冲击,同时3为缸左腔补油
4. 活塞向左运动时,2起缓冲、5起补油的作用

图 4-33　液压缸制动回路

4.4.4　回路应用场合、设计禁忌及注意事项

(1) 单向阀应用场合及使用要点

① 安置在液压泵的出口处，防止系统中的液压冲击影响泵的工作，或当泵检修及多泵合流系统停泵时油液倒灌。

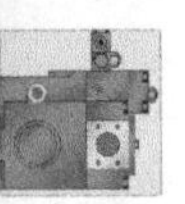

② 安装在不同油路之间，防止油路间相互干扰。

③ 在系统中做背压阀使用，提高执行器的运动平稳性。

④ 与其他液压阀（如节流阀、调速阀、溢流阀、减压阀）组合成单向节流阀、单向调速阀、单向顺序阀、单向减压阀。

⑤ 其他需要控制液流单向流动的场合。

(2) 单向阀使用注意事项

① 在选用单向阀时除了要根据需要合理选择开启压力外，还应特别注意工作时流量应与阀的额定流量相匹配，因为当通过单向阀的流量远小于额定流量时，单向阀有时会产生振动。流量越小，开启压力越高，油中含气越多，越容易产生振动。

② 安装时，必须认清单向阀的进、出口方向，以免影响液压系统的正常工作，特别对于液压泵出口处安装单向阀，若安装反向可能损坏液压泵及原动机。

4.5 方向控制回路设计使用禁忌

4.5.1 换向阀使用禁忌

在液压系统的各控制阀中，方向阀在数量上占有相当大的比重。方向阀的工作原理比较简单，它是利用阀芯和阀体间相对位置的改变实现油路的接通或断开，以便执行元件启动。

(1) 方向控制回路出现的问题及产生原因

见表 4-7。

表 4-7　方向控制回路出现的问题及产生原因

出现的问题	产生原因
换向阀不换向	电磁铁吸力不足，不能推动阀芯运动
	直流电磁铁剩磁大，使阀芯不复位
	对中弹簧轴线歪斜，使阀芯在阀内卡死
	滑阀被拉毛，在阀体内卡死
	油液污染严重堵塞滑动间隙，导致滑阀卡死
	由于阀体加工精度差，产生径向卡紧力使滑阀卡死
单向阀泄漏严重或不起单向作用的原因	锥阀与阀座密封不严，须重新研磨封油面
	锥阀或被拉毛，或在环形密封面上有污物
	阀芯卡死，油流反向时锥阀不能关闭
	弹簧漏装或歪斜，使阀芯不能复位，滑阀没完全回位

(2) 滑阀没有完全回位实例

在图 4-34 所示系统中，液压泵为定量泵，换向阀为 4/2 电磁换向阀，节流阀在液压缸的回油路上，因此系统为回油节流调速系统，液压缸回程液压油由单向阀进入液压缸的有杆腔，溢流阀在系统中起定压和溢流作用。

① 存在问题。系统故障现象是液压缸回程时速度缓慢，没有达到最大回程速度。

② 问题分析。液压缸回程时无工作负载，此时系统压力应较低，液压泵的出口流量全部输入液压缸有杆腔，使液压缸产生较高的速度，但发现液压缸回程速度缓慢，而且此时系统压力还很高。

a. 对系统进行检查和调试，液压缸快进和工进都正常，只是快速返回时不正常。

b. 检查单向阀，其工作正常。

c. 拆检换向阀，发现换向阀回位弹簧不仅弹力不足，而且存在歪斜现象，导致换向阀的滑阀在电磁断电后未能回到原始位置，造成滑阀的开口量过小，对通过换向阀的油液起节流作用。液压泵输出的压力油大部分由溢流阀溢回油箱，此时换向阀阀前压力已达到溢流阀的调定压力，造成液压缸回程时压力升高。由于大部分压力油溢回油箱，经过换向阀进入液压缸有杆腔的油液必然较少，所以液压缸回程达不到最大速度。

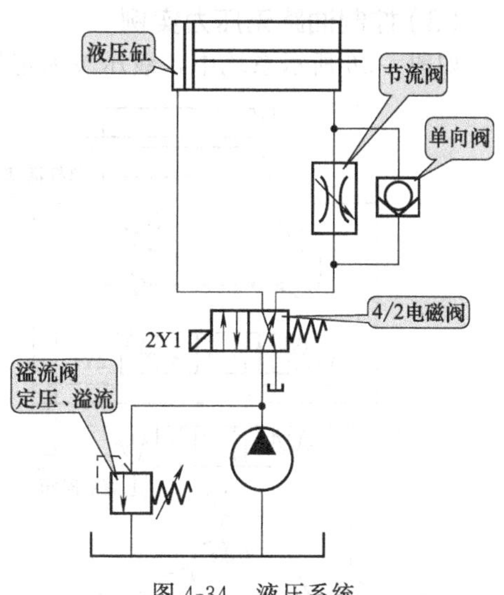

图 4-34　液压系统

③ 解决方法。这种故障的排除方法是应更换合格的弹簧。如果是由于滑阀精度差，而产生径向卡紧，应对滑阀进行修磨或重新配置。一般阀芯的圆度和锥度公差为 0.003～0.005mm。最好使阀芯有微量锥度（可为最小间隙的 1/4），并使它的大端在低压腔一边，这样可以自动减小偏心量，从而减小摩擦力，减小或避免径向卡紧力。

④ 补充。引起阀芯回位阻力增大的原因还可能有：脏物进入滑阀缝中而使阀芯移动困难；阀芯和阀孔间的间隙过小，以致当油温升高时阀芯膨胀卡死；电磁铁推杆的密封圈处阻力过大，以及安装紧固电磁阀时使阀孔变形等。只要能找出造成卡紧的真实原因，排除也就比较容易了。

4.5.2 液控换向阀的方向控制回路设计和设计禁忌

(1) 液控回路设计

使用液压操纵阀件，能实现远距离操纵，而且在电气控制有危险的地方也可安全使用。凸轮操纵的油压控制回路如图 4-35 所示，以凸轮操纵四通阀来控制液压换向阀，使活塞往复运动，当使二通阀打开时，液压泵就卸荷。

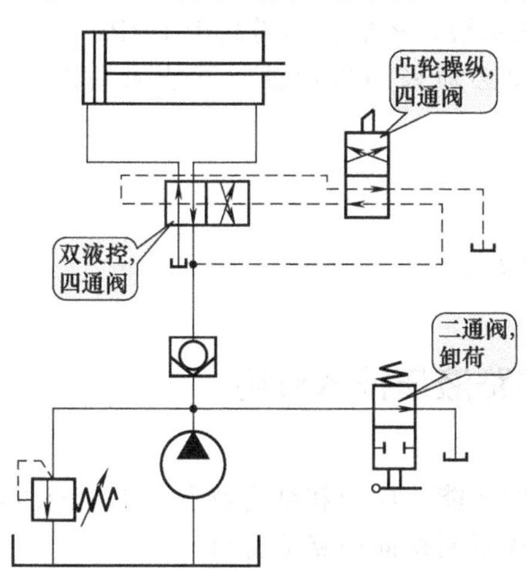

图 4-35　凸轮操纵的液压控制回路

(2) 设计禁忌

① 使用场合的要求。液控回路中的液动阀适用于换向时间可调或大流量换向（阀芯行程长）的场合。

② 换向回路中液动阀的选择禁忌。选择控制阀的依据是系统的最高压力和通过阀的实际流量以及安装方式等，确定通过液动阀的实际流量时要注意通过的流量与油路串、并联的关系。油路串联式系统的流量即为油路中各处所通过的流量；油路并联且各油路同时工作时系统的流量等于各条油路通过流量的和。

③ 注意单活塞杆液压缸两腔回油的差异。活塞外伸和内缩时的回油流量是不同的，内缩时无杆腔回油流量与外伸时有杆腔的流量之比，等于两腔活塞面积之比。

④ 控制阀的使用压力、流量，不要超过其额定值。液动阀的使用压力、流量超过了其额定值，就会引起液压卡紧和液动力，对液动阀工作品质产生不良的影响。

⑤ 当采用电液换向阀时，注意液动阀的中位机能。当液动阀中位机能为 M、H、Y 型时，启动系统运行，电液换向阀的控制油路也无压力，当电液阀中的电磁阀换向后，控制油液不能推动液动阀换向。

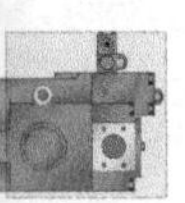

（3）控制油路无压力实例

如图 4-36 所示系统中，液压泵为定量泵，溢流阀用于溢流，电液换向阀为 M 型外控式外回油。液压缸单方向推动负载运动。

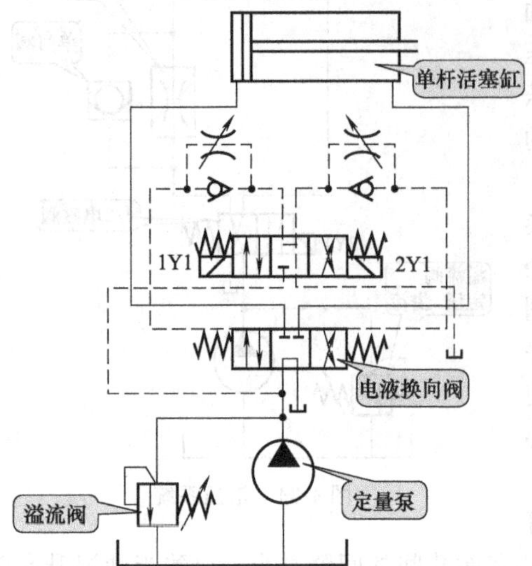

图 4-36　控制油路无压力实例

① 存在问题。系统故障现象是当电液阀中电磁阀换向后，液动换向阀不动作。

② 问题分析。检测液压系统，在系统不工作时，液压泵输出压力油经电液阀中液动阀的中位直接回油箱，回油路无背压。检查液动阀的滑阀，运动正常，无卡紧现象。

因为电液阀为外控式、外回油，对于中低压电液阀控制油路中油液一般必须有 0.2～0.3MPa 的压力，供控制油路操纵液动阀之用。

启动系统时，由于泵输出油液是通过 M 型液动阀直接回油箱，所以无压力，电液换向阀的控制油路也无压力，当电液阀中的电磁阀换向后，控制油液不能推动液动阀换向，所以电液阀中的液动阀不动作。

③ 解决方法。系统出现这样的故障是设计不周造成的。排除这个故障的方法是在泵的出油路上安装一个单向阀，此时电液阀的控制管路接在泵与单向阀之间，或者在整个系统的回油路安装一个背压阀（可用直动式溢流阀做背压阀，可使背压可调），保证系统卸荷时油路还有一定压力。

电液阀控制的油路压力，对高压系统来说，控制压力要相应提高。如对 21MPa 的液压系统，控制压力需高于 0.35MPa；对于 32MPa 的液压系统，控制压力需高于 1MPa。

这里还应注意的是，在有背压的系统中，电液阀必须采用外回油，不能采用内回油形式。

4.6　方向控制回路液压技术应用

4.6.1　纸张压辊设备典型实例——换向回路液压技术应用

（1）应用目的

学会换向典型回路的设计。掌握换向阀、止回阀的功能、应用和结构特点；掌握液压缸的工作原理及结构；绘制液压回路图并搭建回路；比较不同换向回路的特点。

（2）应用实例任务

有一个升降装置可以把纸卷装在一个压辊上。升降装置由一个柱塞缸单作用油缸来驱动。当接通液压机组，泵的排流量就直接流向油缸，使用换向阀控制油缸往返运动。在换向阀未切换时，阀门是关闭的，要求泵不能受回油干扰。为避免超高压，必须装安全阀。工作系统示意图如图 4-37 所示。液压系统仿真回路图、步骤位移图如图 4-38 所示。

（3）测试条件

设备：FESTO TP500、TP600 液压、电气液压（组接液压系统回路）。

（4）工作步骤

见表 4-8 所示。

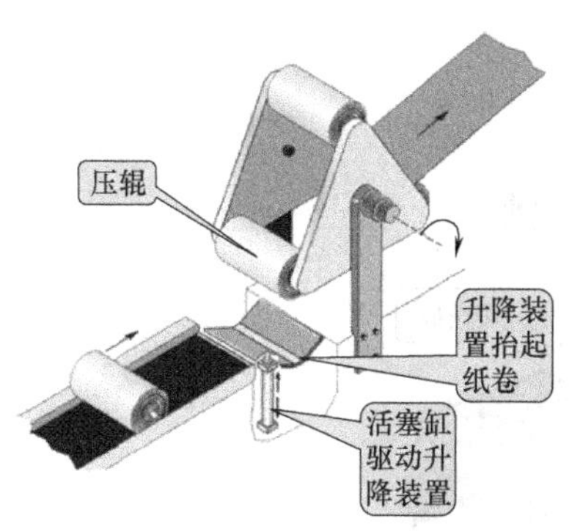

图 4-37 工作系统示意图

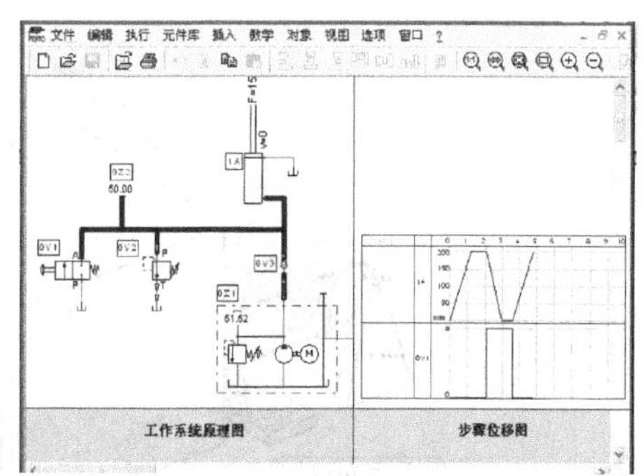

图 4-38 液压系统仿真工作原理及步骤位移图

表 4-8 工作步骤

工作步骤	具体方法
液压系统方案的选择	采用 FESTO 液压培训装置，能源部分为双作用叶片泵，能满足本系统要求
选用执行元件	系统驱动装置只完成升降，可选用单(双)作用的油缸
控制回路的选择	系统要求执行元件完成相应的换向动作，采用方向控制回路；采用的控制元件为 2/2(3/2、4/2、4/3)换向阀均可，但换向性能及回路特点不同
其他控制要求	单向阀可防止泵回油干扰；溢流阀旁接在泵的出口起安全作用
准备所需液压元件	叶片泵、单作用缸(双作用缸)、换向阀(2/2,3/2,4/2,4/3)、单向阀、关断阀、溢流阀等
组成液压系统回路图及回路搭建	以采用 2/2 通换向阀的换向回路为例。关断阀在此系统中只起关、断二位阀的作用，控制单作用油缸
选择安装液压缸	将 FESTO 液压实验装置中的钢制油缸垂直地安装在实验台基板上，并且压上配重负载。在连接油缸时，务必无条件地将(双作用缸)上端与油箱相连
关断阀的连接	关断阀必须旁接在与油箱相连的分支路上
止回阀安装	在泵的出口安装止回阀，防泵回路干扰
溢流阀安装	溢流阀作安全阀时与泵旁接，起保压、限压、安全的作用

(5) 液压系统的调试步骤

① 将溢流阀完全打开，关闭关断阀，启动液压机组。

② 缓慢关闭溢流阀，活塞杆前向冲程至最前端，溢流阀仍保持关闭状态，直到压力表达到 50bar。

③ 关断液压机组，快速开启关断阀，可看到单向阀阻止油缸活塞下降。

④ 油缸返程，油只能经过关断阀返回油箱。

(6) 举一反三

用 3/2、4/2、4/3 换向阀设计此液压系统，画出系统原理图，并说明系统的特点。

4.6.2 传送带方向校正典型实例——锁紧回路液压技术应用

(1) 应用目的

了解 4/3 换向阀的功能、结构；能够学会使用液控单向阀的应用及理解其原理。

(2) 应用实例工作任务

① 如图 4-39 所示，用一条链式传送带传输工件部件，使其经过一个烘箱，为使传送带不脱离滚轴必须借助传送带方向校正装置将倾斜的传送带移正。

② 运动滚筒一端固定，另一端用双作用油缸经其调节到所希望的方向。液压源必须一直处于工作状态。为了节约能源在阀门不动作时，液压设备处于卸压状态。

③ 设置可开启的先导控制的止回阀来防止阀门漏油而引起液压缸活塞杆的来回蠕动。

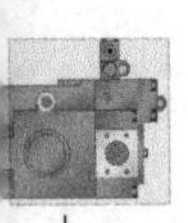

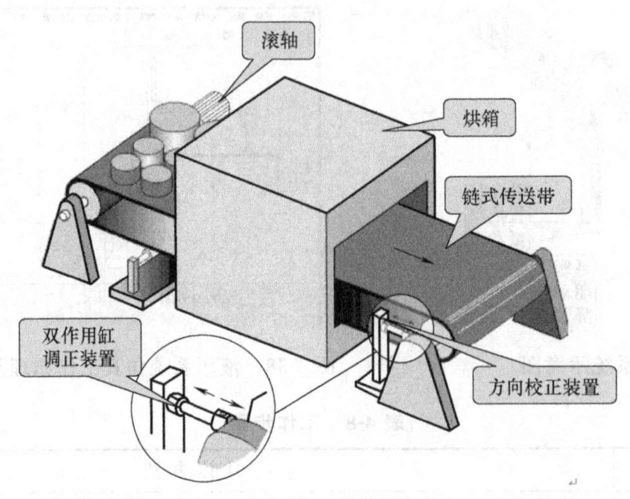

图 4-39 系统工作示意图

(3)系统仿真工作原理图

如图 4-40 所示。

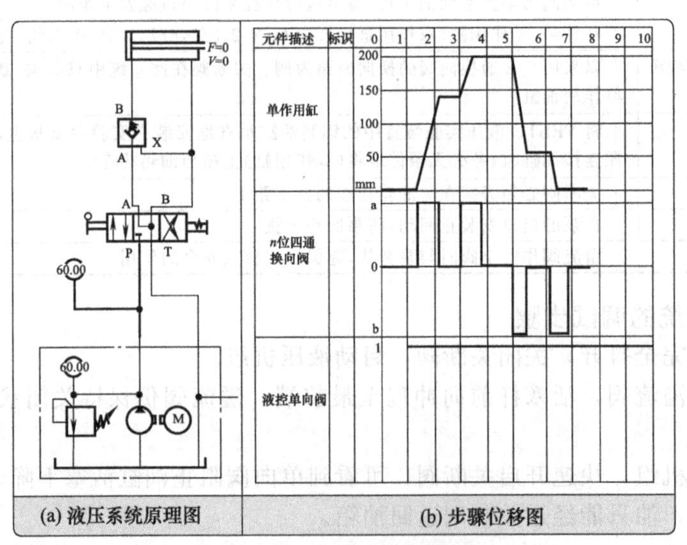

(a) 液压系统原理图 (b) 步骤位移图

图 4-40 液压系统原理图

(4)系统设计方案

① 在本题中应用可解锁的先导控制止回阀时，应使用中间位置为卸压式的 4/3 换向阀，这样先导控制的回路及止回阀的输入回路都处于无压状态，只有在无压状态才能真正关闭。

② 换向阀为滑阀，它在结构上造成内部泄漏，因此用锥阀式的液控单向阀密封性好。

③ 能防止负载变化油缸的来回蠕动。此回路为保压典型回路。

④ 采用换向阀中位机能实现卸荷典型回路设计，还应考虑中位保压，应采用 H 或 Y 型。

(5)调试步骤

① 当回路构造完毕并经检查后，关闭关断阀，打开溢流阀。接通液压机组。

② 逐渐关闭溢流阀，直至系统压力表显示 50bar。

③ 打开关断阀，使 4/3 换向阀处于中位，观察系统压力表即为所调的压力降低值。

④ 通过切换 4/3 换向阀可以使活塞杆处于任一个工作位置，若换向阀回到初始状态，则活塞杆立即停下来。

4.6.3 集装箱吊具定位典型实例——分析锁紧回路液压技术应用

（1）应用目的

正确掌握锁紧回路中液压技术应用技巧；学会锁紧回路应用系统的分析。

（2）应用实例任务

集装箱桥式启动机吊具定位液压系统设计。要求缸在水平方向左行或右行时能在任意位置准确定位，不得有漂移或窜动，其运动速度应能调节。

（3）设计液压系统工作原理图

如图 4-41（a）所示。

（4）液压系统设计思路

① 液压缸的基础油口安置了外泄式（带卸荷阀芯）液控单向阀，用来锁紧液压缸。

② 采用由调速阀和四个单向阀组成的桥式油路，使活塞速度可调并且能做到速度相等。

③ 系统的工作压力由溢流阀调定。

（5）液压系统分析

见表 4-9 所示。

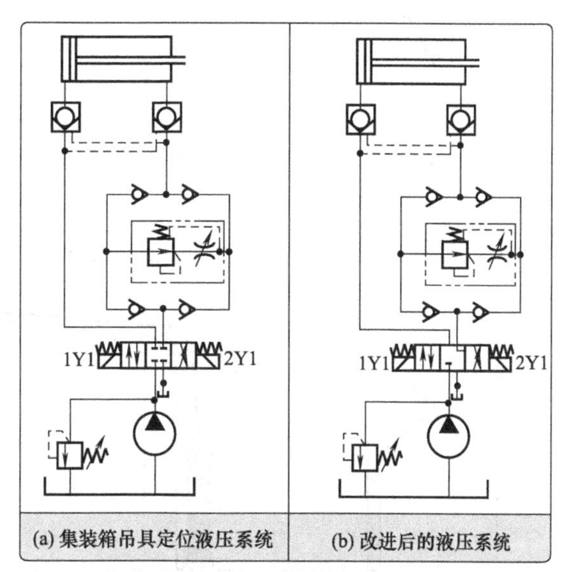

图 4-41 集装箱吊具定位液压原理系统

表 4-9 集装箱吊具定位液压系统分析

存在问题	问题分析	解决方法
当手动换向阀处于中位后，活塞不能准确定位停止，出现窜动现象	系统采用液控单向阀锁紧时其控制油路不能保持油压力，这样才能使液控单向阀有效封闭，起到锁紧作用。若被控单向阀的控制油路存在一定的油压力，控制其卸荷阀芯使单向阀不能完全关闭，就不能及时锁紧。只有当系统泄漏使控制油路压力降下来之后，单向阀才能关闭。这就是所谓的滞后锁紧 由于系统中采用了中位机能O型的换向阀，故当换向阀切换至中位时，液压缸和换向阀间的油路被封闭，使液控单向控制油路中仍维持有一定的油压力单向阀不能立即关闭。直到由于换向阀内泄使控制油路卸压后，液控单向阀才关闭。因此，从换向阀切换至中位到活塞停止运动有一段时间，于是出现了不能准确定位的漂移现象	将原系统中换向阀改用Y型机能的换向阀，如图 4-41(b)所示，就可以消除窜动现象。由于换用Y型机能的换向阀，当它一旦处于中位时，液控单向阀的控制油路立即与油箱接通，压力迅速下降，液控单向阀能及时关闭起锁紧作用

第5章 流量控制典型回路设计基础

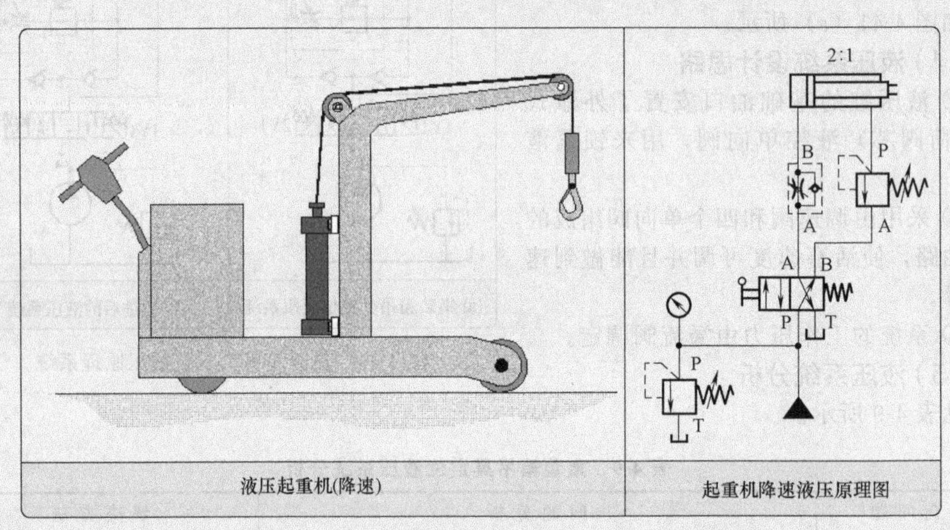

液压起重机(降速)　　起重机降速液压原理图

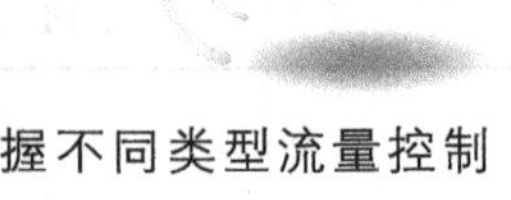

本章重点内容

- 本章重点介绍了流量控制典型回路，要求熟悉并掌握不同类型流量控制典型回路的组成及工作原理
- 理解各种不同类型典型回路的应用场合和特点
- 掌握流量控制典型回路中的各液压元件的结构原理及功用

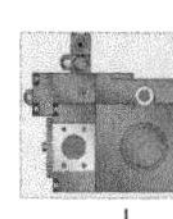

流量控制回路是通过控制系统中油液流量，调节和变换执行元件速度。其典型回路有调速回路、快速运动回路、速度换接回路等，如图 5-1 所示。

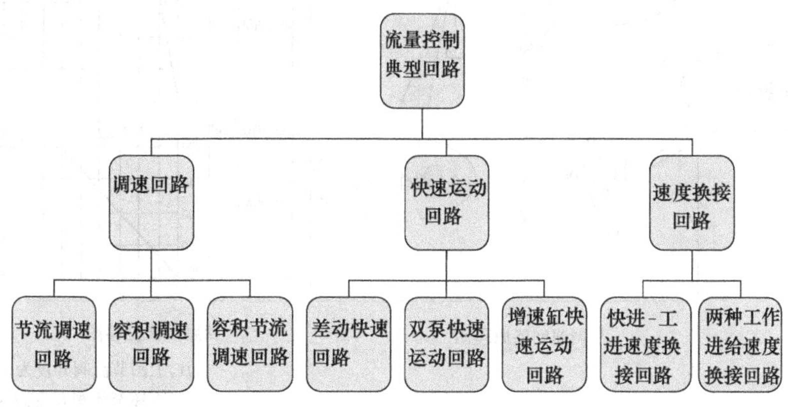

图 5-1　流量控制回路分类

液压缸的速度 $v=q/A$

液压马达的转速 $n=\frac{q\eta_{\mathrm{mv}}}{V}$

调节执行元件的工作速度，可以改变输入执行元件的流量或由执行元件输出的流量；或改变执行元件的几何参数。

5.1 调速回路

调速回路是调节执行元件运动速度的回路。调速回路在液压系统中占有重要地位，它的工作性能的好坏，对系统的工作性能起着决定性的作用。调速回路有定量泵与流量控制阀组成的节流调速回路、变量泵（变量马达）的容积调速回路、变量泵与流量控制阀组成的容积节流调速回路。

5.1.1 基于 FLuidSIM 软件典型回路符号原理图

(1) 定量泵供油系统的节流调速回路

节流调速回路是用调节流量阀的通流截面积的大小来改变进入执行机构的流量，以调节其运动速度。按流量阀相对于执行机构的安装位置不同，又可分为进油节流、回油节流和旁路节流等三种调速回路。

① 节流调速回路的组成及元件功能　进油节流与回油节流调速回路又称定压式节流调速回路，由节流阀、定量泵、溢流阀和执行机构等组成。其回路工作压力（即泵的输出压力）p 由溢流阀调定后，基本不变。回路中进入液压缸的流量由节流阀调节，定量泵输出的多余油液经溢流阀流回油箱，溢流阀必须处于工作状态，这是调速回路正常工作的必要条件。如图 5-2 所示为进油节流调速回路。

② 按流量控制阀安放位置的不同分类。

a. 进油节流调速回路如图 5-3（a）所示，将流量控制阀串联在液压泵与液压缸之间。

b. 回油节流调速回路如图 5-3（b）所示，将流量控制阀串联在液压缸与油箱之间。

c. 旁路节流调速回路如图 5-3（c）所示，将流量控制阀安装在液压缸并联的支路上。

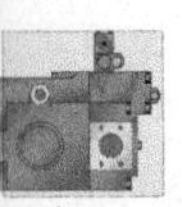

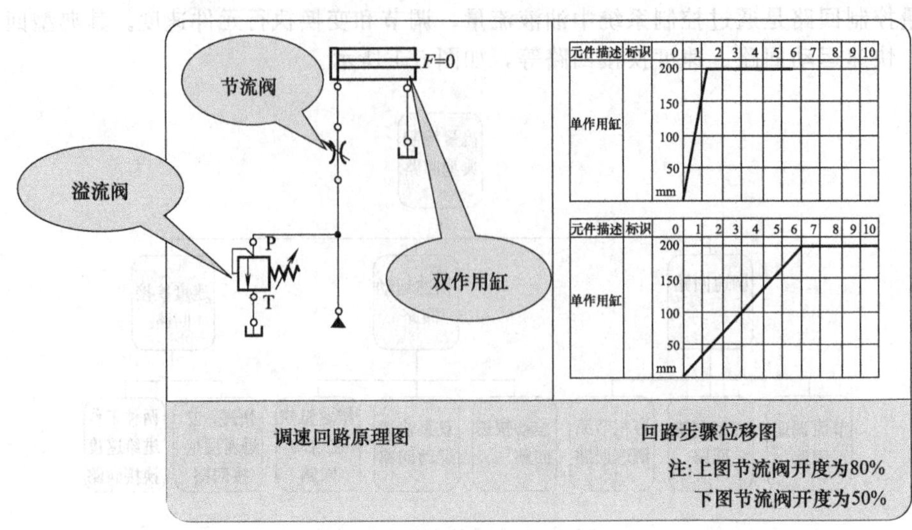

图 5-2　进油节流调速仿真回路及步骤位移图

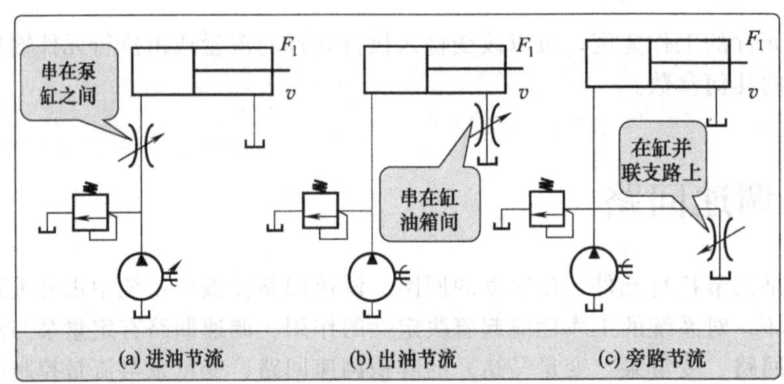

图 5-3　节流调速回路

③ 节流调速回路性能　见表 5-1、表 5-2 所示。

表 5-1　进、回油节流调速回路性能

回路性能	区　　别	相同区别
进油节流调速	进油节流调速回路容易实现压力控制。工作部件运动碰到死挡铁后,液压缸进油腔压力上升至溢流阀调定压力,压力继电器发出信号,可控制下一步动作	有溢流损失,又有节流损失,回路效率较低。当实际负载偏离最佳设计负载时效率更低。这种回路适用于低速、小负载、负载变化不大和对速度稳定性要求不高的小功率场合
	在组成元件相同的条件下,进油节流调速回路在同样的低速时节流阀不易堵塞	
回油节流调速	回油节流调速回路回油腔有一定背压,故液压缸能承受负值负载,且运动速度比较平稳	
	回油节流调速回路中,油液经节流阀发热后回油箱冷却,对系统泄漏影响小	
	回油节流调速回路回油腔压力较高,特别是负载接近零时,压力更高,这对回油管的安全、密封及寿命均有影响。为了提高回路的综合性能,一般采用进油节流调速回路,并在回油路上加背压阀	

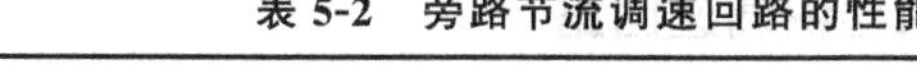

表 5-2 旁路节流调速回路的性能

旁路节流调速性能	速度受负载变化的影响大，在小负载或低速时，曲线陡，回路的速度刚性差
	在不同节流阀通流面积下，回路有不同的最大承载能力。A_T 越大，F_{max} 越小，回路的调速范围受到限制
	只有节流功率损失，无溢流功率损失，回路效率较高

④ 节流调速回路速度-负载特性曲线及意义　如图 5-4 所示。

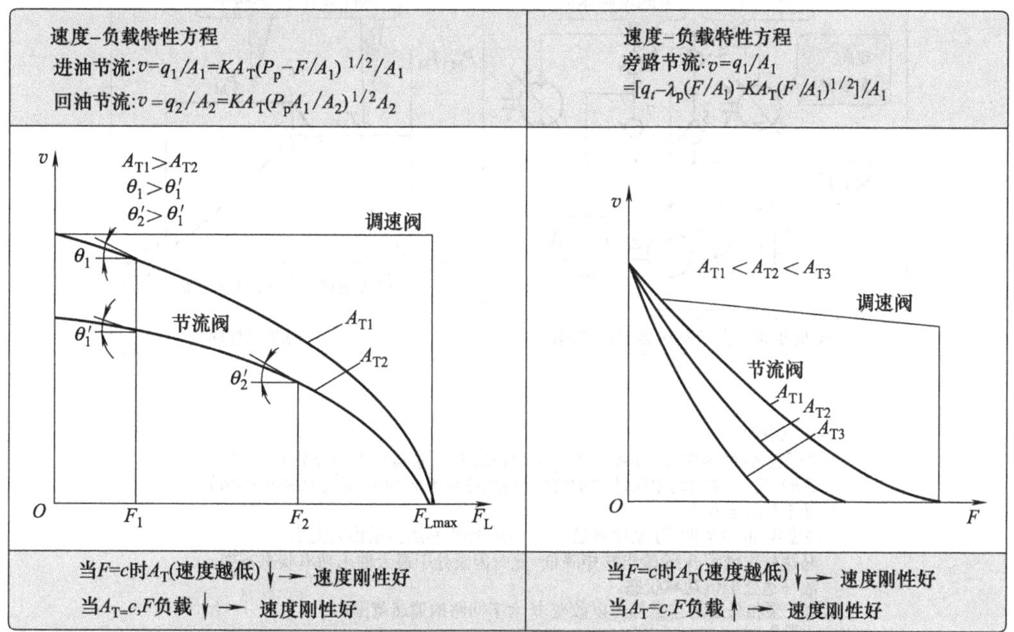

图 5-4　调速回路速度-负载特性曲线

(2) 改善节流调速负载特性的回路

在节流阀调速回路中，当负载变化时，因节流阀前后压力差变化，通过节流阀的流量均变化，故回路的速度负载特性比较差。若用调速阀代替节流阀，回路的负载特性将大为提高。

调速阀可以装在回路的进油、回油或旁路上。负载变化引起调速阀前后压差变化时，由于定差减压阀的作用，通过调速阀的流量基本稳定。如图 5-5 所示。

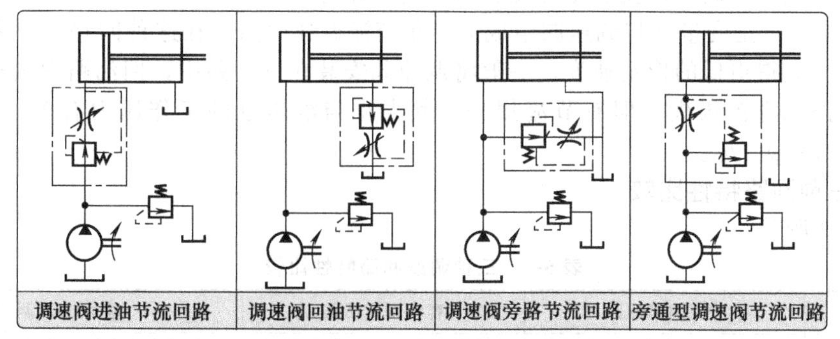

图 5-5　调速阀节流调速回路

① 旁路节流调速回路的最大承载能力不因 A_T 增大而减小。

② 由于增加了定差减压阀的压力损失，回路功率损失较节流阀调速回路大。调速阀正常工作必须保持 0.5～1MPa 的压差。

③ 旁通型调速阀只能用于进油节流调速回路中。

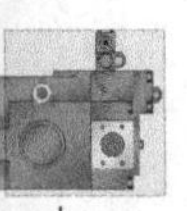

(3)变量泵(变量马达)的容积调速回路

如图 5-6 所示为双向变量泵-双向变量马达容积调速回路。回路中元件对称布置，变换泵的供油方向，即实现马达正反向旋转。一般机械要求低速时有较大的输出转矩，高速时能提供较大的输出功率。采用这种回路恰好可以达到这个要求。

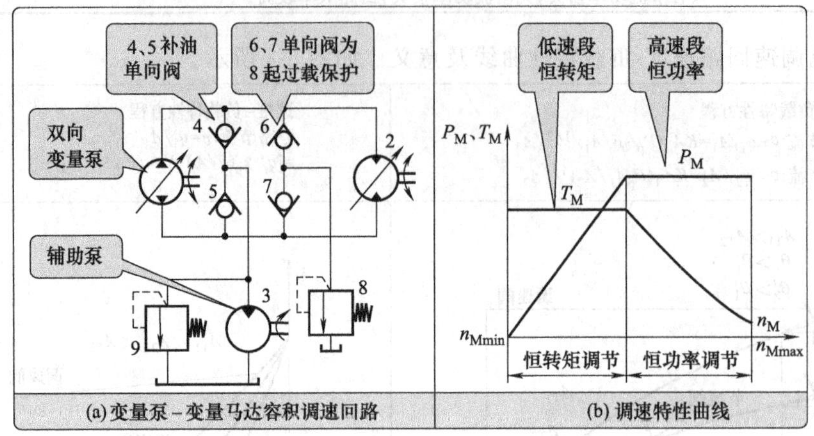

(a) 变量泵－变量马达容积调速回路　　(b) 调速特性曲线

重点说明:

1. 在低速段(恒转矩调节):将马达$V_{排量}$调到最大→泵排量由小变最大→马达n升高→输出功率线性增加=此时马达排量最大,能获得最大输出转矩(且处于恒转矩状态)
2. 高速段(恒功率调节):泵排量最大→马达调速,马达排量由大变小,马达转速继续升高,输出转矩降低=此时因泵处于最大输出功率状态不变,故马达处于恒功率状态。
3. 由于泵和马达的排量都可以改变,扩大了回路的调速范围。一般$R_c=n_{max}/n_{min}\leqslant 100$

图 5-6　变量泵-变量马达容积调速回路

(4)容积节流调速回路

容积节流调速回路用压力补偿泵供油，用流量控制阀调定进入或流出液压缸的流量来调节液压缸的速度；并使变量泵的供油量始终随流量控制阀调定流量作相应的变化。这种回路无溢流损失，效率较高，速度稳定性比容积调速回路好。

如图 5-7 所示是变量泵与调速阀组成的容积节流调速回路。在这种回路中，由限压式变量泵供油，为获得更低的稳定速度，一般将调速阀安装在进油路中，回油路中装有背压阀。

这种回路无溢流损失，但有节流损失，其大小与液压缸的工作压力有关。回路效率：$\eta = p_1q_1/p_pq_p = p_1/p_p$。

(5)三种回路特性比较

见表 5-3 所示。

表 5-3　三种调速回路特性比较

特　性	节流调速回路	容积调速回路	容积节流调速
调速范围与低速稳定性	调速范围较大,采用调速阀可获得稳定的低速运动	调速范围较小,获得稳定低速运动较困难	调速范围较大,能获得较稳定的低速运动
效率与发热	效率低,发热量大,旁路节流调速较好	效率高,发热量小	效率高,发热量小
结构(泵、马达)	结构简单	结构复杂	结构较简单
适用范围	适用于小功率轻载的中、低压系统	适用于大功率重载高速的中、低压系统	适用于小功率轻载的中、低压系统,在机床液压系统中获得广泛的应用

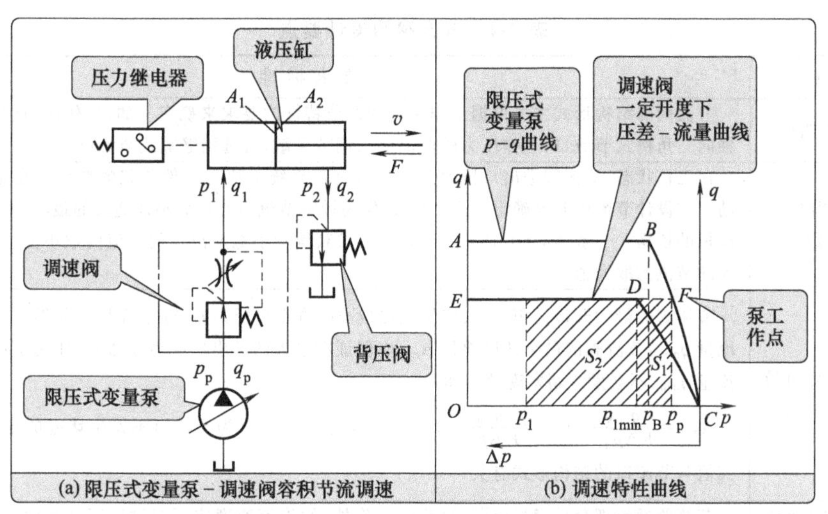

重点说明：

这种回路具有自动调节流量的功能。当系统处于稳定工作状态时，泵的输出流量与进入液压缸的流量相适应。若关小调速阀的开口，则通过调速阀的流量减小。此时，泵的输出流量大于通过调速阀的流量，多余的流量迫使泵的输出压力升高，根据限压式变量泵的特性可知，变量泵将自动减小输出流量，直到与通过调速阀的流量相等；反之亦然。由于这种回路中泵的供油压力基本恒定，因此也称为定压式容积节流调速回路

图 5-7　容积节流调速回路

5.1.2 元件结构、原理及主要功用

节流阀是根据孔口与阻流管原理所做出的，如图 5-8 所示为缝隙旋塞式节流阀的结构，油液从入口 P 进入，经节流口后，由出口 A 流出。调整手轮使阀芯轴向移动，以改变节流口节流面积的大小，从而改变流量大小以达到调速的目的。

① 工作原理　压力油从进油口 P 进入阀体，经孔道、节流口，从出口流出 A，压力为 p_2。调节手轮可使带不同结构的阀芯轴向移动，使节流口通道大小发生变化，以调节通过阀腔流量的大小。

② 节流阀设计要点　见表 5-4。

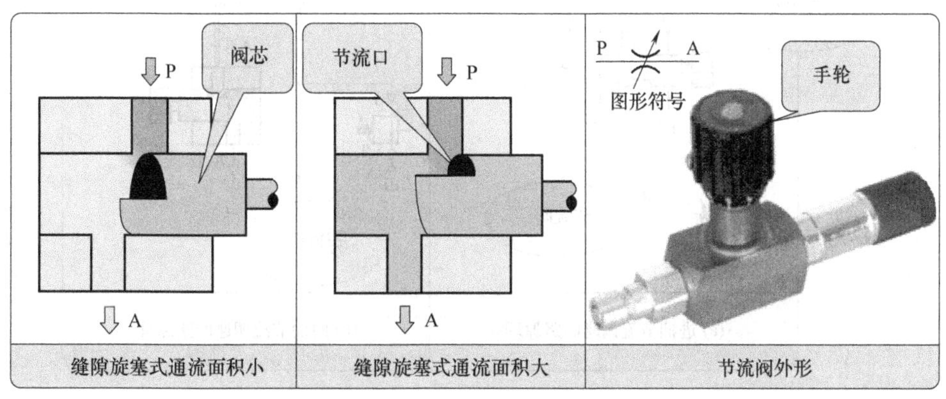

图 5-8　节流阀结构及简化符号

表 5-4　节流阀的设计要点

设计要点	要求标准
结构形式的选择	节流阀的结构形式主要根据工作压力和调节特性的要求来确定。如:工作压力较高时,可选用轴向三角槽式节流口;工作压力较低但要求调节灵敏,可选用缝隙式节流口
节流阀进出口压力差 Δp 的确定	在工作状态,节流阀进出口压力差的数值是随系统中执行元件负载的变化而在很大范围内变动。在设计节流阀时要确定一个 Δp 值,作为计算节流口开口大小及通过的最小稳定流量和最大流量的依据。一般 $\Delta p=0.15\sim0.4$MPa,要求获得较小稳定流量的节流阀取小值,对刚性要求较大的节流阀取大值
节流阀最大和最小开口面积的确定	节流阀的最大开口面积 A_{max} 应保证在最小的进出口压力差 Δp_{min} 作用下能够通过要求的最大流量 q_{max},节流阀的最小开口面积 A_{min} 应保证在最大的进出口压力差 Δp_{min} 作用下能够通过最小流量 q_{min},不会发生堵塞现象。即: $A_{max}=\dfrac{q_{max}}{K\Delta p_{min}}, A_{min}=\dfrac{q_{max}}{K\Delta p_{max}}\geqslant[A_{min}]$,式中 $[A_{min}]$ 为节流口不发生堵塞的最小开口面积,其值与节流口的结构形式有关
决定节流阀通流部分的尺寸	节流阀通流部分任意过流断面(节流口除外)的液流速度应不超过液压管路内的流速,一般不超过 6m/s

5.1.3　典型回路工作原理

进油节流调速回路如图 5-9（a）所示，将流量控制阀串联在液压泵与液压缸之间。

回油节流调速回路如图 5-9（b）所示，将流量控制阀串联在液压缸与油箱之间。

节流阀与溢流阀一起来实现流量控制。当节流阀流阻比溢流阀设定压力大时，溢流阀就开启，从而达到调节流量的目的。因可调节流阀动作与负载大小有关，所以，流入负载元件的流量是变化的。

(1) 进油节流调速回路

进油节流调速回路，容易实现压力控制。工作部件运动碰到死挡铁后，液压缸进油腔压力上升至溢流阀调定压力，压力继电器发出信号，可控制下一步动作。

(2) 回油节流调速回路

回油节流调速回路，回油腔有一定背压，故液压缸能承受负值负载，且运动速度比较平稳。回油节流调速回路中，油液经节流阀发热后回油箱冷却，对系统泄漏影响小。

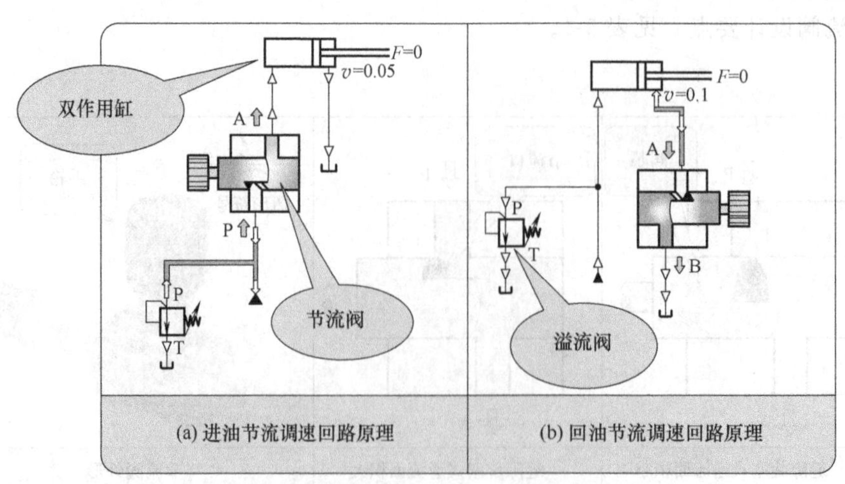

图 5-9　节流调速回路

回油节流调速回路回油腔压力较高，特别是负载接近零时，压力更高，这对回油管的安全、密封及寿命均有影响。为了提高回路的综合性能，一般采用进油节流调速回路，并在回油路上加背压阀。

5.1.4 回路应用场合、设计禁忌及注意事项

液压传动的优点之一是能方便地进行无级调速。一般液压机械都需要调节执行元件的速度。速度调节是液压系统的重要内容。

(1) 节流调速回路设计及设计禁忌

对负载恒定的流量，可用简单的节流孔来控制，但在负荷不恒定的情况下，就必须使用带有压力补偿的节流阀。

① 进油节流回路设计与设计禁忌。用于经常以正载荷操作的液压缸，节流阀置于液压缸的进油侧，液压缸的余油是经过溢流阀排除，液压泵是以溢流阀的设计压力工作。这种回路的效率较低。进油节流回路设计禁忌见表 5-5。

表 5-5 进油节流回路设计禁忌

回路名称	设计禁忌
节流阀进口节流调速	此回路效率低，速度刚度差，不能承受负向载荷。适用于小功率、低速、对速度稳定性要求不高的场合
调速阀进口节流调速	溢流阀调定压力应比液压缸左腔最高负载压力大，两者之差是调速阀的最低工作压力。调速阀进口节流调速回路适用于小功率、低速、对速度稳定性要求较高的场合
旁通型节流阀进口节流调速	此回路不能承受负性负载，适用于中等功率的场合

② 出油节流回路设计与设计禁忌。出油节流回路适用于操作产生负的载荷或载荷突然减小的情况。节流阀置于液压缸的排油侧，液压泵的输出压力为溢流阀的设定压力，与载荷无关，效率较低。其优点是能给予背压以抗拒负向载荷的产生，防止突进，且动作较为平稳，应用较多。

设计禁忌：回路效率低，速度刚性差，适用于低速、小功率的场合。用调速阀代替节流阀能改善速度刚性。

③ 旁路节流回路设计与设计禁忌。在该回路中余油直接由节流阀排入油箱，液压泵的压力随负荷而变，其溢流阀仅在油压超出安全压力时才打开，所以效率较高。

设计禁忌：回路调速范围小，承载能力随速度的增减而增减，不能承受负向载荷，适用于高速、中等功率的场合。通调速阀替代节流阀时承载能力和速度刚性可以得到改善。

(2) 容积调速回路设计禁忌

① 液压力驱动换向阀的双向变量泵，不要忽略变换方向时在零排量处失去驱动力。除直接手动变量的小功率变量泵以外，绝大部分变量泵的变量方式都靠液压泵本身的压力驱动变量。

如图 5-10 (a) 所示的系统虽然原理无误，但在零排量点会出现无法动作的故障。若该系统的变量泵是液压力驱动变量的，则应改成如图 5-10 (b) 所示的系统。

② 大惯量且频繁启动的系统，不要忽略节能。

③ 大功率液压系统中忌用节流调速。

(3) 节流调速回路中节流阀使用注意事项

① 节流阀的进出口，有的产品可以随意对调，但有的产品则不可以对调，具体使用时，应按产品使用说明接入系统。

② 节流阀不宜在较小开度下工作，否则极易阻塞并导致执行器爬行。节流阀开度应根据执行器的速度要求进行调节，调闭后应锁紧，以防松动而改变调好的节流口开度。

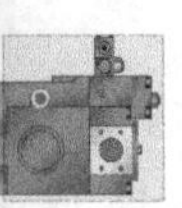

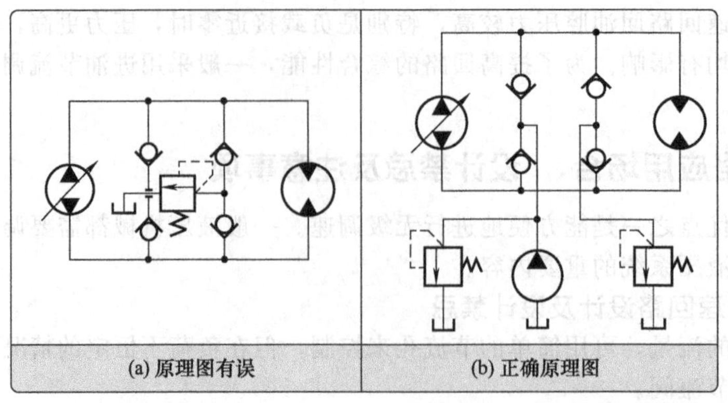

(a) 原理图有误　　(b) 正确原理图

重点说明

1. 使用这种液压泵时，应注意改换运动方向时，必然经过零排量点，此点泵的排量为零，流量输出为零，因而不能建立系统压力，切换过程停止。

2. 一般双泵系统设计成闭式的，闭式回路中利用一个小功率泵兼作补油和驱动能源。

图 5-10　双向变量泵调速回路

5.1.5　调速回路使用禁忌

调速回路使用中出现的问题及原因，见表 5-6。

表 5-6　调速回路使用中出现的问题及原因

使用中出现的问题	问题产生的主要原因
执行机构不能低速运动	节流阀的节流孔堵塞，导致无流量或小流量不稳定
	调速阀中定差式减压阀的弹簧过软，使节流阀前后压差低于 0.2～0.35MPa，导致通过调速阀的流量不稳定
	调速阀中减压阀卡死，造成节流阀前后压差随外负载而变，经常见到的是由于负载较小，导致低速达不到要求
负载增加时速度显著下降	液压缸活塞或系统中元件的泄漏随负载压力增高而显著增大
	调整阀中的减压阀卡死于打开位置，则负载增加时，通过节流的流量下降
	液压系统中油温升高，油液黏度下降，导致泄漏增加
执行元件爬行	系统中进入空气
	由于导轨润滑不良，导致与液压缸轴线不平行、活塞杆密封压得过紧、活塞杆弯曲变形等原因，导致液压缸工作时摩擦阻力变化较大而引起“爬行”
	在节流调速系统中，液压缸无背压不足，外负载变化时导致液压缸速度变化
	液压泵流量脉动大，溢流阀振动造成系统压力脉动大，引起液压缸输入压力油波动而引起“爬行”
	节流阀的阀口堵塞，系统泄漏不稳定，调速阀中的减压阀芯不灵活造成流量不稳定而引起“爬行”

总结上述原因，保证调速回路的正常应采取：①节流阀、调速阀元件正确选择；②减小液压系统的泄漏；③减小系统流量脉动；④系统中元件保证精度。

5.2　快速回路

快速运动回路又称增速回路，其功能在于使液压执行元件在空载时获得所需的高速度，缩短空行程运行时间，以提高系统的工作效率或充分利用功率。实现快速运动视其设计方法不同有多种运动回路。常见的有差动、双泵快速运动、增速缸快速运动回路。

5.2.1 快速运动典型回路符号原理图

(1) 液压缸差动连接快速运动回路

差动回路方法简单、经济，如图 5-11 所示为液压缸差动连接快速运动回路。当电磁阀左位接通，液压缸有杆腔回油和泵供油合在一起进入缸无杆腔，活塞快速向右运动。这种回路的好处是在不增加任何液压元件的基础上可提高工作速度，因此在液压系统中被广泛采用。

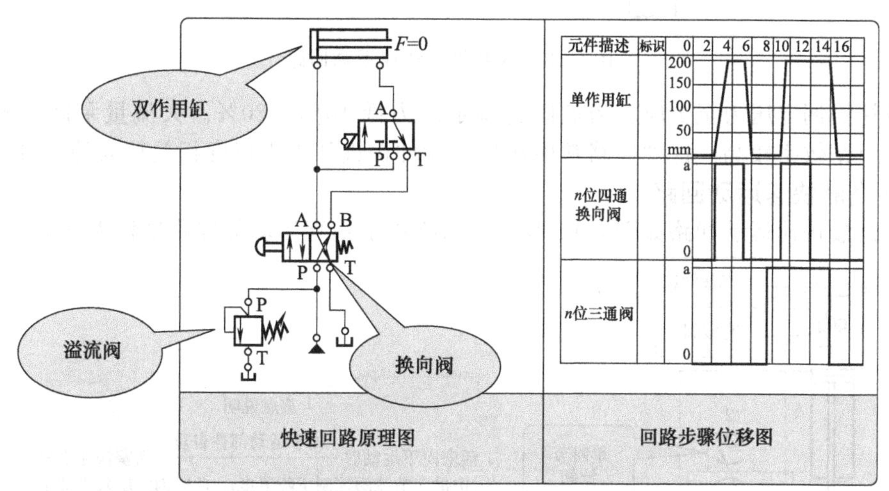

图 5-11 差动快速回路仿真、步骤位移图

(2) 采用蓄能器的快速运动回路

如图 5-12 所示为蓄能器快速运动回路。

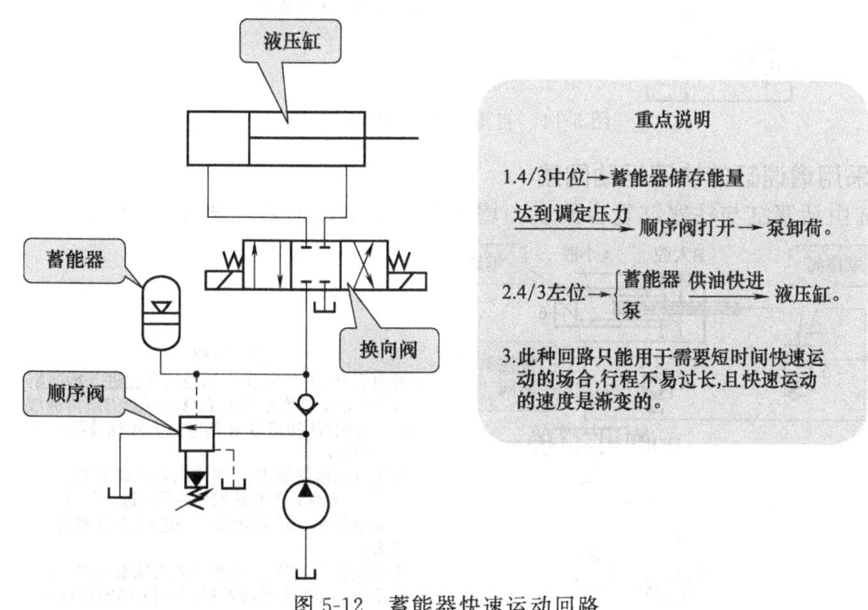

图 5-12 蓄能器快速运动回路

(3) 双泵供油快速运动回路

如图 5-13 所示为双泵供油快速运动回路。

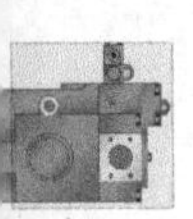

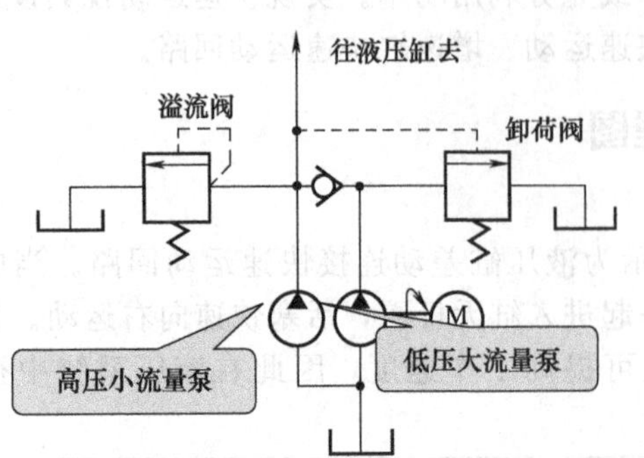

重点说明

1.外控顺序阀(卸荷阀)和溢流阀分别设定双泵供油和小流量泵供油时的最高工作压力。
2.当系统压力低于卸荷阀的压力时,两泵同时向系统供油→活塞快速运动。
3.系统压力不小于卸荷阀的调定压力时,大流量泵通过卸荷阀卸荷,单向阀自动关闭,只有小流量泵供油→活塞慢速运动。

图 5-13　双泵供油快速运动回路

卸载阀的调定压力至少应比溢流阀的调定压力低 10%～20%。大流量泵卸载减少了动力消耗，回路效率较高。这种回路常用在执行元件快进和工进速度相差较大的场合。

(4) 充液快速运动回路

自重充液快速运动回路如图 5-14 所示，回路用于垂直运动部件质量较大的液压机系统。

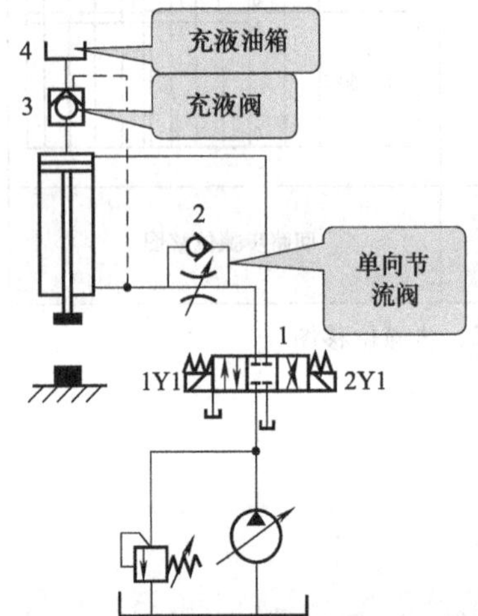

重点说明

1.活塞向下运动时 —由于运动部件自重→ 活塞快速下降(由单向节流阀控制下降速度)。此时因液压泵供油不足,液压缸上腔出现负压,充液油箱4通过液控单向阀3(充液阀)向缸的上腔补油。
2.当运动部件接触工件负载增加时,缸的上腔压力升高,阀3关闭,此时只靠液压泵供油,活塞运动速度降低。
3.回程时,液压缸上腔一部分回油通过阀3进入充液油箱,一部分回油直接回油箱。

图 5-14　自重充液快速运动回路

(5) 采用增速缸的快速运动回路

增速缸由活塞缸与柱塞缸复合而成。增速缸快速运动回路如图 5-15 所示。

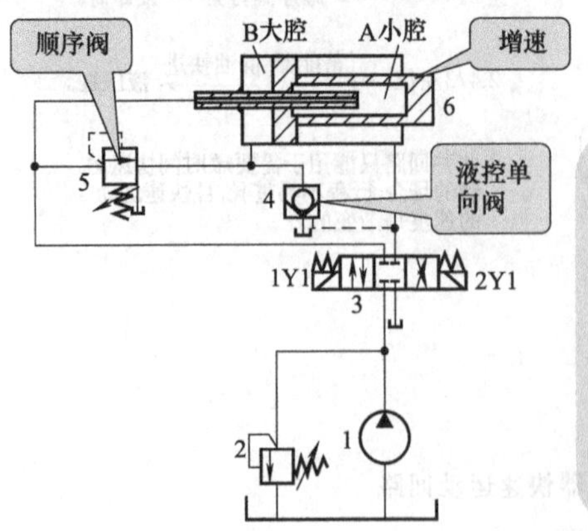

重点说明

1.换向阀3处于左位,压力油经柱塞孔进入增速缸小腔A,推动活塞快速向右移动,大腔B所需油液由充液阀4从油箱吸取,活塞缸右腔油液经换向阀回油箱。
2.当执行元件接触工件,工作压力升高,顺序阀5开启,高压油关闭充液阀4,并同时进入增速缸的大小腔A、B,活塞转换成慢速运动,且推力增大。
3.换向阀处于右位,压力油进入活塞缸右腔,同时打开充液阀4,大腔回油排回油箱,活塞快速向左退回。

图 5-15　增速缸快速运动回路

5.2.2 元件结构、原理及主要功用

系统回路中所涉及到的换向阀结构如图 3-31、图 3-33 所示；原理及功用见 3.3.2 节；系统回路中所涉及到的卸荷阀结构见图 3-47，原理及功用见 3.3.3 节。

5.2.3 典型回路工作原理

如图 5-16 所示为差动回路中的换向工作状态。启动按钮，4/2 换向阀左位进入工作状态，无杆腔进油，有杆腔回油→（3/2 换向阀电磁线圈不得电）3/2 换向阀右位回油箱→完成活塞杆伸出。松开 4/2 手控换向阀按钮，右位进入工作状态，液压油经 4/2 右位→3/2 右位→有杆腔，无杆腔回油箱→完成活塞杆退回。

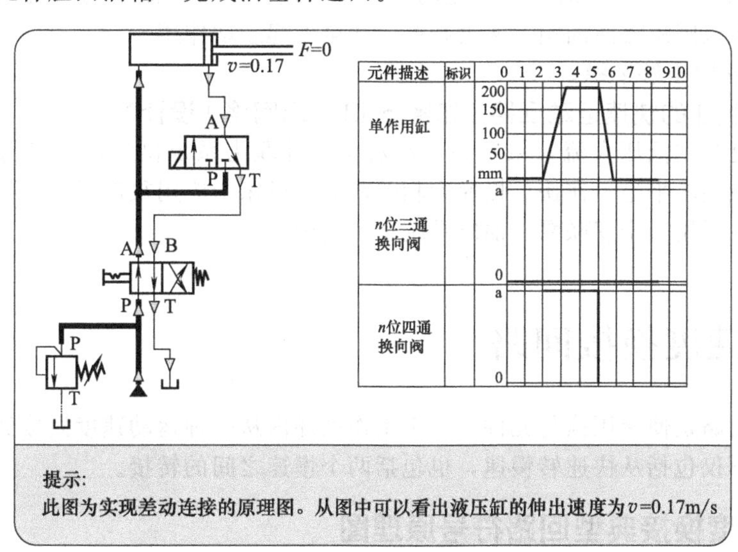

图 5-16 差动回路仿真、步骤位移图（一）

如图 5-17 所示为差动回路中的增速快进工作状态。其特点为，当液压缸前进时，从液压缸右侧排出的油再从左侧进入液压缸，表面上增加进油口处的油量（实际原理为缩小了承压面积），可使液压缸快速前进，但同时也使液压缸的推力变小。

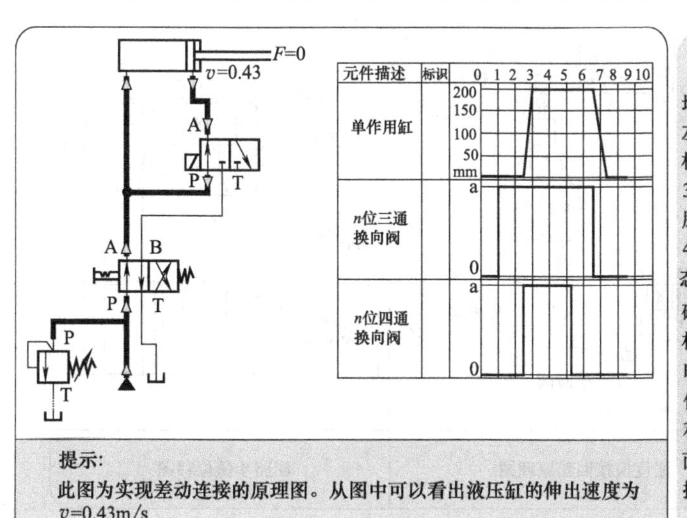

重点说明

增速运动回路，启动按钮，4/2换向阀左位进入工作状态，无杆腔进油，有杆腔回油→（3/2换向阀电磁线圈得电）3/2换向阀左位→油又进入液压缸无杆腔→完成活塞杆快速伸出运动。松开4/2手控换向阀按钮，右位进入工作状态，液压油经4/2右位→（3/2换向阀电磁线圈不得电）3/2右位→有杆腔，无杆腔回油箱→完成活塞杆退回。需要说明的是，差动回路只能完成活塞杆快速伸出，不能完成快速退回，因为有杆腔和无杆腔同时通压力油，无杆腔的作用面积大于有杆腔的作用面积，无杆腔的推力大于有杆腔的推力

图 5-17 差动回路仿真、步骤位移图（二）

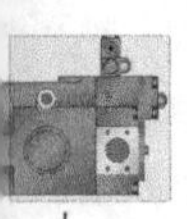

5.2.4 回路应用场合、设计禁忌及注意事项

为了提高生产率，机床工作部件常常要求实现空行程（或空载）的快速运动。这时要求流量大而压力较低，尽量减小液压泵所需输出的流量，或者虽然加大了液压泵的流量，但在工作运动时又不至于引起过多的能量损耗。所以在差动回路中，选择阀和管道时，要按照泵的流量和缸的有杆腔排出的流量合在一起流过的阀和管道的合成流量来选择规格，否则会导致压力损失过大，泵空载时供油压力过高。

(1) 设计差动回路（如图 5-11 所示回路）的注意事项

① 回路承受载荷小。

② 差动回路的阀和油管通道应按差动时的流量选择，否则流动的液阻过大，会使液压泵的部分油从溢流阀溢流回油箱，速度减慢，甚至不起差动作用。

③ 速度换接时不够平稳。

(2) 双泵供油的快速运动回路（如图 5-13 所示回路）设计禁忌

这种回路是利用低压大流量泵和高压小流量泵并联为系统供油，功率利用合理、效率高，并且速度换接较平稳，在快、慢速度相差较大的机床中应用很广泛。

注意：回路要用一个双联泵，油路系统也稍复杂。

5.3 速度换接回路

速度换接回路是使液压执行元件在一个工作循环内从一种运动速度换接到另一只运动速度，这种转换不仅包括从快速转慢速，也包括两个慢速之间的转接。

5.3.1 速度换接典型回路符号原理图

在变换执行元件速度时，换接过程要求平稳，精度高。按切换前后速度的不同，有快速-慢速、慢速-慢速的换接。

(1) 用行程阀的快-慢速换接回路

如图 5-18 所示为用行程阀控制的快、慢速度换接回路。

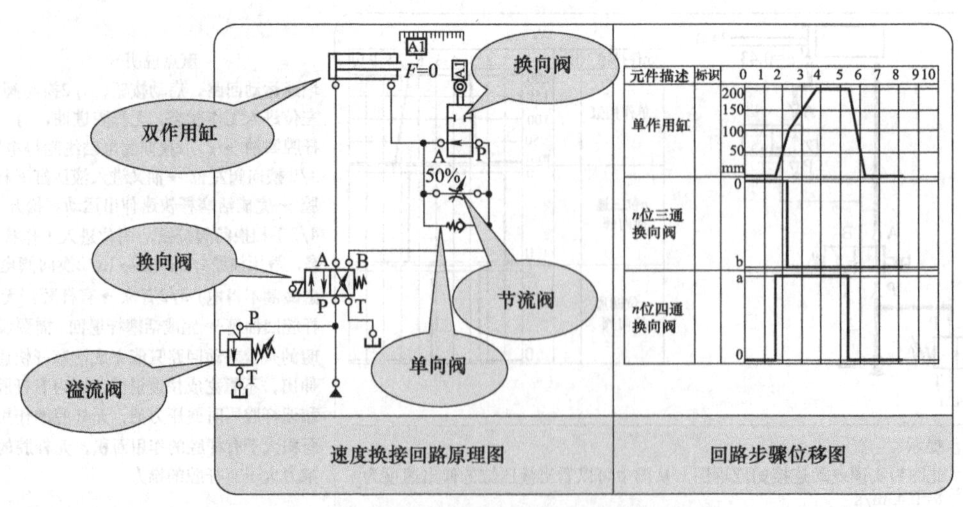

图 5-18 快进-工进速度换接工作原理图

将行程阀改用电磁阀，通过挡块压下电气行程开关来操作，也可实现快慢速换接。虽然阀的安装灵活，但速度换接的平稳性、可靠性和换接精度相对较差。

(2)液压马达并联双速回路

如图 5-19 所示。

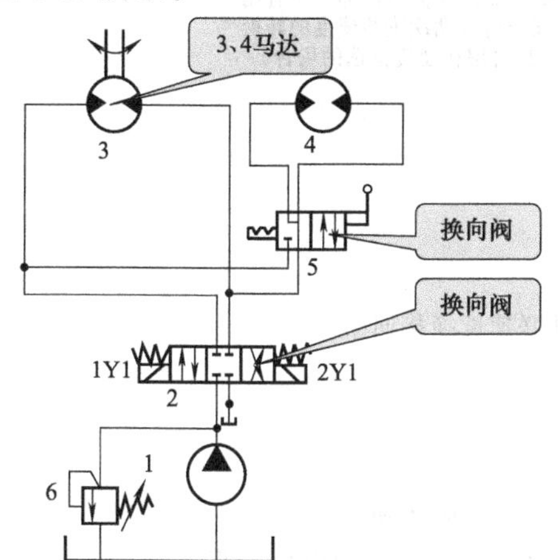

重点说明

换向阀5左位,压力油只驱动马达3,马达4空转;换向阀5右位,两马达并联,因进入每个马达的流量减少一半,转速相应降低一半,转矩增加一倍。两种情况回路输出功率相同。

图 5-19　液压马达并联双速换接回路

(3)液压马达串联双速回路

如图 5-20 所示。

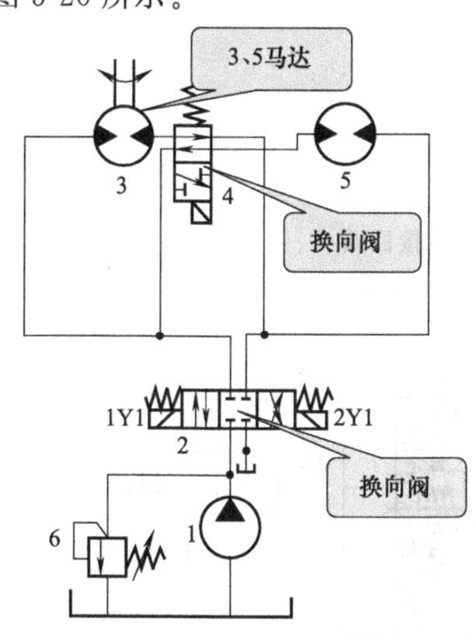

重点说明

换向阀4处于上位,两马达并联,换向阀4处于下位,两马达串联。并联时马达低速旋转,输出转矩相应增加,串联时马达高速旋转。两种情况回路输出功率相同。

图 5-20　液压马达串联双速回路

(4)两个调速阀的速度换接回路

两个调速阀并联的速度换接回路如图 5-21 所示，两个调速阀串联的速度换接回路如图 5-22 所示。

5.3.2 元件结构、原理及主要功用

机动换向阀又称行程阀，主要用来控制液压机械运动部件的行程。它借助于安装在工作台上的挡铁或凸轮来迫使阀芯移动，从而控制油液的流动方向。机动换向阀通常是二位的，有二通、三通、四通和五通几种，其中二位二通、三通机动换向阀又分常闭和常开两种。如图 5-23 所示为二位二通机动换向阀，机动换向阀结构简单、动作可靠，换向位置精度高，常用于要求换向性能好、布置方便的场合。

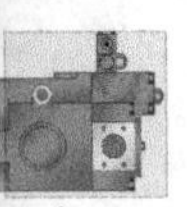

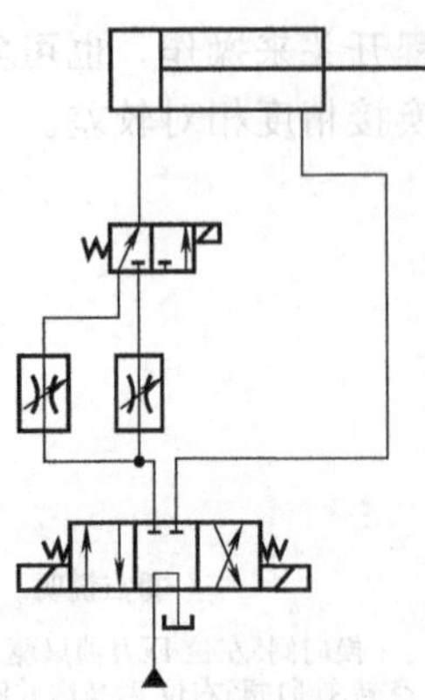

重要说明

两个进给速度可以分别调整，互不影响。但在速度换接瞬间，会造成进给部件突然前冲。不宜用在同一行程两次进给速度的转换上，只可用在速度预选的场合。

图 5-21　调速阀并联速度换接回路

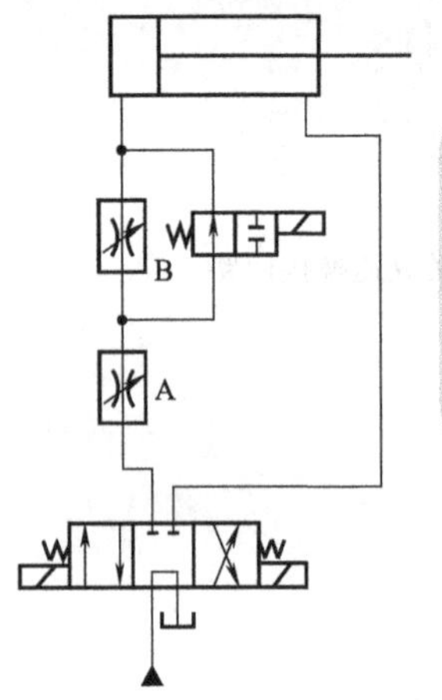

重点说明

1.只能用于第二进给速度小于第一进给速度的场合，故调速阀B的开口小于调速阀A。

2.回路速度换接平稳性好。

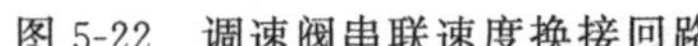

图 5-22　调速阀串联速度换接回路

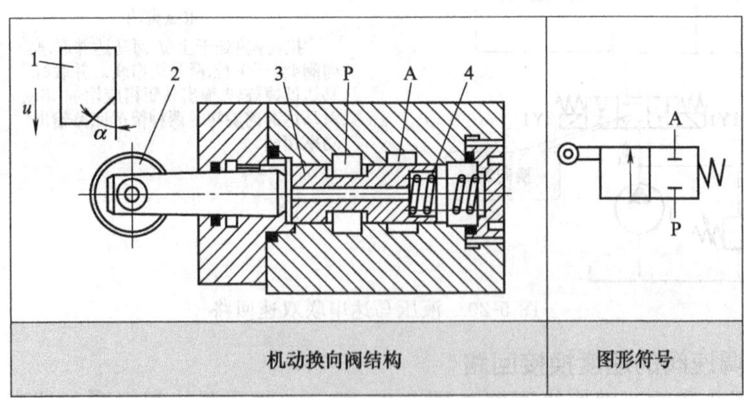

重点说明

1. 常态位时，阀芯3在弹簧4的作用下，把进油口P与出油口A切断。

2. 当行程挡块1将滚轮2压下时，P口与A口接通。

3. 当挡块1脱开滚轮2时，阀芯3在弹簧4的作用下恢复常态位。

4. 改变挡块斜面的角度α或凸轮外廓的形状，可改变阀芯移动的速度，从而调节换向过程的时间。

图 5-23　二位二通机动换向阀结构及图形符号

1—行程挡块；2—滚轮；3—阀芯；4—弹簧

5.3.3 典型回路工作原理

图 5-24 所示的用行程阀的快慢速换接回路中，当 4/2 电磁换向阀电磁线圈得电，左位接入工作状态时，液压缸活塞杆快进，至活塞杆机械结构压下 2/2 机控行程阀时，行程阀关闭，液压缸右腔的油液经节流阀流回油箱，液压缸活塞杆转为慢速工进；当 4/2 电磁换向阀电磁线圈不得电时，右位接入工作状态，压力油经单向阀进入液压缸的右腔，左腔直接回油箱，液压缸活塞杆快速返回。

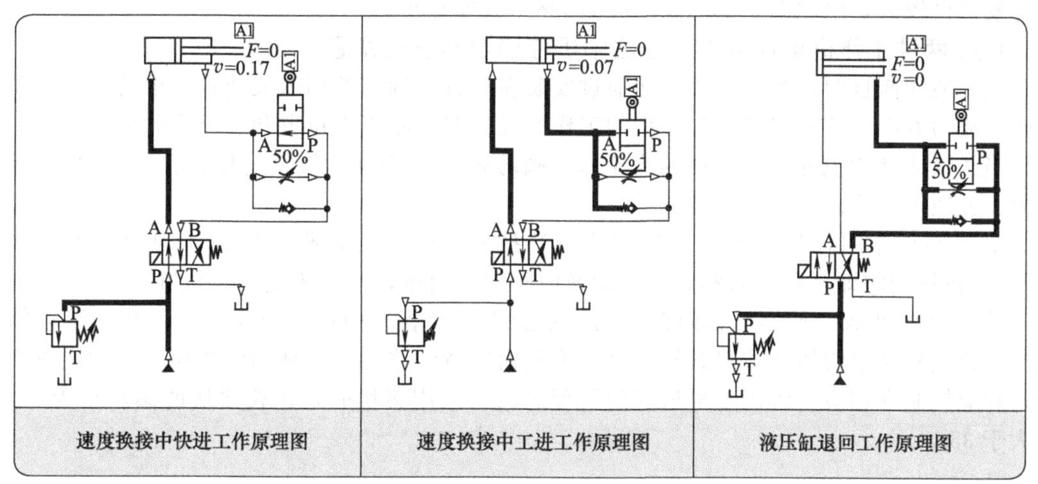

图 5-24　快进-工进速度换接回路工作原理图

5.3.4 回路应用场合、设计禁忌及注意事项

如图 5-24 所示为快进-工进速度换接回路。在这种速度换接回路中，因为行程阀的通油路是由液压缸活塞的行程控制阀芯移动而逐渐关闭的，所以换接时的位置精度高，冲击量小，运动速度的变换也比较平稳。这种回路在机床液压系统中应用较多。

(1) 快进-工进速度换接回路设计应注意的事项

① 行程阀的安装位置受一定限制（需要机械挡铁压下行程阀），所以有时管路连接稍复杂。

② 行程阀也可以用电磁换向阀来代替，这时电磁阀的安置不受限制（挡铁只需要压下行程开关），但其换接精度及速度的平稳性较差。

(2) 两种工作进给速度的换接回路设计禁忌

对于某些自动或半自动机床及组合机床等，需要在自动工作循环中变换两种或两种以上的工作进给速度，这时需要采用两种（或多种）工作进给速度的换接回路。

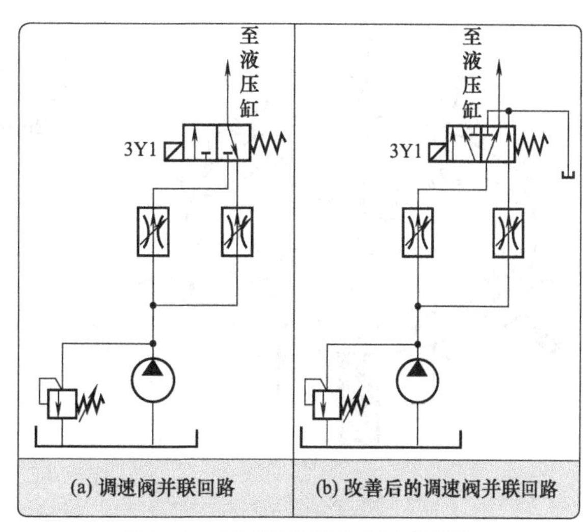

图 5-25　调速阀并联速度换接回路

① 调速阀并联速度调节回路。如图 5-25（a）所示，当一个调速阀工作时，另一个调速阀中没有液压油通过，它的

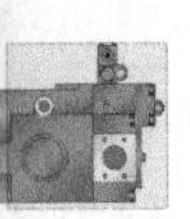

减压阀则处于完全打开的位置，在速度换接开始的瞬间不能起减压作用，容易出现部件突然前冲的现象。用如图 5-25（b）所示回路改善，工作中两个调速阀始终处于工作状态，在由一种工作进给速度转换为另一种工作进给速度时，不会出现工作部件突然前冲现象，因而工作可靠。此回路总有一定量的油液通过不起调速作用的调速阀回油箱造成能量损失，使系统发热。

② 调速阀串联回路。如前面图 5-22 所示中调速阀的节流口调节互相限制，调速阀 B 的节流口应调得比调速阀 A 小；在调速阀 B 工作时，油液需经两个调速阀，故能量损失较大，系统发热也较大，但比图 5-25（b）所示回路系统发热小。

（3）两种工作进给速度换接回路中机控换向阀选用禁忌

机控换向阀也叫行程换向阀，能通过安装在执行机构上的挡铁或凸轮，推动阀芯移动来改变油流的方向。它一般只有二位型的工作方式，即初始工作位置和一个换向工作位置。同时，当挡铁或凸轮脱开阀芯端部的滚轮后，阀芯是靠弹簧自动将其复位，它有二通、三通、四通、五通等结构。

① 注意由于用行程开关与电磁阀或电液换向阀配合可以很方便地实现行程控制（换向），代替机动阀即行程换向阀，且机动换向阀配管困难，不易改变控制位置。

② 对于行程阀，使螺钉紧固在已加工基面上，安装方向视需要而定。可利用运动部件上的凸轮或碰块过快压住或离开行程阀的滚轮而使滑阀移动，实现油路的换向。碰块或凸轮的行程应控制在相应行程阀型号所规定行程之内。采用碰块时，建议碰块的倾斜角为 30°不得大于 35°。

5.4 流量控制液压技术应用

5.4.1 圆周自动进给机床典型实例——节流调速液压技术应用

（1）应用目的

了解二通调速阀的功能和工作原理，了解并组装采用背压来克服反向负载力的回路；掌

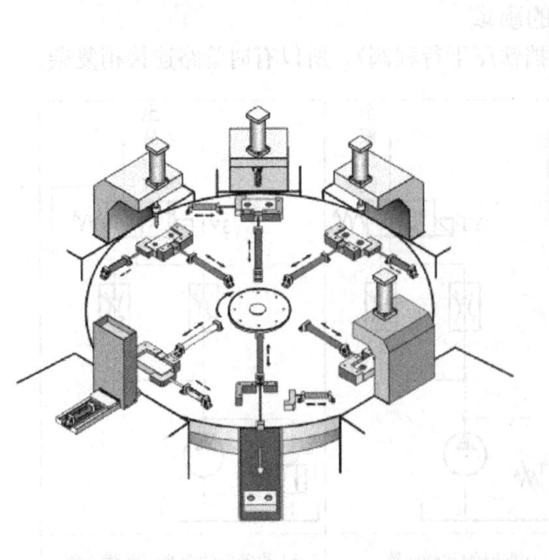

图 5-26 圆周自动进给系统示意图

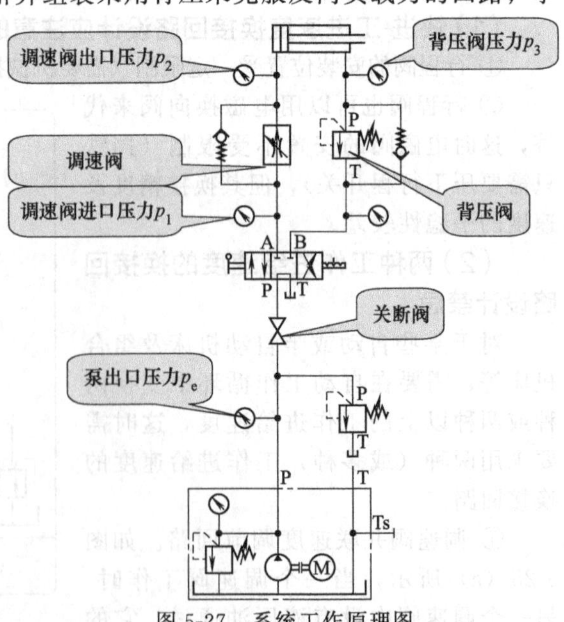

图 5-27 系统工作原理图

握调速阀节流调速特性意义。

(2)应用实例任务

① 用一个液压泵来气动圆周自动进给机床的多个加工站，系统示意图如图 5-26 所示。

② 单个工作站每次启动和关闭都会在整个系统中产生压力波动。这些波动将对钻床工作台产生影响。压力波动及钻孔时所产生的力（反向力）不允许对钻头的进给产生影响。

③ 为了达到可调的均匀进刀要求，须在系统中设置调速阀用来确保获得平稳的进给速度。

④ 同时用一个溢流阀作为背压阀，以便产生背压力克服钻头排渣时的反作用力。

(3)液压系统原理图

如图 5-27 所示。

(4)测量数值

① 调速阀进口压力变化，见表 5-7。

表 5-7　调速阀进口压力变化

调速阀进口压力 p_1	调速阀出口压力 p_2	背压阀压力 p_3	液压缸前进行程时间
50bar		10bar	
40bar		10bar	
30bar		10bar	
20bar		10bar	
10bar		10bar	

② 调速阀出口压力变化，见表 5-8。

表 5-8　调速阀出口压力变化

调速阀进口压力 p_1	调速阀出口压力 p_2	背压阀压力 p_3	液压缸前进行程时间
50bar		10bar	
50bar		20bar	
50bar		30bar	
50bar		40bar	
50bar		50bar	

③ 测试结论：当调速阀进油口和出油口压力变化时液压缸行程时间是怎样变化的?

5.4.2 轧花机典型实例——节流调速液压技术应用

(1)应用目的

熟悉单向节流阀，说明调速阀和节流阀的区别及应用场合。

(2)实例任务

① 在一种特殊的机器上，在金属薄片上压印图形，系统示意图如图 5-28 所示。

② 金属薄片通过一个可以调整速度的传送装置进给。压印速度必须能够与进给速度的变化相一致，压印头返回必须是快退运动。

③ 液压系统采用一个单向节流阀来控制压印的速度，采用一个溢流阀左背压阀，阻止压印头回程时金属薄片对压印模具产生的反向牵引力。

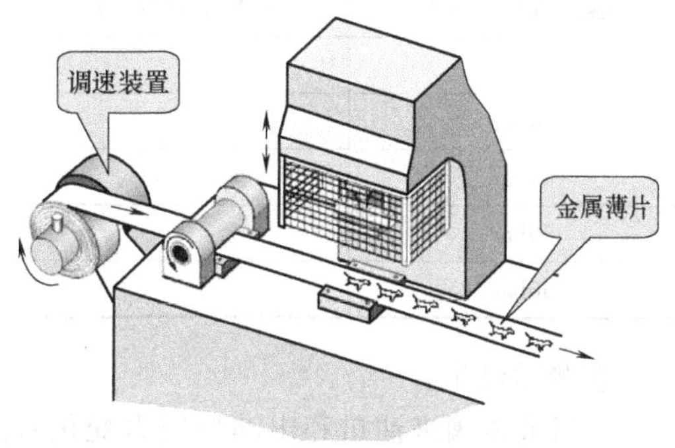

图 5-28　轧花机液压系统示意图

第5章 流量控制典型回路设计基础

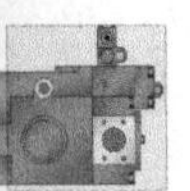

④ 采用换向阀来控制压印头的前进和后退的动作。

(3)液压系统原理图

如图 5-29 所示。

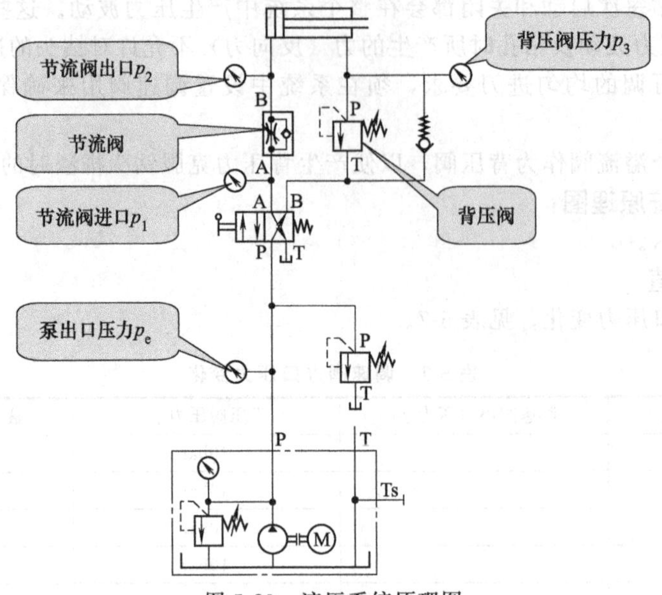

图 5-29　液压系统原理图

(4)测量数值

① 节流调速阀进口压力变化，见表 5-9。

表 5-9　节流调速阀进口压力变化表

调速阀进口压力 p_1	调速阀出口压力 p_2	背压阀压力 p_3	液压缸前进行程时间
50bar		10bar	
40bar		10bar	
30bar		10bar	
20bar		10bar	
10bar		10bar	

② 节流调速阀出口压力变化，见表 5-10。

表 5-10　节流调速阀出口压力变化表

调速阀进口压力 p_1	调速阀出口压力 p_2	背压阀压力 p_3	液压缸前进行程时间
50bar		10bar	
50bar		20bar	
50bar		30bar	
50bar		40bar	
50bar		50bar	

③ 测试结论：

a. 当节流阀进油口和出油口压力变化时液压缸行程时间是怎样变化的？

b. 本系统与利用调速阀的系统的区别有哪些？产生区别的原因是什么？

5.4.3 砂轮切割机典型实例——节流调速液压技术应用

(1) 应用目的

学会系统设计方法；比较带负载时的不同流量控制阀的调速特性，绘出它们的调速回路特性曲线；学会用3/2换向阀作为切换器的使用原理。

(2) 工作任务

① 如图5-30所示，砂轮切割机的进刀由一个双作用油缸来驱动。

② 在切割圆棒料时，工作阻力从零上升到最大值再下降到零。

③ 用一个流量控制阀调节进刀速度，当阻力变大时，相应地减慢进刀速度。

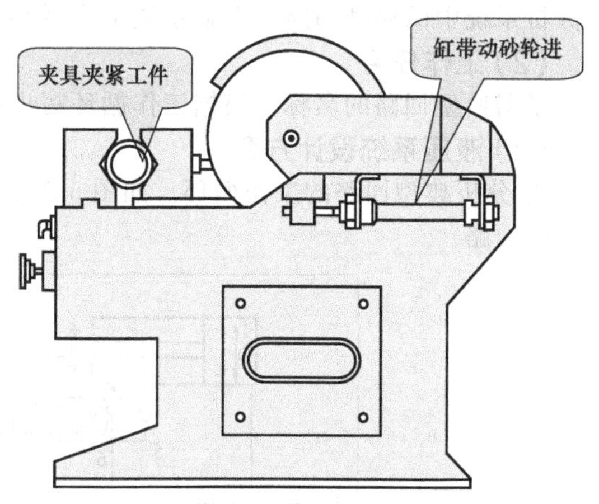

图5-30 砂轮切割机工作系统示意图

(3) 液压系统设计方案

节流调速回路由定量泵、流量控制阀、溢流阀和执行元件等组成。它通过改变流量控制阀阀口的开度，即通流截面积来调节和控制流入或流出执行元件的流量，以调节其运动速度。节流调速回路按照其流量控制阀安放位置的不同，有进口节流调速、出口节流调速和旁路节流调速三种。流量控制阀采用节流阀或调速阀时，其调速性能各有自己的特点，同一类阀，调速方式不同，它们的调速性能也有差别。

① 采用节流阀进口节流调速回路的调速性能，工作原理图如图5-31所示。

a. 当节流阀的结构形式和液压缸的尺寸大小确定之后，液压缸活塞杆的工作速度与节流阀的通流截面积、溢流阀的调定压力及负载有关。调速回路中液压缸活塞杆的工作速度与负载之间的关系，称为回路的速度-负载特性。

b. 当按不同数值调节节流阀开度即通流截面积或溢流阀调定压力之后，改变负载的大小，同时测出相应的工作缸活塞杆的速度及有关测点的压力值，以速度为纵坐标，负载为横坐标，作出一组速度-负载特性曲线。

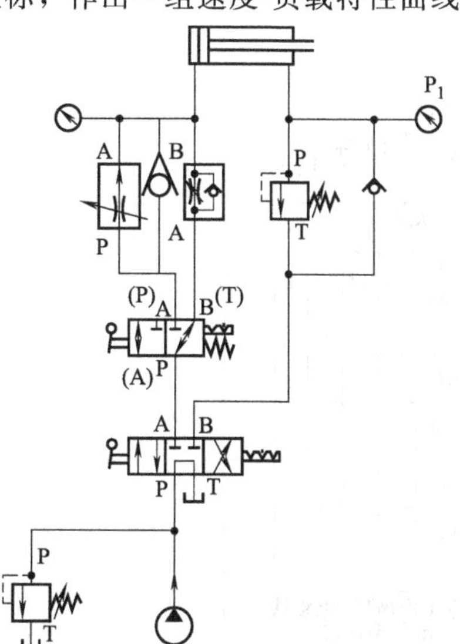

图5-31 液压系统工作原理图

c. 变化的负载采用溢流阀的背压作用模拟。

d. 工作缸活塞杆的速度：用长度尺测量行程，用秒表测量时间；$v=\frac{l}{t}$（mm/s）。

② 采用调速阀进口节流调速回路的调速性能：测试方法同上。

③ 设计一个系统，通过切换器，分别能测量两种不同的阀门。

(4) 调试步骤

① 在液压缸活塞杆始端位置，4/3换向阀在左位时调节系统压力为50bar。

② 在3/2换向阀左位接通时，可测试调速阀的特性。

③ 在活塞杆前向冲程时调节溢流阀，按要求变化负载。

④ 在3/2换向阀右位接通时，可测试节流阀的

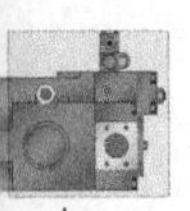

特性。

⑤ 通过观察调速阀的流量调定后，调速阀的两端压力差不随负载变化而改变。

⑥ 通过观察节流阀的流量调定后，节流阀的两端压力差随负载变化而改变。

5.4.4 电气液压典型回路实例——流量控制液压技术应用

(1) 应用目的

熟悉流量控制阀的工作原理及应用；掌握流量控制回路控制原理；掌握系统分析方法并能分析系统中的典型回路；理解系统工作循环与电磁铁动作顺序表关系。

(2) 工作任务

说明典型回路的名称，根据工作循环写出电磁铁动作顺序表。

(3) 液压系统设计方案

① 分析典型回路的工作循环。如图 5-32、图 5-33 所示为流量控制典型回路快进-工进速度换接回路。

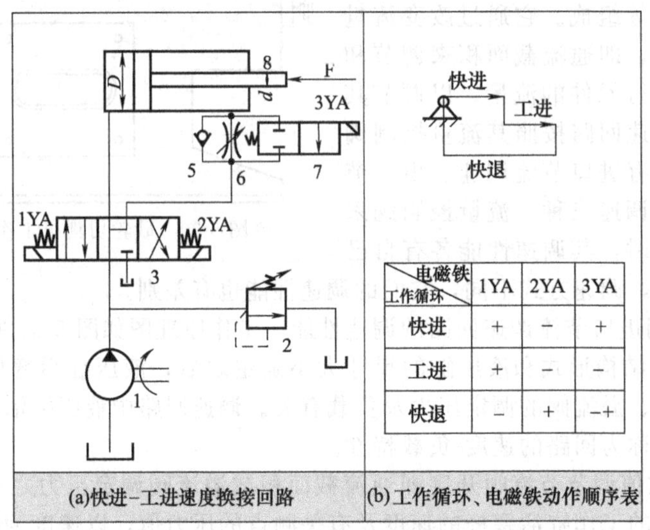

电磁铁 / 工作循环	1YA	2YA	3YA
快进	+	−	+
工进	+	−	−
快退	−	+	−+

(a)快进-工进速度换接回路　(b)工作循环、电磁铁动作顺序表

图 5-32　流量控制典型回路（一）

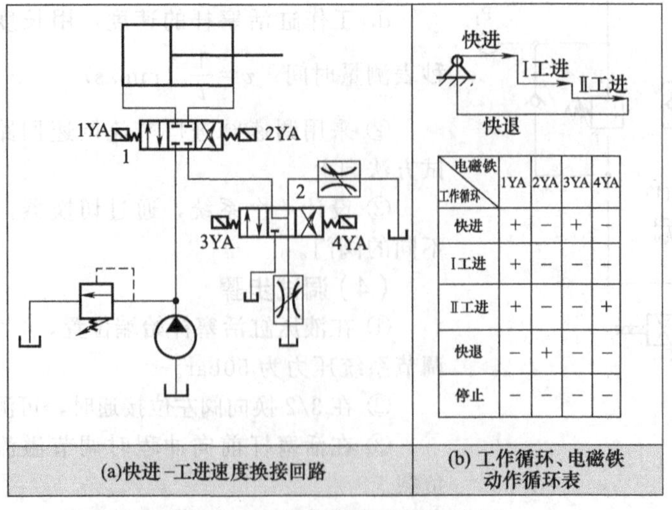

电磁铁 / 工作循环	1YA	2YA	3YA	4YA
快进	+	−	+	−
Ⅰ工进	+	−	−	−
Ⅱ工进	+	−	−	+
快退	−	+	−	−
停止	−	−	−	−

(a)快进-工进速度换接回路　(b) 工作循环、电磁铁动作循环表

图 5-33　流量控制典型回路（二）

② 分析液压系统（如图 5-34 所示），熟悉液压元件符号及功用，填写内容，见表 5-11。

③ 并说明由哪些典型回路组成，填写内容，见表 5-12。

④ 根据工作循环写出电磁铁动作顺序表。

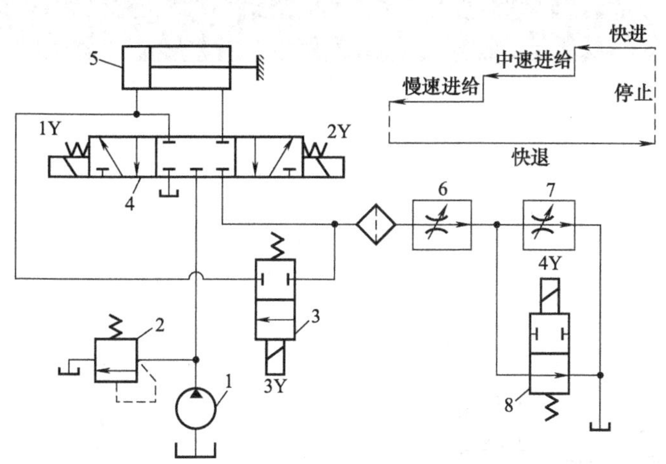

图 5-34　典型液压系统工作原理图

表 5-11　填写内容

序号	名　　称	类　　型	作　　用
1	定量泵	动力装置	为液压系统提供压力油
2	溢流阀	压力控制阀	保压、限压、安全
3	2/2 电磁换向阀	方向控制阀	换向，组成差动回路
4	5/3 电磁换向阀	方向控制阀	主控液压缸换向
5	双作用液压缸	执行装置	完成工作进给
6	调速阀	流量控制阀	调工作介质流量
7	调速阀	流量控制阀	调工作介质流量
8	2/2 电磁换向阀	方向控制阀	换向，完成不同工作进给

表 5-12　系统分析

序号	典型回路名称	类　　型	典型回路的组成
1	差动回路	流量控制	1、2、4、5、3
2	速度换接	流量控制	1、2、4、5、6、7、8

第6章 压力控制典型回路设计基础

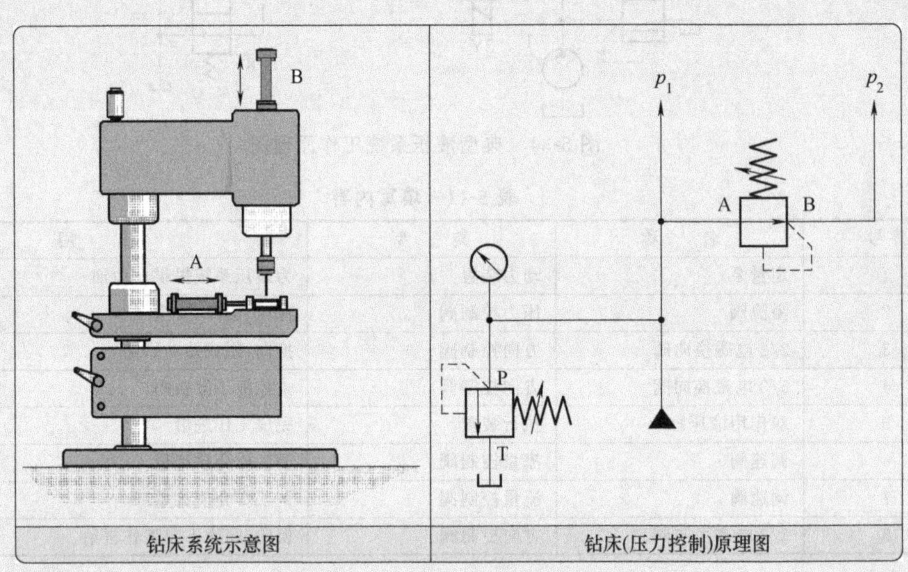

钻床系统示意图　　钻床(压力控制)原理图

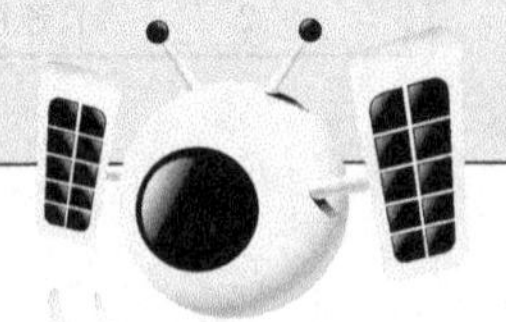

本章重点内容

- 本章重点介绍了压力控制典型回路，要求熟悉并掌握不同类型压力控制典型回路的组成及工作原理
- 理解各种不同类型典型回路的应用场合和特点
- 掌握压力控制典型回路中各液压元件的结构原理及功用

压力控制回路利用压力控制元件控制系统的整体或局部压力，达到调压、卸荷、减压、增压、保压、平衡等目的，以保证执行元件能够获得所需要的力或转矩，并安全可靠地工作。压力控制典型回路分类及功用见表6-1。

表6-1 压力控制典型回路

回路分类	回路功用
调压回路	调压回路的功用是调定和限制液压系统的最高工作压力，或者使执行机构在工作过程不同阶段实现多级压力变换
卸载回路	液压系统执行元件短时间不工作时，不频繁启动原动机而使泵在很小的输出功率下运转
减压回路	减小系统压力到需要的稳定值，以满足机床的夹紧、定位、润滑及控制油路的要求
增压回路	使系统的局部支路获得比系统压力高且流量不大的油液供应
平衡回路	使立式液压缸的回油路保持一定背压，以防止运动部件在悬空停止期间因自重而自行下落，或下行运动时因自重超速失控
保压回路	使系统在缸不动或因工件变形而产生微小位移的工况保持稳定不变的压力
泄压回路	使执行元件高压腔中的压力缓慢地释放，以免泄压过快引起剧烈的冲击和振动

6.1 调压回路

调压回路的功用是调定和限制液压系统的最高工作压力，或者使执行机构在工作过程不同阶段实现多级压力变换。一般用溢流阀来实现这一功能。

6.1.1 基于FluidSIM-H仿真软件调压回路符号原理图

调压回路能够保证液压系统整体或局部的压力保持恒定或不超过某一数值。图6-1为使用溢流阀实现调压功能的调压回路，在泵的出口处设置关联的溢流阀，溢流阀开启，系统压力基本恒定。溢流阀的调定压力决定泵的出口压力。

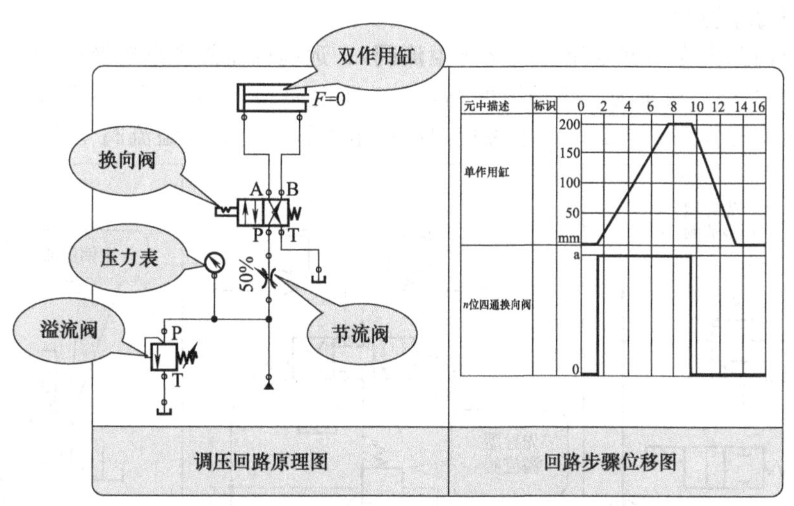

图6-1 调压回路符号原理、步骤位移图

6.1.2 元件结构、原理及主要功用

系统回路中所涉及到的换向阀结构如图3-31、图3-33所示；原理及功用见3.3.2节。

溢流阀结构如图 3-38 所示；原理及功用见 3.3.3 节。

节流阀结构如图 3-50 所示；原理及功用见 3.3.4 节。

6.1.3 典型回路工作原理

调压回路又分为单级调压和多级调压回路。

（1）单级调压回路

如图 6-2 所示为单级调压回路，这是液压系统中最为常见的回路，在液压泵的出口处并联一个溢流阀来调定系统的压力。

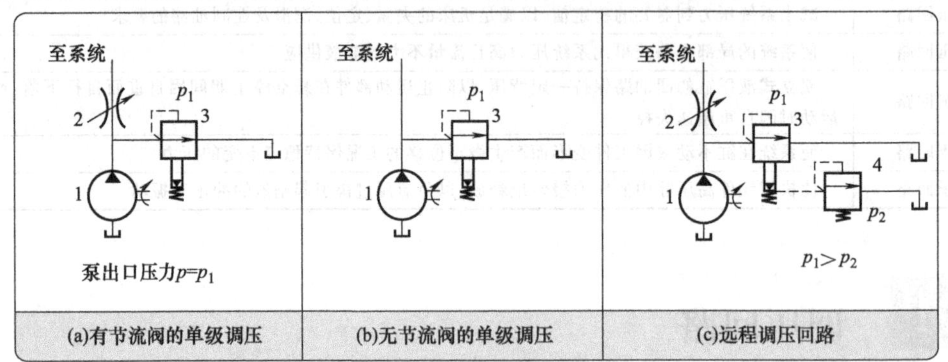

图 6-2 单级调压回路

① 如图 6-2（a）所示系统中有节流阀。当执行元件工作时溢流阀始终开启，使系统压力稳定在调定压力附近，溢流阀作定压阀用。

② 如图 6-2（b）所示系统中无节流阀。当系统工作压力达到或超过溢流阀调定压力时，溢流阀才开启，对系统起安全保护作用。

③ 如图 6-2（c）所示为远程调压回路。此回路中利用先导型溢流阀遥控口远程调压时，主溢流阀的调定压力必须大于远程调压阀的调定压力。

（2）多级调压回路

多级调压回路由先导型溢流阀（比例溢流阀）、远程调压阀和电磁换向阀组成。

① 如图 6-3（a）所示为二级调压回路，2/2 通电磁换向阀在图示位置时，先导型溢流阀 2 的调定压力起作用；当 2/2 通电磁换向阀的电磁铁通电时，溢流阀 4 的调定压力控制系

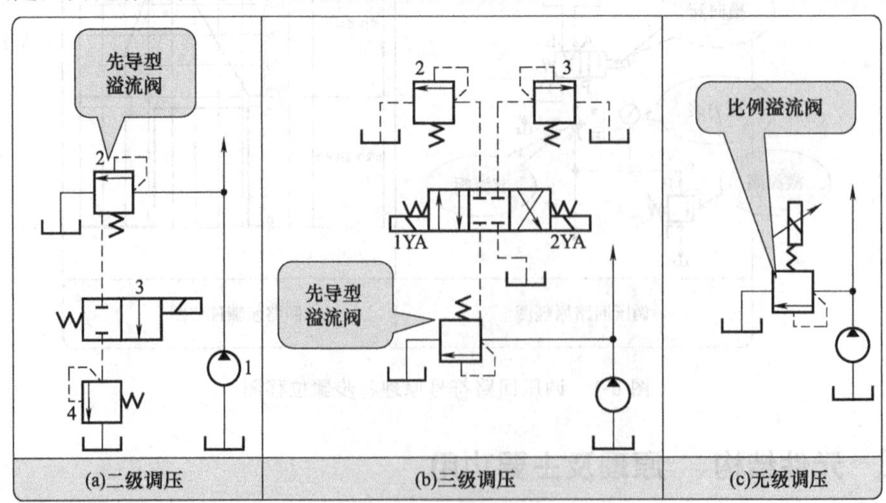

图 6-3 多级调压回路

统最高压力。

② 如图 6-3（b）所示为三级调压回路，4/3 通双电控电磁换向阀为中位时，主控先导型溢流阀调定压力控制系统的最高压力；电磁换向阀左位线圈得电时，溢流阀 2 的调定压力控制系统最高压力；电磁换向阀右位线圈得电时，溢流阀 3 的调定压力控制系统最高压力。

③ 如图 6-3（c）所示，通过电液比例溢流阀来实现无级调压。

6.1.4 回路应用场合、设计禁忌及注意事项

① 控制阀的使用压力、流量，不要超过其额定值。控制阀的使用压力、流量超过了其额定值，就易引起液压卡紧和液动力，对控制阀工作品质产生不良影响。

② 避免溢流阀的设定压力不当导致液压缸运动速度达不到要求。如图 6-4 所示系统，回路要求升降式运动平稳，速度调节工作范围大，活塞可停止在任意位置。

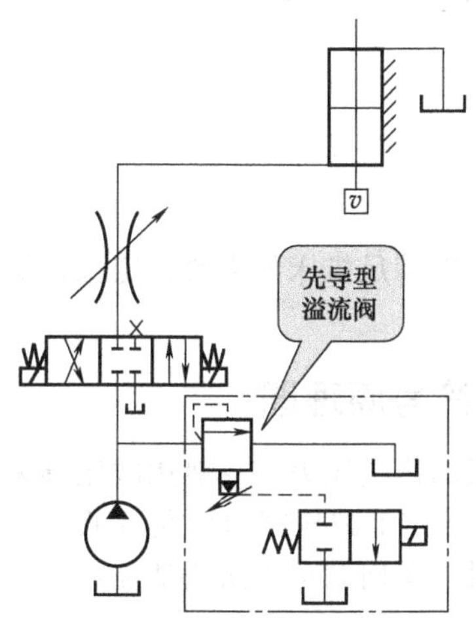

系统运行现象

在运行时，调节升降机的上升速度时，在很大范围内速度不变化，只有在节流阀开口调至很小时，上升速度才有所变化，达不到应有的性能要求

造成原因及要求

1.这是由于溢流阀压力调高了的缘故

2.溢流阀的调定压力应使液压泵工作压力恰好等于液压缸负载压力和泵全部流量通过节流阀时所需压力降之和

图 6-4　位移升降机液压系统

③ 避免调定参数不当，导致系统运行时油温过高。如图 6-5 所示，系统由于压力阀 1 调定的系统压力 p_r 小于阀 2 调压弹簧调定的压力 p_t，使系统温度升高。

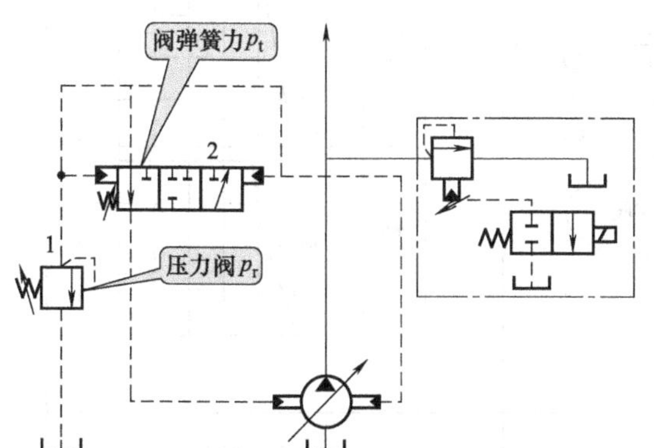

系统运行现象

由于压力阀1调定的系统压力p_r低于阀2调压弹簧调定的压力p_t，使恒压泵始终在最大排量下工作，多余流量Q_r以压力p_r溢流回油箱，并全部转变为热量，使系统温度升高

造成原因及要求

因此把阀1作溢流阀使用，将其压力调到系统所需最高压力大0.5～1MPa，问题即可解决

图 6-5　恒压泵动力源回路

④ 避免溢流阀回油液流波动。如图 6-6 所示的液压系统中，压力冲击、背压等流体波动直接作用在先导阀的锥阀上，于是控制容腔中的压力也随之增高，并使之出现冲击与波动，导致溢流阀调定压力不稳定，并易激起振动和噪声。

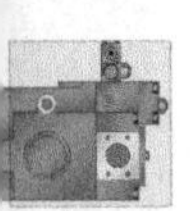

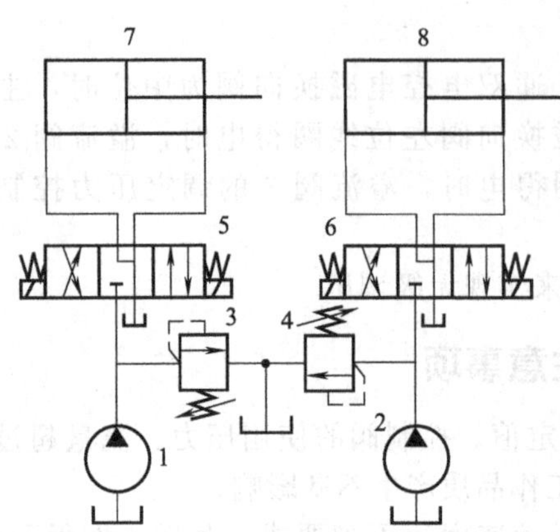

存在问题

启动液压泵1、2向液压缸7、8供油,系统开始运行时,溢流阀3、4不稳定,并发出振动和噪声

问题分析

引起噪声的原因为两个溢流阀共用一个回油管路造成的

解决方法

1.将两个溢流阀回油管路分别接回油箱,避免相互干扰

2.若由于某种因素,必须合流回油箱的,应将合流后的回油管加粗减小背压阻力(层流状态下总回油管路沿程阻力损失增加1倍,紊流状态下增加3倍,即溢流阀回油口背压增加1倍或3倍),并将两溢流阀均改为外部泄漏型,单独接回油箱。

图 6-6 双泵液压系统工作原理图

1,2—液压泵；3,4—溢流阀；5,6—换向阀；7,8—液压缸

6.2 减压回路

减压回路的功能是减小系统压力到需要的稳定值，以满足机床的夹紧、定位、润滑及控制油路的要求。

6.2.1 基于 FluidSIM 仿真软件典型回路符号原理图

减压回路用于使液压系统某一部分的油路具有较低的稳定压力。一般用减压阀来实现减压功能。如图 6-7 所示的定值减压回路中，在支路上串接定值减压阀即可获得低于主油路压力的稳定压力。当主油路压力低于减压阀的调整压力时，单向阀可以防止油液倒流，起短时保压作用。溢流阀限定了液压泵的最大工作压力。

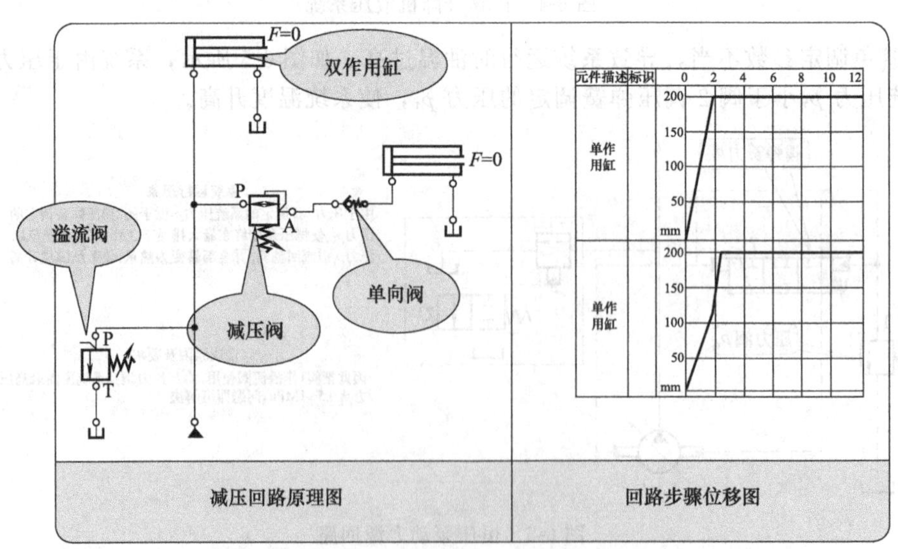

图 6-7 FluidSIM 仿真软件减压典型回路符号原理图

注意：要使减压阀稳定工作 $\begin{cases}\text{最低调整压力} \neq 0.5\text{MPa} \\ \text{最高调整压力至少比系统压力低 } 0.5\text{MPa}\end{cases}$

① 单级减压回路如图 6-8（a）所示。在所需低压的支路（如加紧、润滑、控制等）上串接定值减压阀。

② 二级减压回路如图 6-8（b）所示。在先导型减压阀遥控口接入远程调压阀和二位二通电磁阀。

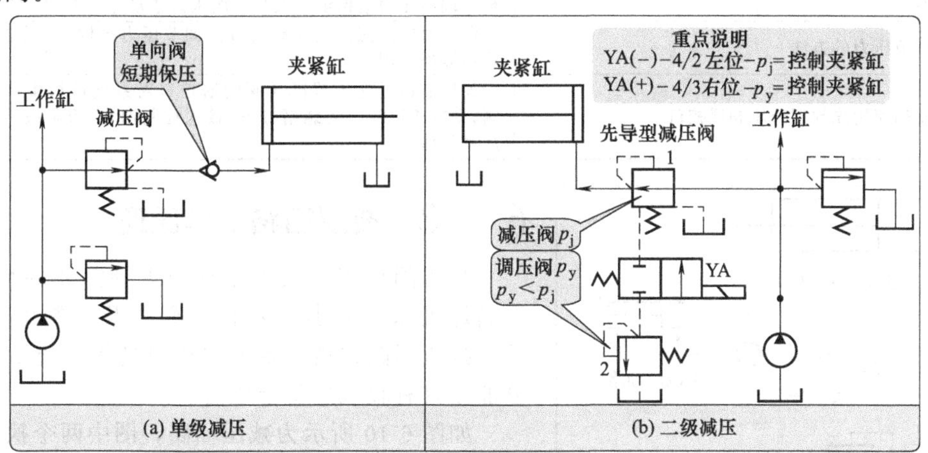

图 6-8 减压回路

6.2.2 元件结构、原理及主要功用

(1) 减压阀结构及原理

减压阀是利用液流流过缝隙产生压力损失，使其出口压力低于进口压力的压力控制阀。按调节要求不同，有用于保证出口压力为定值的定值减压阀，用于保证进出口压力差不变的定值定差减压阀，用于保证进出口压力成比例的定比减压阀。其中定值减压阀应用最广，又简称减压阀，二通直动式定值减压阀结构原理及外形如图 6-9 所示。减压阀广泛应用于需要减压和稳压的液压系统中。

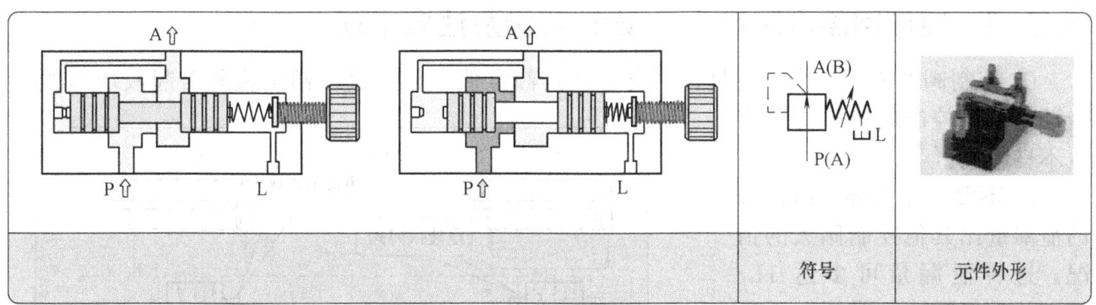

图 6-9 减压阀结构原理、符号及外形

(2) 减压阀使用注意事项

减压阀包括直动式减压阀和先导式减压阀，减压阀使用注意事项见表 6-2。

表 6-2 减压阀使用注意事项

使用注意事项	具 体 要 求
应根据液压系统的工况特点和具体要求选择减压阀的类型，应注意减压阀的泄油量较其他控制阀多	通过减压阀的流量增大时二次压力有所减小 注意减压阀的启闭特性的变化趋势与溢流阀相反
正确使用减压阀的连接方式，正确选用连接件，并注意连接处的密封	阀的各个油口应正确接入系统，外部卸油口必须直接接回油箱
根据系统的工作压力和流量合理选择减压阀	合理选择阀额定压力和流量规格

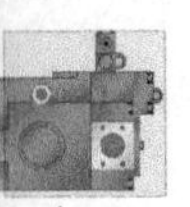

续表

使用注意事项	具体要求
应根据减压阀在系统中的用途和作用确定和调节二次压力,必须注意减压阀设定压力与执行器负载压力的关系	主减压阀的二次压力设定值应高于远程调压阀的设定压力。二次压力的调节范围决定于所用的调压弹簧和阀的通过流量。最低调节压力应保证一次与二次压力之差为0.3～1MPa
注意调节压力的方法	调压时应注意以正确旋转方向调节压力机构,调压结束时应将锁紧螺母固定
注意正确使用先导型减压阀遥控口	如果需通过先导式减压阀的遥控口对系统进行多级减压控制,则应将遥控口的螺堵拧下,接入控制油路;否则应将遥控口严密封堵

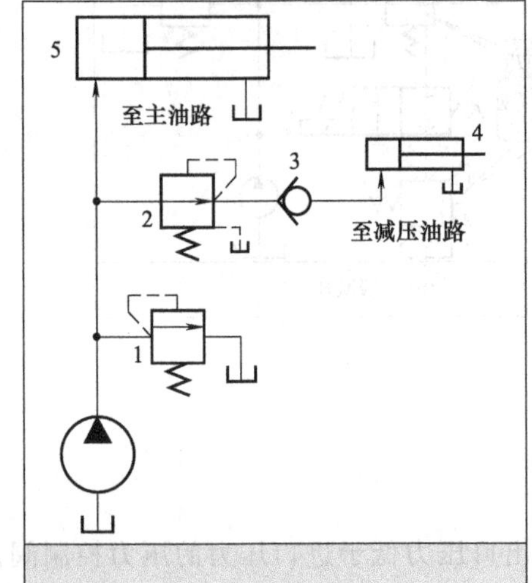

图 6-10 减压回路

1—溢流阀；2—减压阀；3—单向阀；4,5—液压缸

6.2.3 典型回路工作原理

减压阀功用：减小系统压力到需要的稳定值，以满足机床的夹紧、定位、润滑及控制油路的要求。减压回路在液压系统的功用是使系统中某一部分油路具有较低的稳定压力。

如图 6-10 所示为减压回路，图中两个执行元件需要的压力不一样，在压力较低的回路上安装一个减压阀以获得较低的稳定压力，单向阀的作用是当主油路的压力较低时，防止油液倒流，起短时保压作用。

为使减压阀的回路工作可靠，减压阀的最低调压不应小于 0.5 MPa，最高压力至少比系统压力低 0.5 MPa。当回路执行元件需要调速时，调速元件应安装在减压阀的后面，以免减压阀的泄漏对执行元件的速度产生影响。

6.2.4 减压回路应用场合、设计禁忌及注意事项

① 控制阀的使用压力、流量，不要超过其额定值。如超过了额定值易引起液压卡紧和液动力，对控制阀工作品质产生不良影响。

② 不要忽略先导式减压阀的泄漏量比其他控制阀大的情况。这种泄漏量可多达 1L/min 以上，而且只要阀处于工作状态，泄漏始终存在。在选择液压泵容量时，要充分考虑这一点。同时还应注意，减压阀的最低调节压力，应保证一次压力与二次压力之差为 0.3～1MPa。

③ 避免减压阀阀芯的阻尼孔部分堵塞造成二次压力不稳定。

④ 避免减压回路的工作压

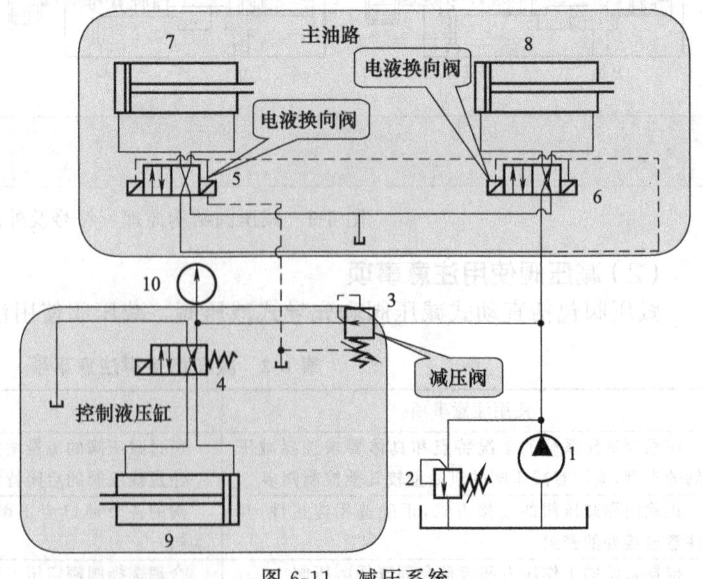

图 6-11 减压系统

力波动较大。减压回路的工作压力波动实例如图 6-11 所示。

⑤ 系统中主油路工作正常，但在减压回路中，减压阀的下游压力波动较大，使控制液压缸 9 的工作压力不能稳定在调定的 1MPa 压力值上，如图 6-11 所示。

在减压回路中，减压阀的下游压力即减压回路的工作压力，发生较大的波动是经常出现的故障现象原因。

发生较大波动故障现象的主要原因见表 6-3。

表 6-3　减压回路常见波动故障现象的主要原因

故障主要原因	改 进 措 施
减压阀能使阀下游压力稳定在调定值的前提条件是减压阀的上游压力要高于下游压力	在主油路执行机构发生变化的工况中，最低工作压力低于减压阀下游压力，回路的设计应在减压阀前增设单向阀，单向阀与减压阀之间还可以增设蓄能器，以防止减压阀的上游压力变化时低于减压阀的下游压力
执行元件的负载不稳定 减压阀的下游压力与负载有光	在变负载的工况下，减压阀的下游压力值是变化的，变化范围应低于减压阀的调定压力
减压阀的外泄油口有背压	将减压阀的外泄油管与电液换向阀的控制油路油管分别单独接回油箱，这样减压阀的外泄油液能稳定地流回油箱，不会产生干扰与波动，下游压力也就会稳定在调定的压力值上

6.3 卸载回路

在执行元件短时间停止工作时，卸荷回路能够不频繁启闭液压泵的驱动电机，而使液压泵在功率损耗近于零的情况下运转，以减少功率损失和系统发热，延长泵和电机的使用寿命。

6.3.1 基于 FluidSIM 仿真软件卸载回路符号原理图

如图 6-12 所示为溢流阀的卸荷回路。当二位二通电磁换向阀通电时，溢流阀的远程控制口与油箱接通，溢流阀打开，泵实现卸荷。

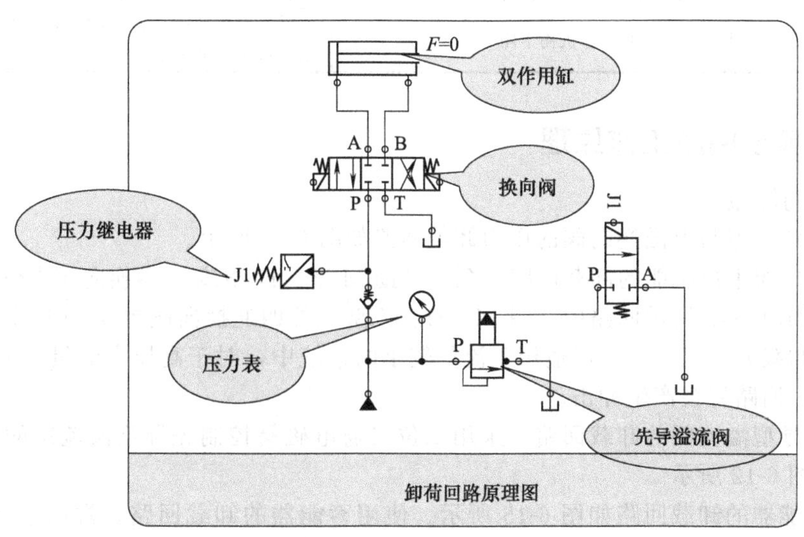

图 6-12　卸载回路仿真原理图

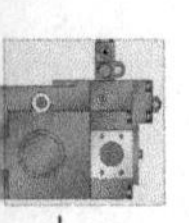

6.3.2 元件结构、原理及主要功用

压力继电器是一种将液压系统的压力信号转换为电信号输出的元件。其作用是实现执行元件的顺序控制或安全保护。

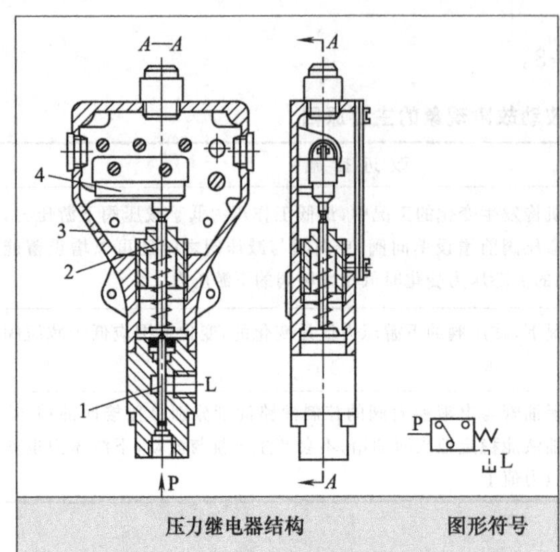

图 6-13 柱塞式压力继电器结构、图形符号
1—柱塞；2—顶杆；3—调节螺母；4—微动开关

(1) 压力继电器结构原理

如图 6-13 所示为柱塞式压力继电器。主要零件包括柱塞 1、顶杆 2、调节螺母 3、电气微动开关 4。压力油作用在柱塞下端，液压力直接与弹簧力比较，当液压力大于或等于弹簧力时，柱塞向上移压微动开关触头，接通或断开电气线路。

(2) 压力继电器使用注意事项、常见故障及诊断方法

① 根据具体用途和系统压力选用适当结构的压力继电器，为了保证压力继电器动作灵敏，避免低压系统选用高压压力继电器。

② 应按照制造厂的要求，以正确方位安装压力继电器。

③ 按照所要求的电源形式和具体要求对压力继电器中的微动开关进行接线。

④ 压力继电器调压完毕后，应锁定或固定其位置，以避免受振动后变动。

⑤ 常见故障及诊断排除方法见表 6-4。

表 6-4 故障诊断及排除方法

故障现象	故障原因	排除方法
压力继电器失灵	微动开关损坏不发信号	修复或更换
	微动开关发信号，但调节弹簧永久变形、压力-位移机构卡阻、感压元件失效	更换弹簧；拆洗压力-位移机构；拆检和更换失效的感压元件（弹簧管、膜片、波纹管等）
压力继电器灵敏度降低	压力-位移机构卡阻	拆检或更换阀芯；泄油口接油箱并降低泄油背压。检查更换弹簧

6.3.3 典型回路工作原理

(1) 压力卸载

① 压力继电器与电磁换向阀的压力卸载回路如图 6-14 所示。

② 用换向阀中位机能的卸载回路，泵可借助 M 型、H 型或 K 型换向阀中位机能来实现降压卸载。如图 6-12 所示回路中，用 M、H、K 型三位四通换向阀更换 O 型中位机能，这是最简单的卸载方法之一，一般适用于流量较小的系统中，对于高压大流量（大于 3.5MPa 和 40L/min）回路将会产生冲击。

③ 用先导型溢流阀的卸载回路，采用二位二通电磁阀控制先导型溢流阀的遥控口来实现卸载，如图 6-12 所示。

④ 有蓄能器的卸载回路如图 6-15 所示。使用蓄能器的卸载回路，常用于夹紧装置中，因回路中带蓄能器，使在长期夹紧工作中，能用蓄能器给回路一压力和补充各元件的泄损，

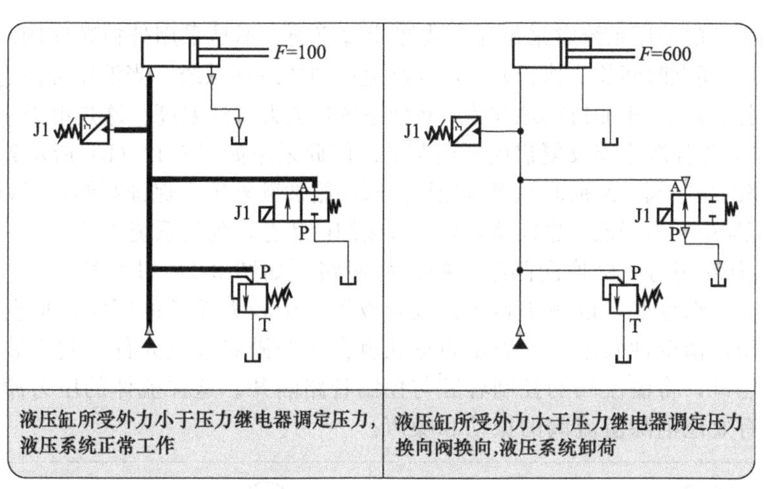

图 6-14　卸荷回路

而液压泵只间歇带负荷工作。在这种回路中，一般都带单向阀。

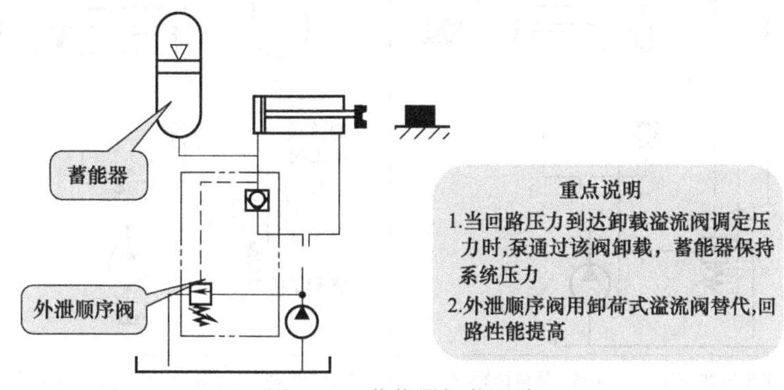

图 6-15　蓄能器卸载回路

（2）流量卸载（仅适用于变量泵）

限压式变量泵的卸载回路为零流量卸载回路，如图 6-16 所示。

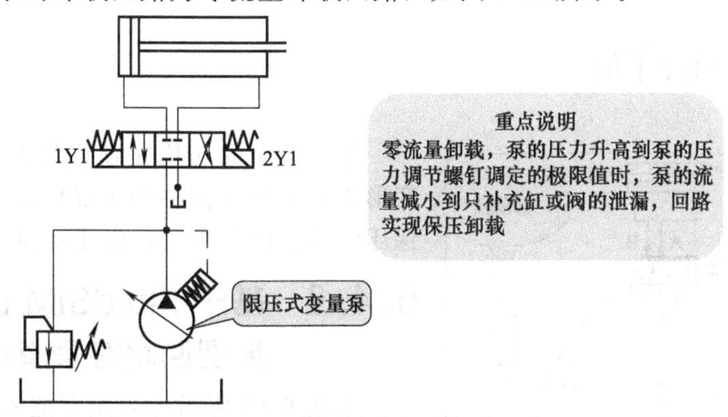

图 6-16　限压式变量泵卸载回路

6.3.4　卸载回路应用场合、设计禁忌及注意事项

① 不要忽略卸荷溢流阀与外控顺序阀做卸荷阀的区别。卸荷溢流阀主要用于装有蓄能器的液压回路中。若用外控顺序阀替代卸荷溢流阀作卸荷阀，会导致液压泵出口压力时高时低，造成回路功耗大、油温高，系统不能正常工作。

② 长时间卸荷的液压系统宜采用先导式卸荷溢流阀，不易采用外控顺序阀。如图 6-17（a）所示为一要求动作间歇时间长、执行元件需要高速运动的运动系统。当液压缸停止不动时，液压泵的出口压力时高时低，不能持续地卸荷，致使系统功耗大、油温高。这是由于回路中某个元件或管路存在泄漏，外控顺序阀反复启闭所引起的。因此采用如图 6-17（b）所示先导式卸荷溢流阀来代替原回路的顺序阀，卸荷时柱塞对先导阀阀芯施加额外推力保证泵卸荷通路通畅，即使回路有泄漏使蓄能器中压力降低，也能使泵处于持续卸荷状态，满足系统要求。

③ 先导式溢流阀与电磁换向阀组成的卸荷回路［如图 6-17（b）所示］，一般应使远程控制管路愈短、愈细愈好，以减小容积；或者设置一个较大而长的固定阻尼孔，以减小压力冲击及压力波动，稳定性效果好。固定阻尼孔就是一个固定节流元件，其安装位置应尽可能靠近溢流阀远控口，将溢流阀的控制容腔与控制管路隔开。这样流体的压力冲击与波动将被迅速衰减，能有效地消除溢流阀的振动和噪声。

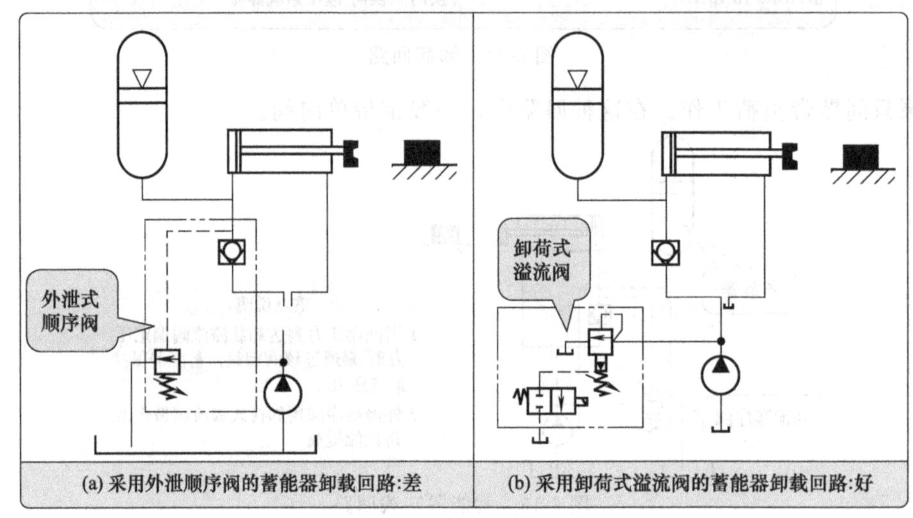

图 6-17　长时间卸荷的液压系统采用先导式卸荷溢流阀

6.4 保压回路

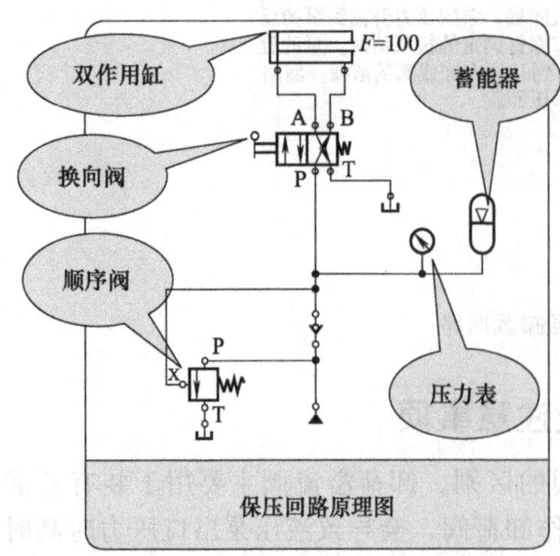

图 6-18　保压 FluidSIM 仿真回路图

保压回路的功用是使系统在缸不动或因工件变形而产生微小位移的工况保持稳定不变的压力。保压性能有两个指标：保压时间和压力稳定性。

6.4.1 基于 FluidSIM 仿真软件保压典型回路符号原理图

如图 6-18 所示为采用蓄能器的保压回路，此回路的保压时间长，但应注意工作循环中必须向蓄能器充液。

6.4.2 元件结构、原理及主要功用

蓄能器有各种结构形状，根据加载方式可分为重锤式、弹簧式和充气式三种。其中充气式蓄

能器是利用气体的压缩和膨胀来储存和释放能量，用途较广。如图 6-19 所示为气囊式蓄能器。该种蓄能器有一个均质无缝壳体 2，其形状为两端呈球形的圆柱体。壳体的上部有个容纳充气阀的开口。气囊 3 用耐油橡胶制成，固定在壳体 2 的上部。由气囊把气体和液体分开。

囊内通过充气阀 1 充进一定压力的惰性气体（一般为氮气）。壳体下端的提升阀 4 是一个受弹簧作用的菌形阀，压力油从此通入。当气囊充分膨胀时，即油液全部排出时，迫使菌形阀关闭，防止气囊被挤出油口。该种结构的蓄能器的优点是：气液密封可靠，能使油气完全隔离；气囊惯性小，反应灵敏；结构紧凑。其缺点是：气囊制造困难，工艺性较差。气囊有折合型和波纹型两种，前者容量较大，适用于蓄能，后者则是用于吸收冲击。

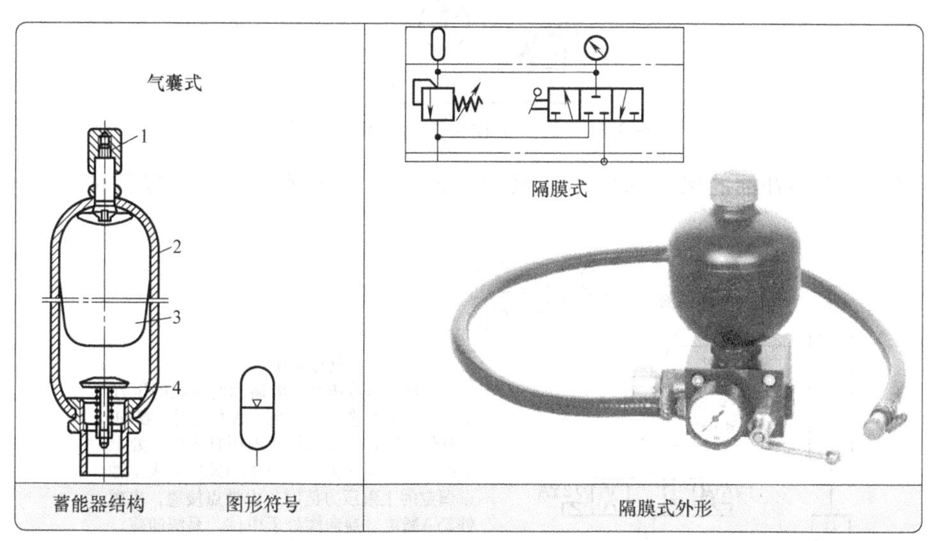

图 6-19　蓄能器结构及外形

1—充气阀；2—壳体；3—气囊；4—提升阀

6.4.3　典型回路工作原理

① 采用蓄能器的保压回路。如图 6-20 所示为采用蓄能器的保压回路，本系统可节约能源并降低油温。

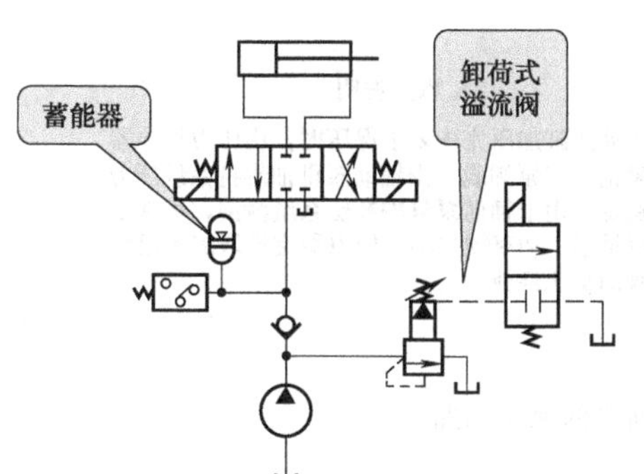

重点说明

当三位四通换向阀左位接通时，液压缸进给，进行夹紧工作；当压力升至调定压力时，压力继电器发出信号，使二位二通电磁换向阀换向，油泵卸荷。此时，夹紧油路利用蓄能器进行保压

图 6-20　蓄能器保压回路

② 采用液控单向阀的保压回路。如图 6-21 所示为采用液控单向阀的保压回路。适用于保压时间短、对保压稳定性要求不高的场合。

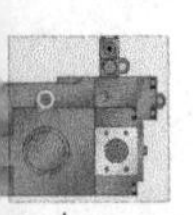

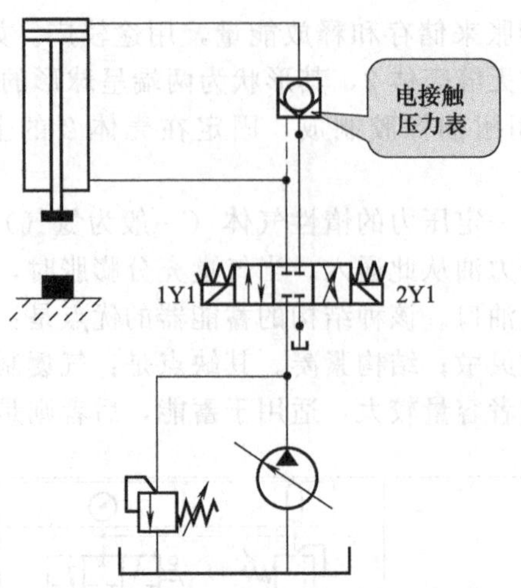

图 6-21　采用液控单向阀的保压回路

③ 液压泵自动补油的保压回路采用液控单向阀、电接触式压力表发信使泵自动补油。如图 6-22 所示。

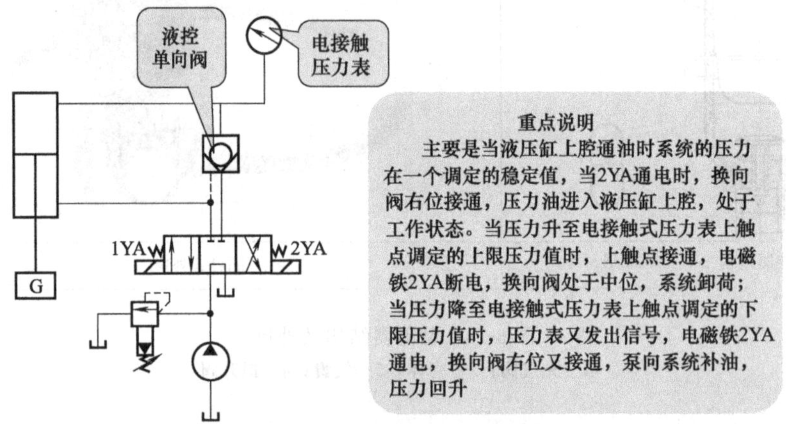

图 6-22　自动补油保压回路

④ 采用辅助泵的保压回路，如图 6-23 所示。

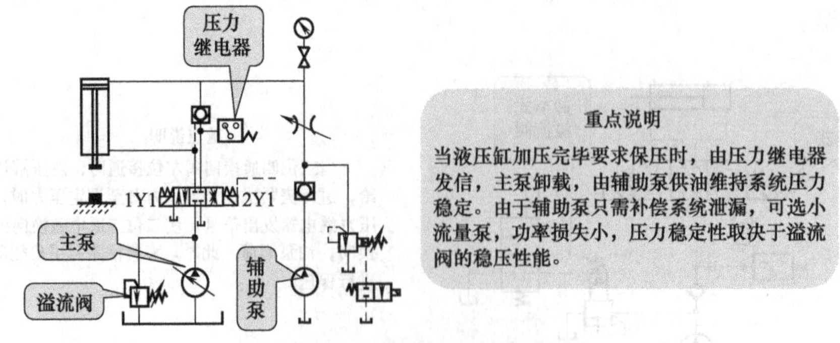

图 6-23　采用辅助泵的保压回路

6.4.4　回路应用场合、设计禁忌及注意事项

(1) 保压回路中蓄能器的选择、安装及使用

见表 6-5。

表 6-5 保压回路中蓄能器的选择、安装、使用

蓄能器选择	蓄能器安装	蓄能器使用
蓄能器的选择应考虑以下因素：工作压力及耐压；公称容积及允许的充(排)液量或气体腔容积；允许使用的工作介质及介质温度等。其次还应考虑蓄能器的重量及占用空间；价格、质量及使用寿命；安装维修的方便性及生产厂家的货源情况	蓄能器应安装在便于检查、维修的位置，并远离热源。用于降低噪声、吸收脉动和液压冲击的蓄能器，应尽可能靠近振动源。非隔离式蓄能器及气囊式蓄能器应油口向下、充气阀朝上竖直安放。蓄能器与泵之间应安装单向阀，防止液压泵卸荷或停止工作时蓄能器中的压力油倒灌	不能在蓄能器上进行焊接、铆接及机械加工。蓄能器绝对禁止充氧气，以免引起爆炸。不能在充油状态下拆卸蓄能器。非隔离式蓄能器不能放空油液，以免气体进入管道。使用压力不应过高，防止过多气体溶入油中。检查充气压力的方法：将压力表装在蓄能器的油口附近，用泵向蓄能器注满油液，然后使泵停机，让压力油通过与蓄能器相接的阀慢慢从蓄能器中流出

（2）保压回路设计注意事项

① 用限压式变量泵的保压回路。液压缸直接由限压式变量泵补油，可以长期保持压力稳定。变量泵输油量能随需要自动调整，回油效率较高。

② 用蓄能器的保压回路，如图 6-24 所示。蓄能器中的高压油与液压缸高压腔相通补偿系统的泄漏。蓄能器出口有单向阀，其作用是防止换向阀切换时，蓄能器突然泄压而造成冲击。该回路适用于保压时间长、压力稳定性要求高的场合。

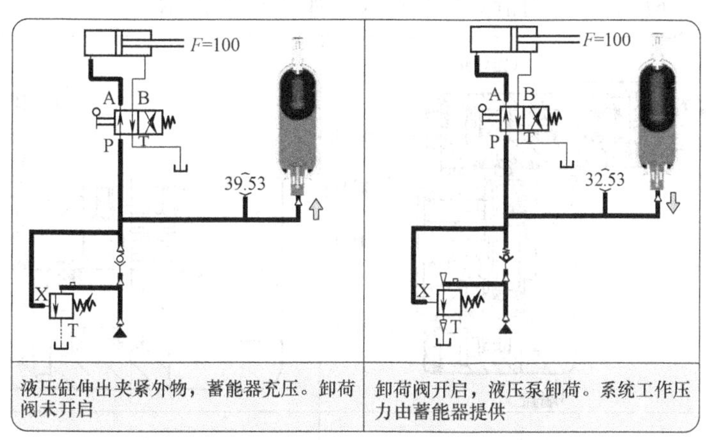

图 6-24 保压回路

③ 用液控单向阀的保压回路。在缸的进油路串联液控单向阀，利用锥形阀座的密封性能实现保压。若采用电接触式压力表，可控制压力波动范围和补压动作。该回路适于保压时间不太长、保压稳定要求不太高（压力变化为 1～2MPa），但要求功率损失较小的场合。

6.5 平衡回路

平衡回路可以平衡工作部件的自重，防止执行机构在下行运动中由于自重而造成失控、失速的不稳定运动。平衡回路主要用于垂直运动的液压机械中，如轧机支撑辊、起重机伸缩臂、插床运动部件的平衡等。

6.5.1 基于 FluidSIM 仿真软件典型回路符号原理图

采用远控平衡阀的平衡回路如图 6-25 所示，由液压泵、三位四通换向阀、单向阀、平衡阀、液压缸组成。平衡阀的作用是改变节流口的大小控制重物下降的速度，它不但具有很

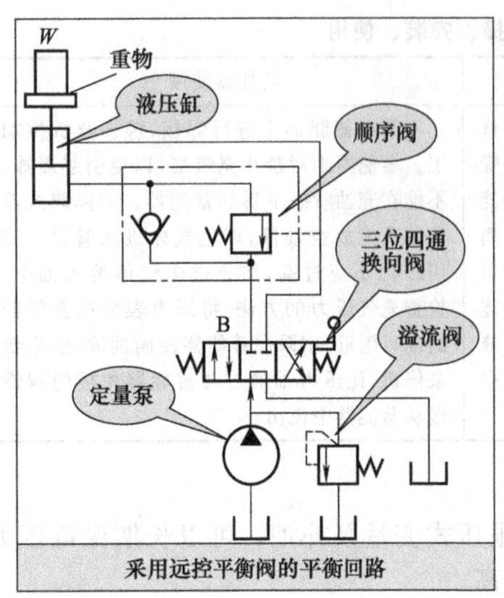

图 6-25 平衡回路 FluidSIM-H 仿真图

好的密封性，能起到长时间的闭锁定位作用，还能自动适应不同负载对背压的要求。

6.5.2 元件结构、原理及主要功用

(1) 顺序阀

顺序阀利用油液压力作为控制信号控制油路通断，以控制有两个或两个以上执行元件的液压系统中的各执行元件按预先确定的先后动作顺序工作。按控制压力来源不同，顺序阀有内控式和外控式之分。按结构形式不同，顺序阀有直动式和先导式之分，一般直动式顺序阀用于压力较低的液压系统中，而先导式顺序阀用于压力较高的系统中。

如图 6-26 所示为先导式顺序阀，其工作原理与先导式溢流阀相似，所不同的是顺序阀的出油口不接回油箱，而通向某一压力油路，因而其泄油口 L 必须单独接回油箱。将先导阀 1 和端盖 3 在装配时相对于主阀体 2 转过一定位置，也可得到内控内泄、外控外泄、外控内泄等控制形式，如图 6-27 所示。

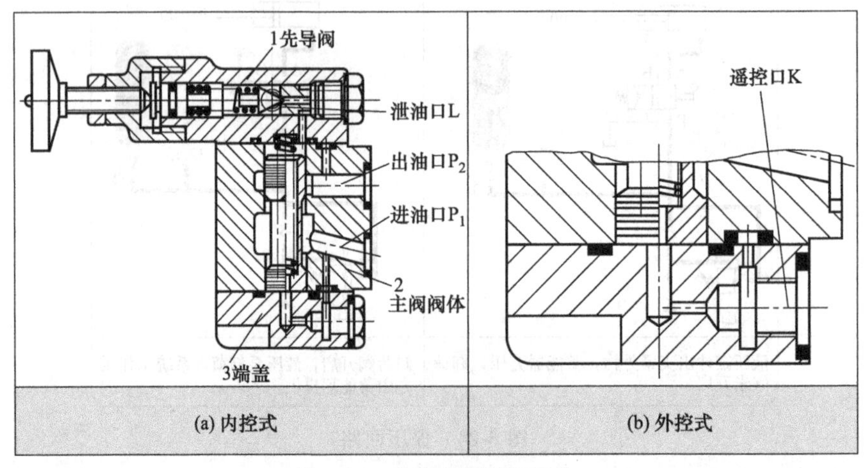

图 6-26 先导式顺序阀结构

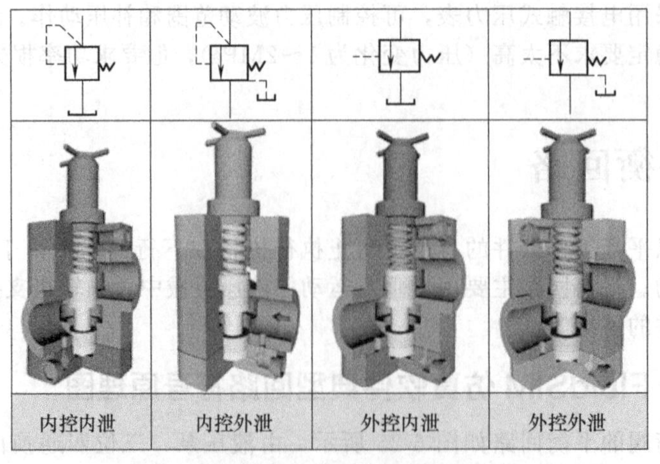

图 6-27 顺序阀外形结构、图形符号

顺序阀主要用于控制多个执行元件的顺序动作。内控式顺序阀可作为背压阀使用；外控式顺序阀可作为卸荷阀使用。若和单向阀组合成单向顺序阀，可作为平衡阀用，使垂直放置的液压缸不因自重而下落。

（2）平衡阀

平衡阀是为了防止负载自由下落而保持背压的压力控制阀。它通常用来防止液压缸活塞因负载重量而高速下滑，即限制液压缸活塞的运动速度。

由顺序阀和单向阀简单组合而成的平衡阀如图 6-28 所示，其性能往往不够理想，不能应用于工程机械，如起重机、汽车吊等液压系统。实际使用的平衡阀为了使液压缸动作平稳，还要在各运动部位设置很多阻尼。

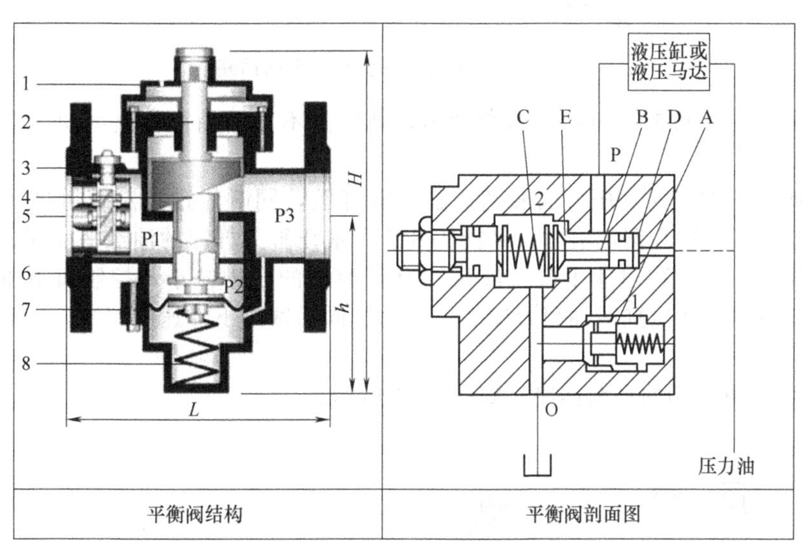

图 6-28 平衡阀结构

1—刻度盘；2—手动阀瓣；3—传感器；4—自动阀瓣；5—流量机芯；6—阀体；7—膜片；8—弹簧

6.5.3 典型回路工作原理

① 采用单向顺序阀的平衡回路，如图 6-29 所示。

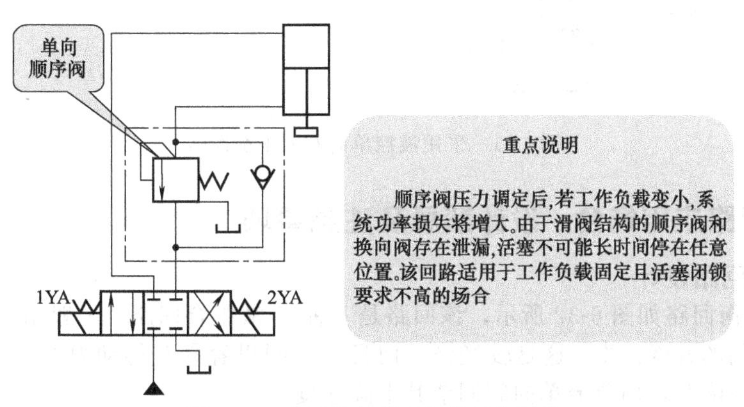

图 6-29 采用单向顺序阀的平衡回路

② 采用平衡阀的平衡回路，如图 6-30 所示。

a. 换向阀处于左位时，液压油经单向阀到达液压缸的无杆腔作用在活塞上，液压缸有杆腔的油液经换向阀回油箱，使液压缸活塞杆伸出带动重物上行。

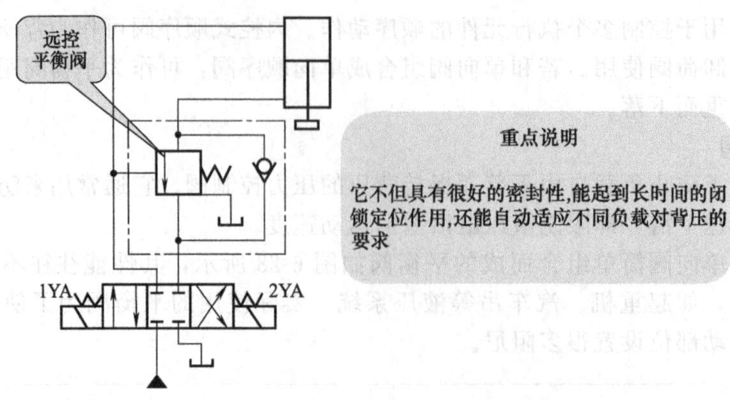

图 6-30　采用远控平衡阀的平衡回路

b. 换向阀处于中位时，单向平衡阀锁闭，液压缸不能回油，停止运动，重物不会因自重而下滑。

c. 换向阀处于右位时，压力油液到达缸的有杆腔，同时经过控制管道进入平衡阀的控制口 K，当控制压力达到调定值时，平衡阀开启，液压缸无杆腔的油经平衡阀、换向阀回油箱，活塞下降。一旦重物超速下降，液压缸有杆腔中的压力减小，控制口 K 的压力减小，平衡阀的开口减小，液压缸回油阻力增加，重物连同活塞的下降速度减慢，提高了运动的平稳性。

③ 采用液控单向阀的平衡回路，如图 6-31 所示。

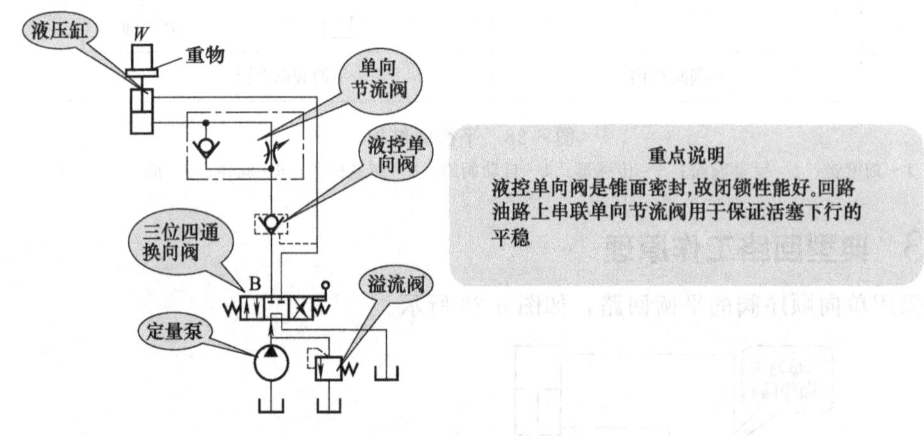

图 6-31　采用液控单向阀的平衡回路

6.5.4　回路应用场合、设计禁忌及注意事项

(1) 平衡回路设计

① 自重平衡回路如图 6-32 所示，该回路是一种气-液组合回路，一般用在悬挂重物升降的操纵（如炉门的升降）中。这是较经济、而且在车间里容易获得动力的一种回路。图中，当炉门因自重下降时，用节流单向阀调节其下降速度。

② 背压回路如图 6-33 所示，该回路可以用平衡阀来产生背压，一般用于锻压机械中，适用于液压缸的负载变化较大或具有垂直锻压活塞的场合，可以防止操作过程中负荷突然除去而产生活塞的突进和防止因自重落下。平衡阀的设定压力，仅仅是给予克服上述情况产生的反向负荷。

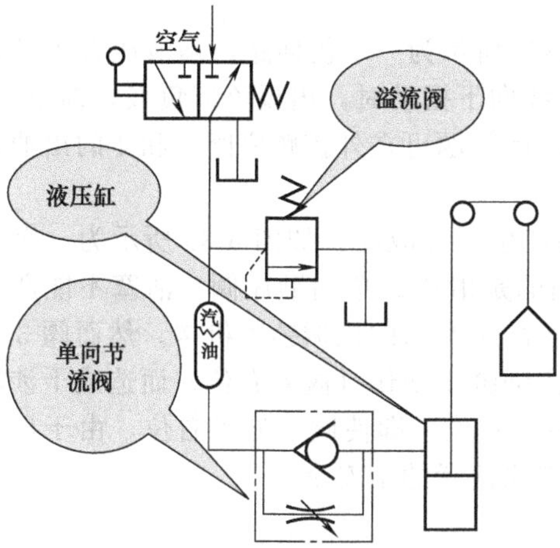

图 6-32　自重平衡回路

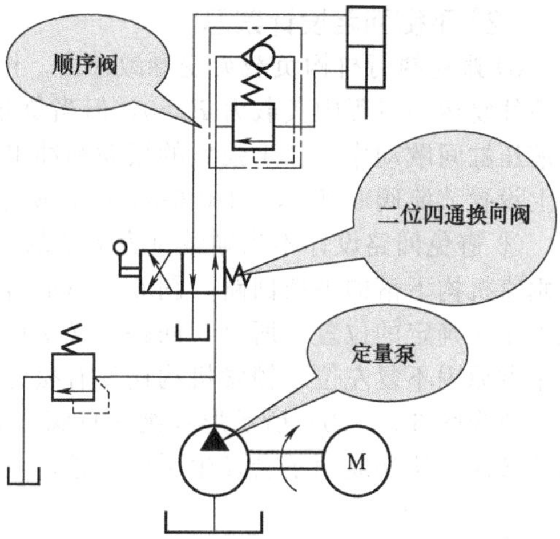

图 6-33　背压回路

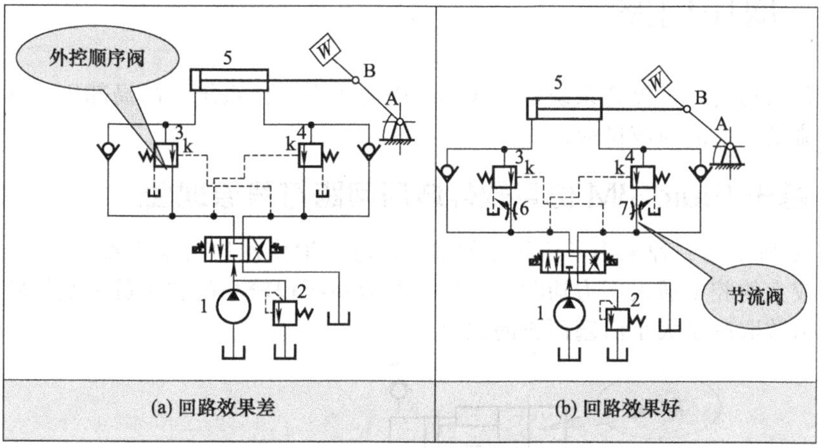

(a) 回路效果差

(b) 回路效果好

图 6-34　避免执行机构负载突变导致冲击

1—液压缸；2—溢流阀；3,4—外控顺序阀；5—液压缸；6,7—节流阀

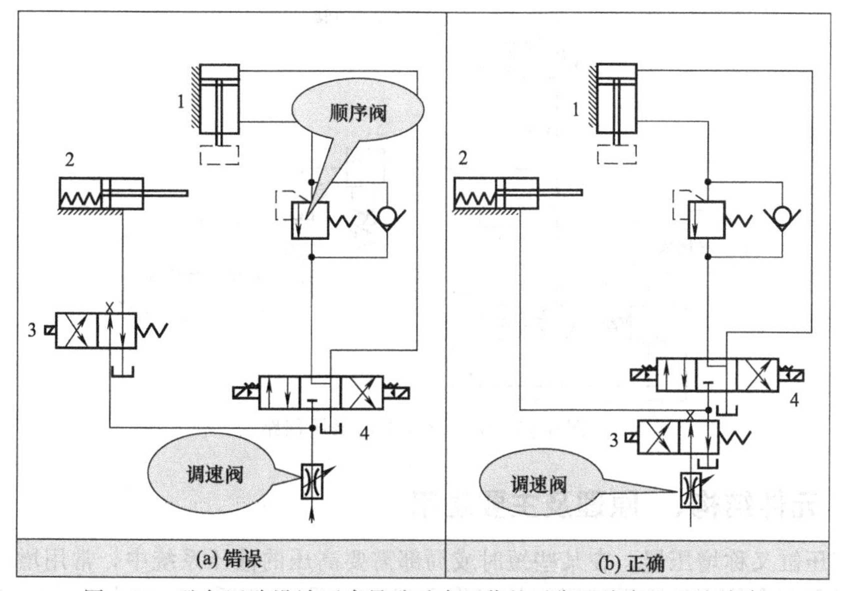

(a) 错误

(b) 正确

图 6-35　避免回路设计不当导致垂直下落的平衡回路产生干涉故障

1—主动缸；2—液压缸；3,4—电磁阀

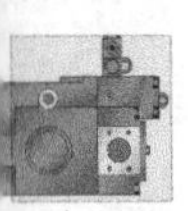

（2）平衡回路设计禁忌

① 避免执行机构负载突变导致冲击。图 6-34（a）所示为一平衡回路，当液压缸 1 带动负载往复运动过程中负载力 $F>0$，但当负载越过中线向下摆动时，出现负值负载，即 $F<0$ 时液压缸间歇动作，产生强烈的振动和冲击。要解决此问题可在外控顺序阀 3 和 4 的出油管路上设置节流阀 6 和 7，如图 6-34（b）所示。

② 避免回路设计不当导致垂直下落的平衡回路产生干涉故障。如图 6-35 所示为一个防止垂直机构下落的平衡回路。图 6-35（a）由于采用的是滑阀式单向顺序阀，活塞不能严格地停留在确定的位置，所以，回路中又采用了由液压缸 2 操纵的机械锁紧机构。然而阀 3 由于某种原因不复左位，锁紧机构还没有松开，由于主动缸 1 动作（阀 4 右位）而造成干涉故障。改为图 6-35（b）所示形式则一旦阀 3 失灵而不复左位，即使阀 4 处于右位，由于压力油路被阀 3 所切断而不会发生干涉现象，从根本上消除前者的不安全。

6.6 增压回路

增压回路的功用是，提高系统中局部油路中的压力，使系统中的局部压力支路获得比系统压力高且流量不大的油液供应。

6.6.1 基于 FluidSIM 仿真软件增压回路符号原理图

如图 6-36 所示是一种采用了增压器的增压回路。增压器的两端活塞面积不一样，因此，当活塞面积较大的腔中通入压力油时，在另一端活塞面积较小的腔中就可获得较高的油液压力。增压的倍数取决于大小活塞面积的比值。

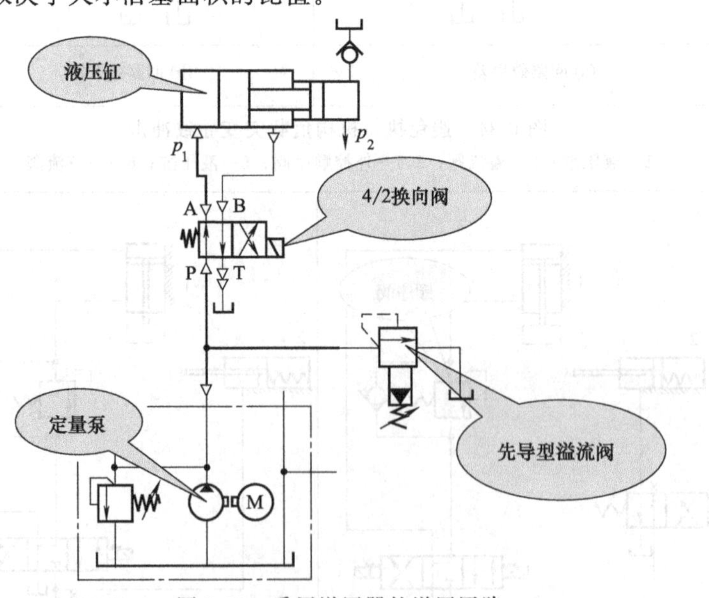

图 6-36 采用增压器的增压回路

6.6.2 元件结构、原理及主要功用

增压液压缸又称增压器。在某些短时或局部需要高压的液压系统中，常用增压液压缸与低压大流量泵配合使用。增压液压缸的工作原理图如图 6-37 所示，它有单作用和双作用两种形式。当输入低压 p_1 的液体推动增压缸的大活塞 D 时，大活塞即推动与其连成一体的小

活塞 d，同时输出压力为 p_2 的高压液体。增压比（代表其增压的能力）为大活塞与小柱塞的面积比 $K=D^2/d^2$，小柱塞缸输出的压力 $p_b= p_a K\eta_m$，显然增压能力是在降低有效流量的基础上得到的，也就是说增压缸仅仅是增大输出的压力，并不能增大输出的能量。

单作用增压缸在小活塞运动到终点时，不能再输出高压液体，需要将活塞退回左端位置，再向右行时才又输出高压液体，即只能在一次行程中连续输出高压液体。为了克服这一缺点，可采用双作用液压缸。由两个高压端连续向系统供油。

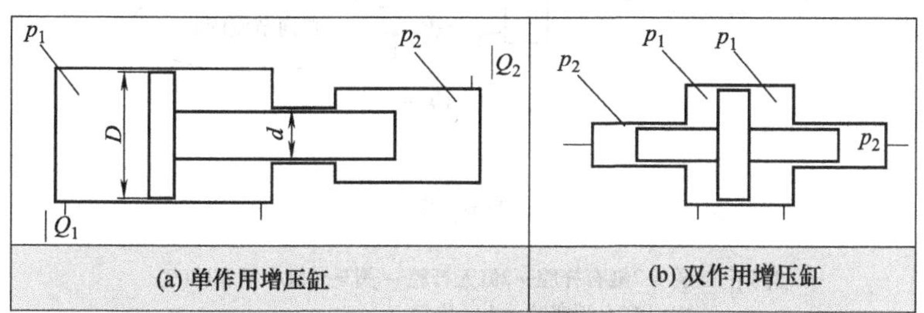

图 6-37 增压液压缸

6.6.3 典型回路工作原理

(1) 采用增压器的增压回路

实现压力放大的元件主要是增压器，其增压比为增压器大小活塞的面积比。注意：压力放大是在降低有效流量的前提下得到的。

① 单作用增压器增压回路（间歇式增压回路）。如图 6-38 所示的采用单作用增压器的增压回路，也称为间歇式增压回路。增压缸 1 活塞杆伸出时，p_2 的压力增加；增压缸 1 活塞杆退回时，不输出高压油。

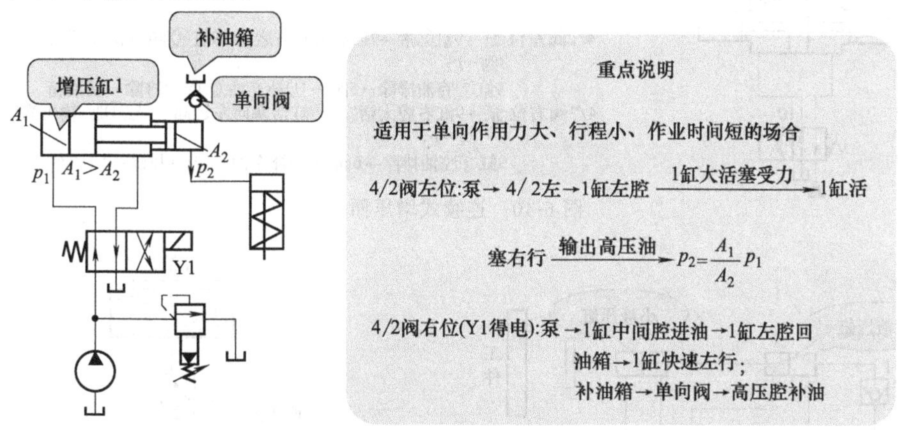

图 6-38 间歇式增压回路

② 采用气液增压缸的增压回路。如图 6-39 所示为另一种增压回路，采用的是气液增压缸，该回路利用气液增压缸 1 将较低的气压变为液压缸 2 中较高的液压力。

(2) 双作用增压器增压回路（连续式增压回路）

如图 6-40 所示为双作用增压器的增压回路，又称连续式增压回路。

6.6.4 回路应用场合、设计禁忌及注意事项

(1) 增压设计回路应用场合、注意事项

此种设计回路能使系统中的局部压力得到提高，或用在空气油压组合的机构中，使用现

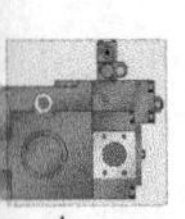

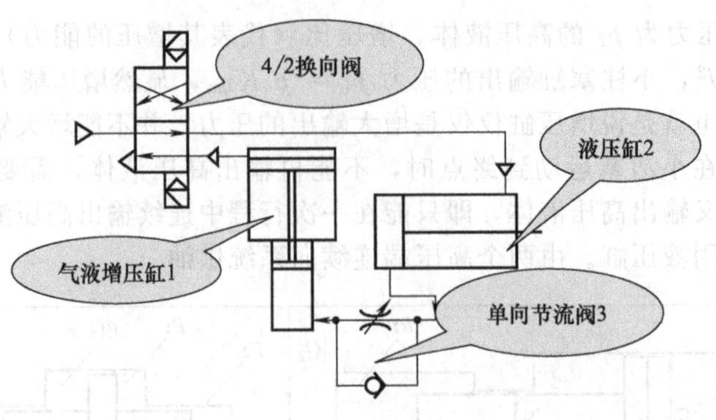

重点说明

4/2阀下位:泵→2缸有杆腔→2缸无杆腔→阀3→1缸小活塞腔(气液缸);1缸大活塞腔→4/2 放气

4/2阀上位: 泵→1缸 $\xrightarrow{\text{输出高压油}}$ 阀3→2缸无杆腔→2缸活塞伸出

2缸有杆腔→4/2放气

图 6-39 采用气液增压缸的增压回路

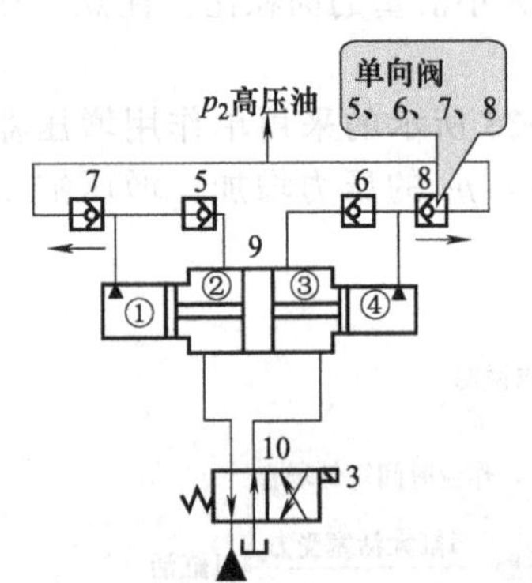

重点说明

4/2阀左位:泵→9缸②腔→9缸活塞向右运动→9缸④腔(输出高压油)→8阀→p_2

9缸②腔油排除→5阀→①补充油;③腔油排除→回油箱

4/2阀右位:泵→9缸右腔大活塞→9缸活塞向左运动→9缸①腔(输出高压油)→7阀→p_2

9缸③腔油排除→6阀→④补充油;②腔油排除→回油箱

图 6-40 连续式增压回路

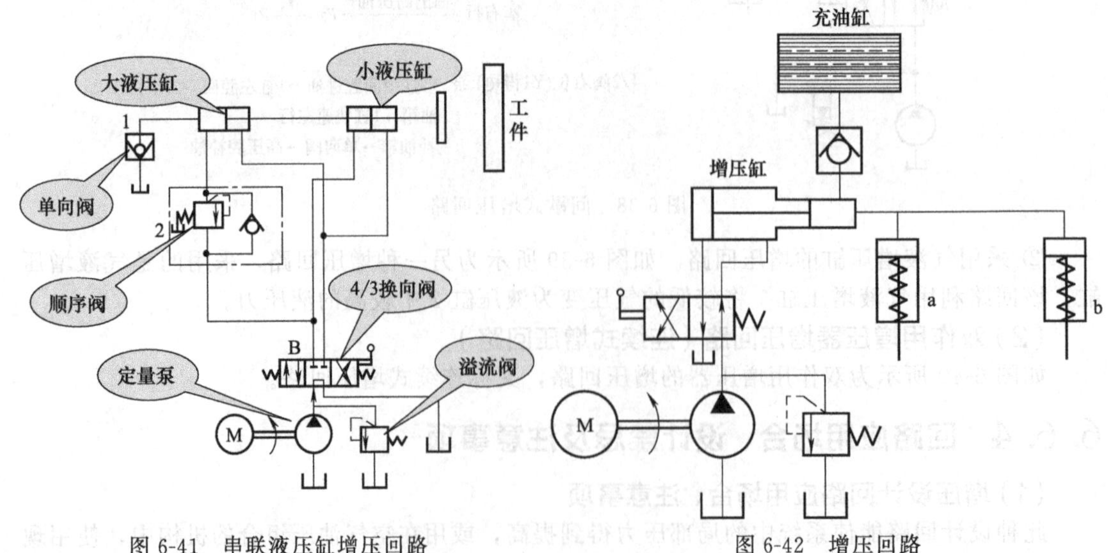

图 6-41 串联液压缸增压回路

图 6-42 增压回路

场的压缩空气以获得高压。增压器应尽量接近其使用缸。增压器可以代替高价的高压泵工作，减少装备的维持费。

① 串联液压缸增压回路，如图 6-41 所示。动作开始时，压力油只能进入小型液压缸的左侧，活塞杆作高速推进，此时大型液压缸从充油阀 1 进油。当夹头压紧工件后，油压上升，压力油再通过顺序阀 2 注入大型液压缸。注意：这时压紧力是两个液压缸的合力。

② 增压回路。如图 6-42 所示为增压液压缸进行增压，工作液压缸 a、b 靠弹簧力返回。注意：充油装置是用来补充高压回路漏损的。

③ 双作用增压回路。如图 6-43 所示，利用双作用增压器实现双向都可增压，保证连续输出高压油。当液压缸 4 活塞左行遇到较大负载时，系统压力升高，油液经顺序阀 1 进入双作用增压器 2，不论增压器左行还是右行，均能输出高压油至液压缸 4 右腔，只要换向阀 3 不断切换，就能使增压器 2 不断往复运动，使液压缸 4 活塞左行较长的行程中连续输出高压油。

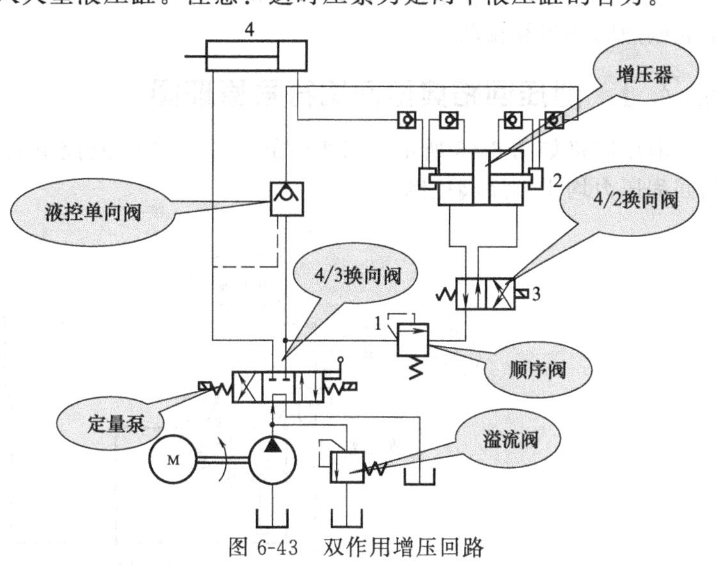

图 6-43　双作用增压回路

(2) 连续增压回路

如图 6-44 所示为连续增压回路。该回路适用于增压且需油量大的情况。当压力机活塞下行与工件接触后，回路油压上升，通过顺序阀、定差减压阀，由增压器将油压增加 n 倍进入活塞顶部。图中采用中间位置 P、A、T 口相连通的换向阀，是为了当换向阀处于中位时液压泵卸载及防止活塞因自重而落下。

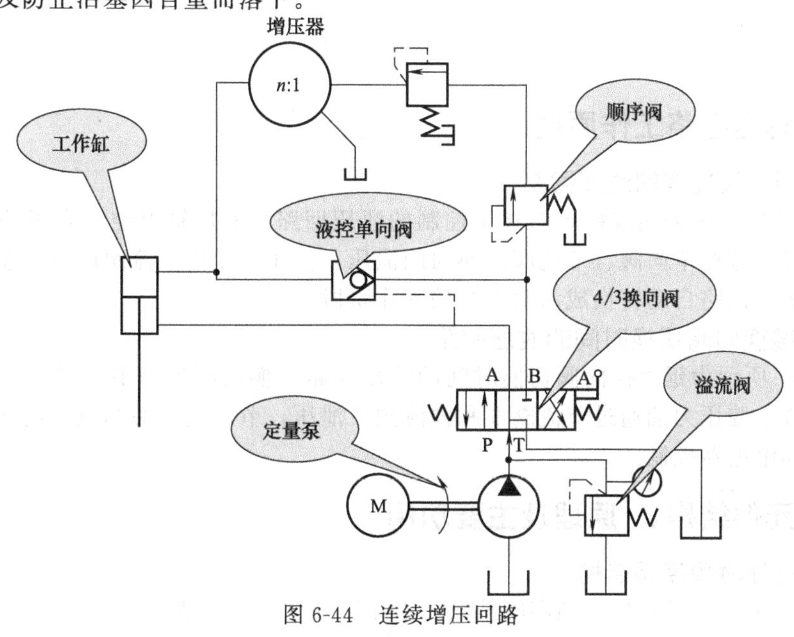

图 6-44　连续增压回路

6.7 泄压回路

这种回路的功用在于使执行元件在换向时，高压腔中的压力缓慢地释放，以免泄压过快引起剧烈的冲击和振动。

6.7.1 泄压回路典型回路符号原理图

泄压回路如图 6-45 所示，采用带卸载小阀芯的液控单向阀实现保压和泄压，泄压压力和回程压力均由顺序阀控制。

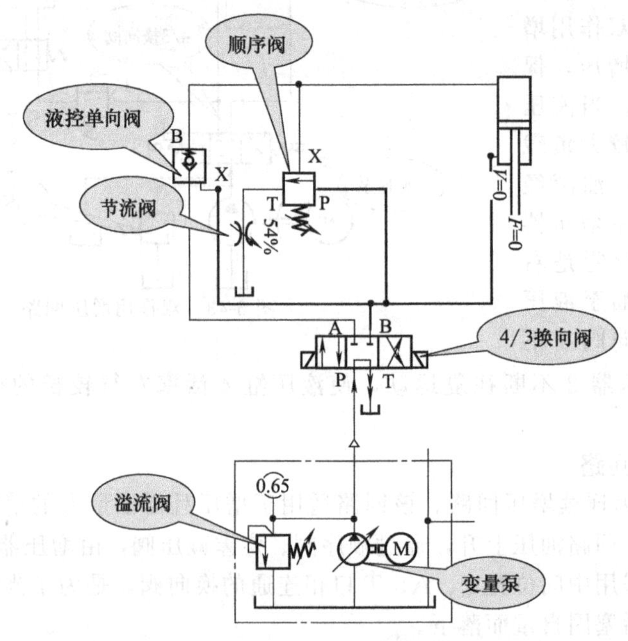

图 6-45 泄压回路

6.7.2 典型回路工作原理

(1) 用顺序阀控制的泄压回路

如图 6-46 所示为采用液控单向阀 4 控制的泄压回路。液压缸上腔（高压腔）的油液在液压泵卸载时经液控单向阀、节流阀、换向阀泄压，泄压快慢由节流阀调节。泄压终止时液控顺序阀关闭，回路自动转换成活塞上行的动作阶段。

(2) 延缓换向阀切换时间的泄压回路

如图 6-47 所示为延缓换向阀切换时间的泄压回路。换向阀处于中位时，主泵和辅助泵卸载，液压缸上腔压力油通过节流阀 6 和溢流阀 7 泄压，节流阀 6 在卸载时起缓冲作用。泄压时间由时间继电器控制。

6.7.3 元件结构、原理及主要功用

(1) 外控外泄顺序阀结构

如图 3-47 所示为外控外泄顺序阀结构，工作原理见 3.3.3 节。

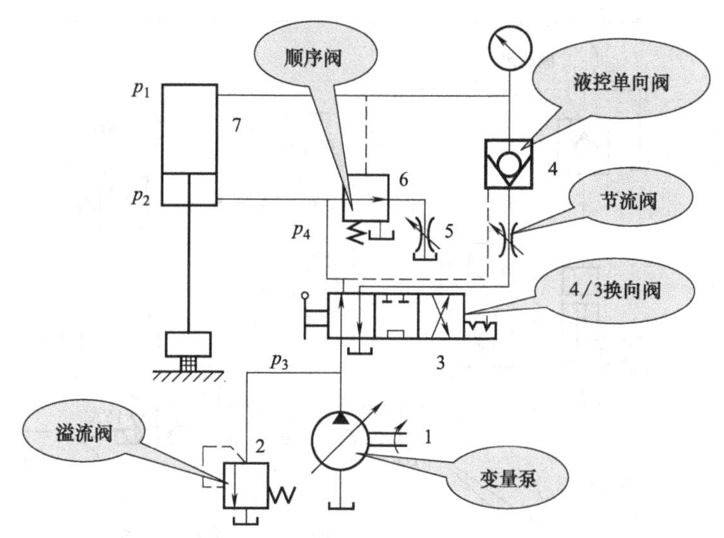

图 6-46　用顺序阀控制的泄压回路

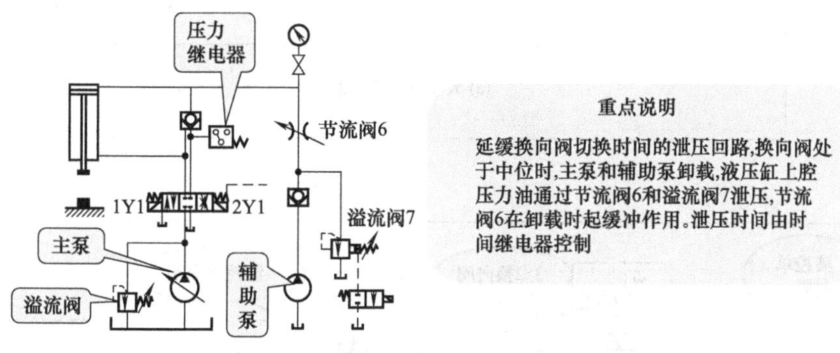

图 6-47　延缓换向阀切换时间的泄压回路

(2)泄压回路中液压元件特点

泄压回路中采用的液控单向阀结构应为复式结构液控单向阀，如图 3-26（b）所示，其阀芯内装有卸载小阀芯。工作原理见 3.3.2 节。

6.7.4 回路应用场合、设计禁忌及注意事项

① 用节流阀的泄压回路，如图 6-48 所示。液压缸上腔（高压腔）的油液在液压泵卸载时经节流阀、单向阀及换向阀泄压，泄压快慢由节流阀调节。泄压截止时，压力继电器发出信号，换向阀切换。该回路适用于没有保压阶段的压力机系统。

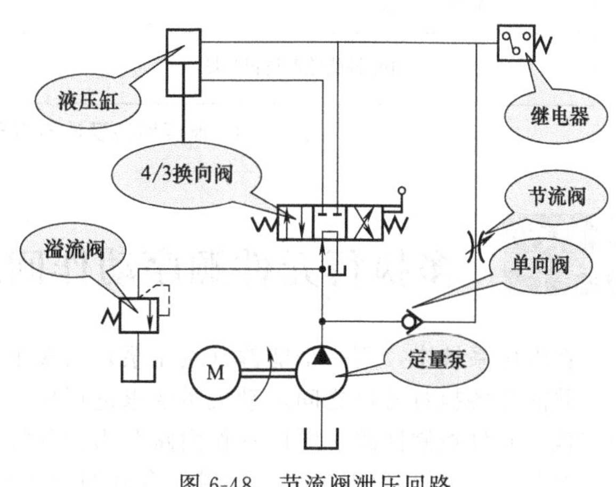

图 6-48　节流阀泄压回路

② 禁忌泄压回路设计不当导致“炮鸣”现象。如图 6-49（a）所示大型液压机系统，主缸回程时，产生强烈的冲击和巨大“炮鸣”声响，造成机器和管路振动，影响液压机正常工作。要解决上述问题，就要使主缸上腔有控制地泄压，使其上腔压力降至较低时再转入回程，见图 6-49（b）、(c)。

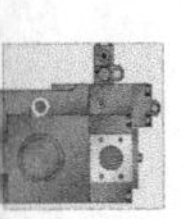

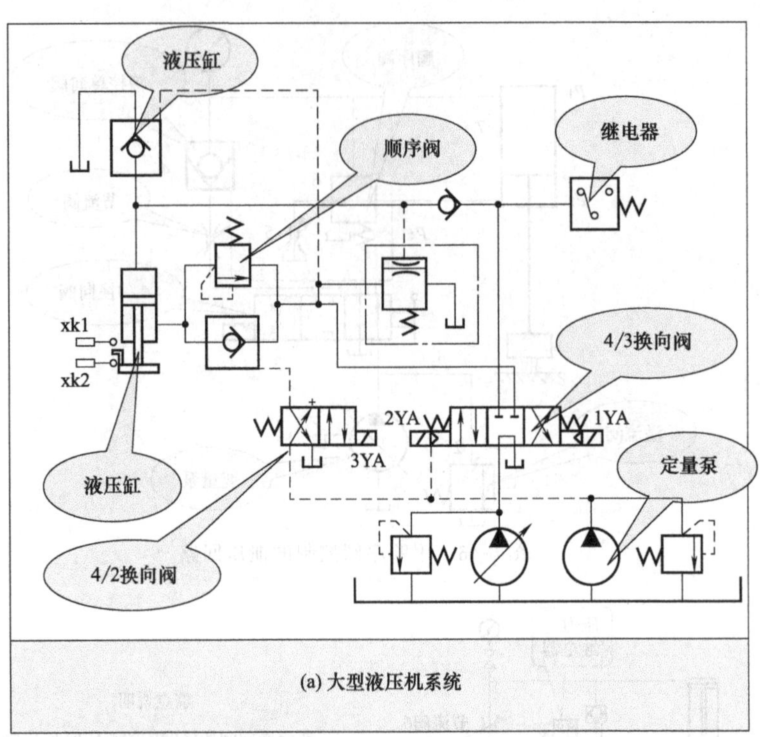

(a) 大型液压机系统

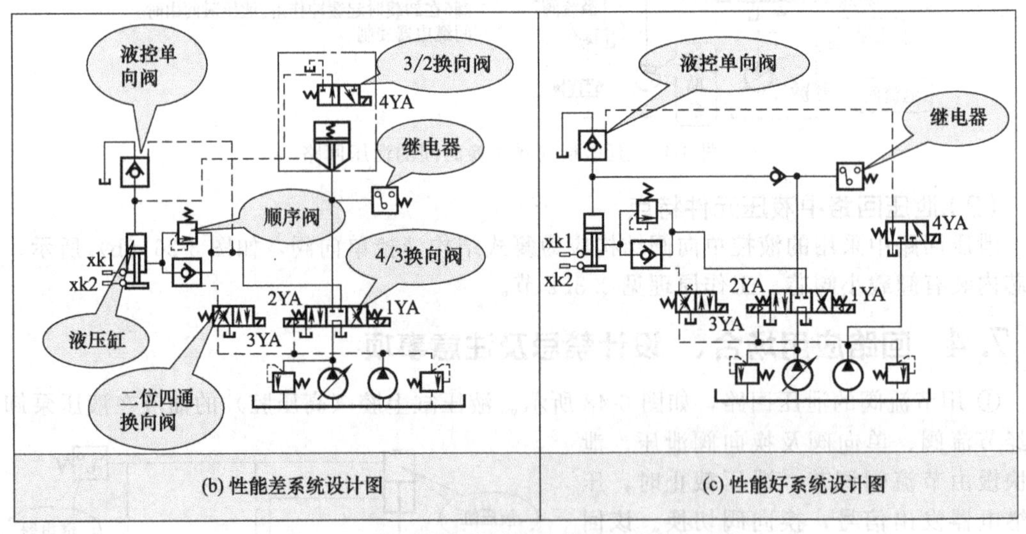

(b) 性能差系统设计图

(c) 性能好系统设计图

图 6-49　泄压回路设计不当导致“炮鸣”现象

6.8 多执行元件顺序动作回路

在液压系统中，用一个能源（液压泵）向多个执行元件（液压缸或液压马达）提供液压油，并能按各执行元件之间运动关系要求进行控制，保证严格完成规定动作顺序的回路，称为多执行元件控制回路。顺序动作回路分为行程控制式、压力控制式及时间控制式。

如图 6-50 所示为用顺序阀控制的多缸顺序动作典型回路，顺序阀是一种利用压力控制

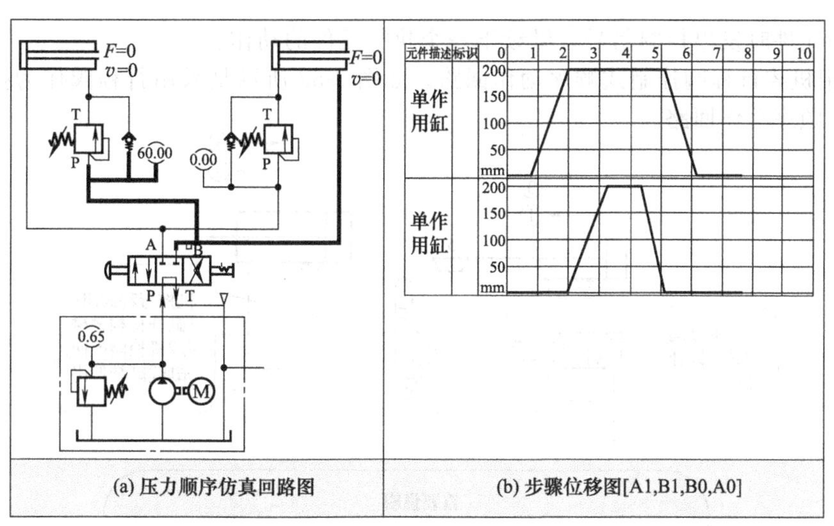

图 6-50 压力顺序典型回路 FLuidSIM 仿真图及步骤位移图

阀控制阀口通断的压力阀。在典型回路中顺序阀的压力必须小于系统的调定压力，大于前一行程的液压缸的最大工作压力。

6.8.1 典型回路工作原理

(1) 采用顺序阀的压力顺序控制回路

如图 6-51 所示为采用顺序阀的压力控制式顺序动作回路。当 4/3 电磁换向阀处于左位时，液压油进入液压缸 A 的无杆腔，缸 A 向右运动，完成第一个动作。当缸 A 运动到终点时，油液压力升高，打开顺序阀 D，液压油进入液压缸 B 的无杆腔，缸 B 向右运动，完成第二个动作。当三位四通电磁换向阀处于右位时，液压油进入液压缸 B 的有杆腔，缸 B 向左运动，完成第三个动作。当缸 B 运动到终点时，油液压力升高，打开顺序阀 C，液压油进入液压缸 A 的有杆腔，缸 A 向左运动，完成第四个动作。

还有采用压力继电器的压力控制顺序动作回路，这种回路控制比较方便、灵活，但油路中液压冲击容易产生误动作，目前应用较少。

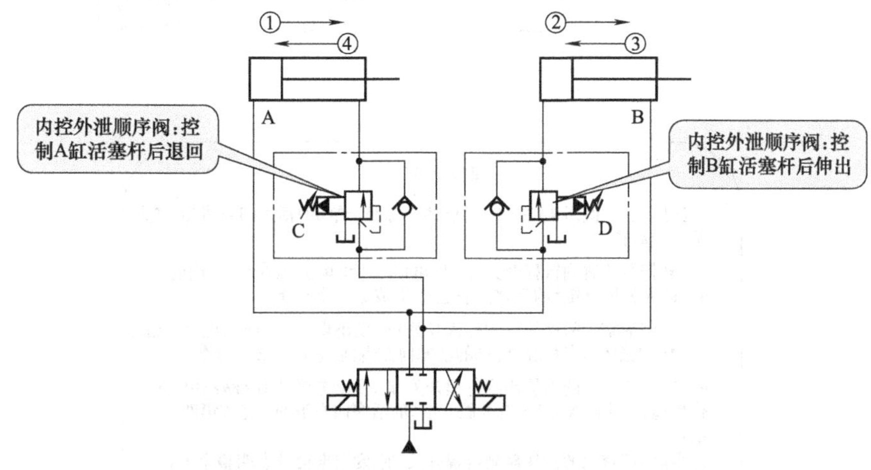

图 6-51 采用顺序阀的双缸顺序动作回路

(2) 行程控制式顺序动作回路

行程控制式顺序动作回路就是将控制元件安放在执行元件行程中的一定位置，当执行元

件触动控制元件时发出控制信号，继续下一个执行元件的动作。

① 采用机控行程阀控制式顺序动作回路。如图 6-52 所示是采用行程阀作为控制元件的行程控制式顺序动作回路。

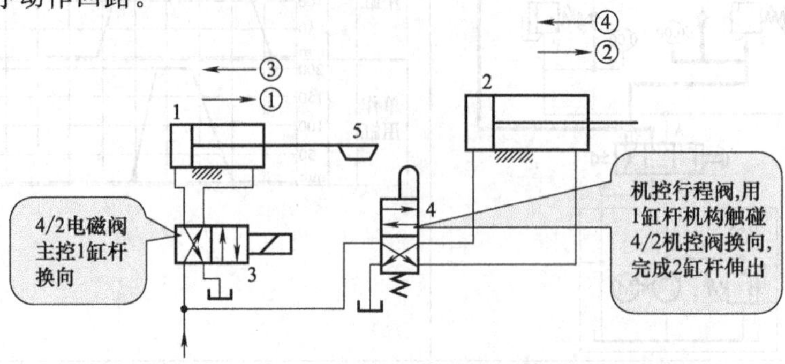

重要说明

当电磁换向阀3通电后,右位接通,液压油进入液压缸1的无杆腔,液压缸1的活塞向右进给,完成第一个动作。当活塞上的挡块碰到二位四通行程阀4时,压下行程阀,使其上位接通,液压油通过行程阀4进入液压缸2的无杆腔,液压缸2的活塞向右进给,完成第二个动作。当电磁换向阀3断电后,其左位接通,液压油进入液压缸1的有杆腔,液压缸1向左后退,完成第三个动作。当液压缸1活塞上的挡块脱离二位四通行程阀4时,行程阀4的下位接通,液压油进入液压缸2的有杆腔,液压缸2随之向左后退,完成第四个动作。这种回路的换向可靠,但改变运动顺序较困难 。

图 6-52　采用行程阀的双缸顺序动作回路

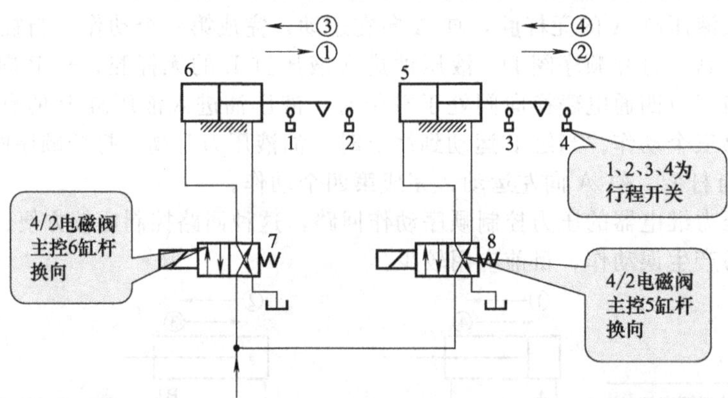

重要说明

1. 液压油→7阀通电(左位)→缸6的无杆腔→缸6的活塞向右进给,完成第一个动作。

2. 6缸杆挡块碰到行程开关2,发出电信号,使8阀通电(左位)→油进入缸5的无杆腔→缸5的活塞向右进给,完成第二个动作。

3. 当缸5活塞上的挡块碰到行程开关4时,发出电信号,7阀断电(右位通)→油进入缸6的有杆腔→缸6的活塞向左退回,完成第三个动作。

4. 当缸6活塞上的挡块碰到行程开关1时,发出电信号,使8阀断电(右位接通)→油进入缸5的有杆腔→缸5的活塞向左退回, 完成第四个动作。

5. 当缸5活塞上的挡块碰到行程开关3时,发出电信号表明整个工作循环结束。

这种回路使用调整方便,便于更改动作顺序,更适合采用PLC控制,因此得到广泛的应用。

图 6-53　采用电磁换向阀和行程开关的行程控制式顺序动作回路

② 采用电磁换向阀和行程开关的行程控制式顺序动作回路。如图 6-53 所示为采用电磁换向阀和行程开关的行程控制式顺序动作回路。

(3) 时间控制式顺序动作回路

时间控制式顺序动作回路是利用延时元件（如延时阀、时间继电器等）来预先设定多个执行元件之间顺序动作的间隔时间。如图 6-54 所示是一种采用延时阀的时间控制式顺序动作回路。当三位四通电磁换向阀左位接通时，油液进入液压缸 1，液压缸 1 的活塞向右运动，而此时油液必须使延时阀 3 换向后才能进入液压缸 2，延时阀 3 的换向时间取决于控制油路（虚线所示）上的节流阀的开口大小，因此实现了两个液压缸之间顺序动作的延时。

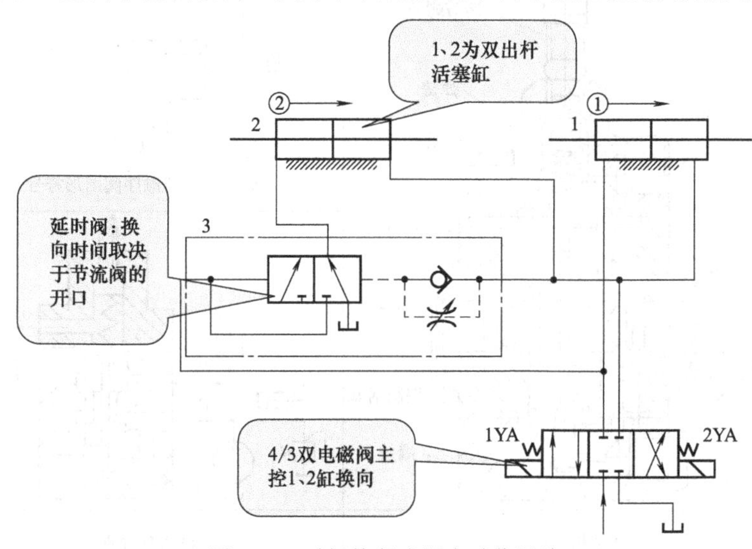

图 6-54　时间控制式顺序动作回路

6.8.2 元件结构、原理及主要功用

(1) 顺序阀原理及主要功用

顺序阀是一种利用压力控制阀控制阀口通断的压力阀。实际上，除了用来实现顺序动作的内控外泄形式外，还可以通过改变上端盖或底盖的装配位置得到内控内泄、外控外泄、外控内泄等三种类型。它们的图形符号如图 6-55 所示。

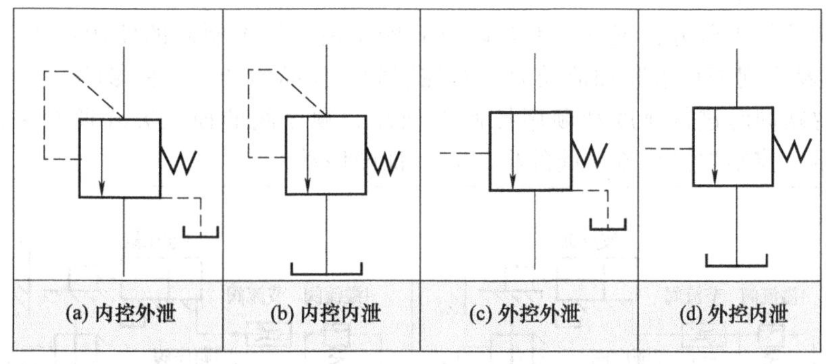

图 6-55　顺序阀的四种控制、泄压方式

① 内控外泄顺序阀与溢流阀非常相似。阀口常闭，进口压力控制，但是该阀出口油液要去工作，所以有单独的泄油口。内控外泄顺序阀用于多个执行元件顺序动作。其进口压力先要达到阀的调定压力，而出口压力取决于负载。当负载压力高于阀的调定压力时，进口压力等于出口压力，阀口全开；当负载压力低于调定压力时，进口压力等于调定压力，阀的开口一定。

② 内控内泄顺序阀的图形符号和工作原理与溢流阀相同。多串联在执行元件的回油路上，使回油具有一定压力，保证执行元件运动平稳。

③ 外控内泄顺序阀在功能上等同于二位二通阀，且出口接油箱。因作用在阀芯上的液压力为外力，而且大于阀芯的弹簧力，因此工作时阀口全开，可作卸载阀。

④ 外控外泄顺序阀可作液动开关和限速锁。如远控平衡阀可限制重物下降的速度。

(2) 顺序阀的结构及工作原理

顺序阀的结构及工作原理详图如图 6-56 所示。

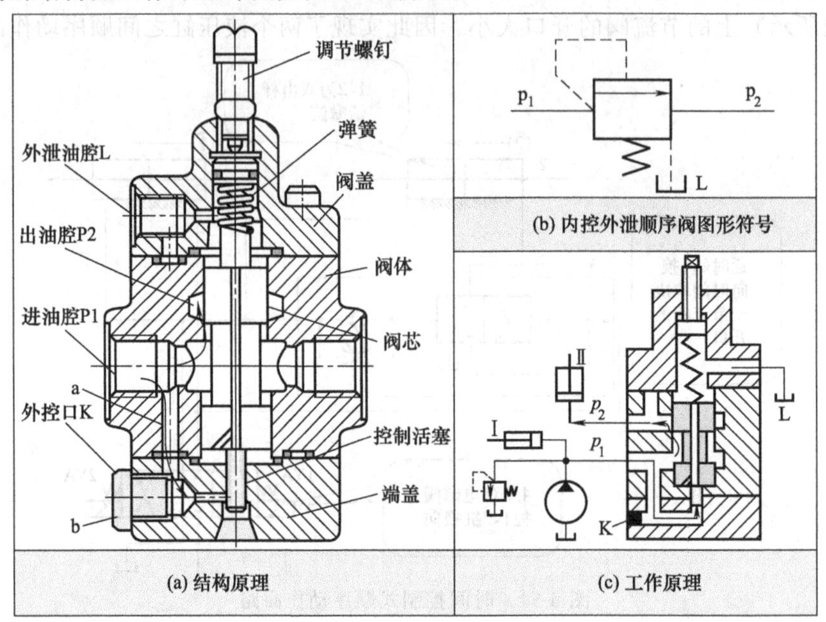

图 6-56　顺序阀结构及工作原理

6.8.3 回路应用场合、设计禁忌及注意事项

① 使用顺序阀的顺序操作回路中，顺序阀的调定压力应匹配。不同的系统应根据实际情况，对各种压力阀进行合理的调节。必须大于前一行程的液压缸的最大工作压力（大约），否则会产生误动作现象。

② 控制阀的使用压力、流量，不要超过其额定值。如控制阀的使用压力、流量超过了其额定值，就易引起液压卡紧和液动力，对控制阀工作品质产生不良影响。

③ 不要忽略同时进行速度和顺序控制的回路，顺序阀的控制方式通常采用外控方式，如图 6-57 所示。控制端接在流量阀的出口，保证顺序动作。

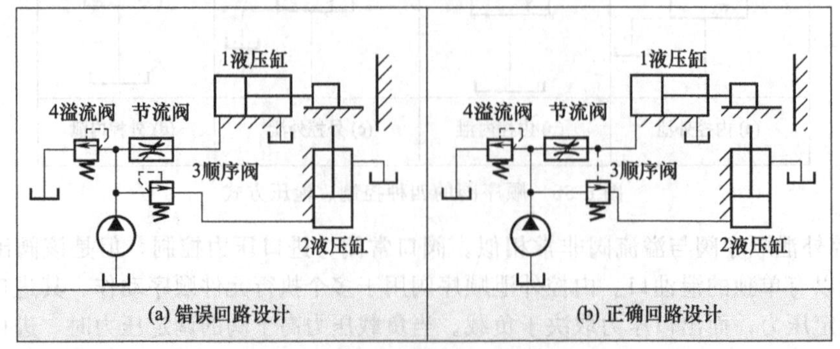

图 6-57　顺序阀的控制方式选择

④ 避免溢流阀和顺序阀调节参数不当导致顺序动作达不到要求，在顺序阀控制的顺序动作回路中，应将溢流阀的压力跳到比顺序阀开启后的最高压力高 0.5～0.8MPa。

6.9 压力控制回路中控制阀的使用禁忌

压力控制回路的问题可能是由于回路设计不周到、元件选择不妥当或压力控制元件出现故障造成的，也可能是由于元件参数和系统调节不合理、管路安装有缺陷等原因引起。

压力阀有其共性，即都是根据弹簧力和液压力相平衡的原理工作的。因此，常出现的问题也有很多共同之处。下面概括地分析一下压力控制回路的主要问题及其产生原因，然后再结合典型回路，分析问题的原因及排除方法。

(1) 压力调不上去的主要原因

① 溢流阀的调压弹簧太软、装错或漏装。

② 先导式溢流阀的主阀阻尼孔堵塞。滑阀在下端油压作用下，克服上腔的液压力和主阀弹簧力，使主阀上移，调压弹簧失去对主阀的控制作用，因此主阀在较低的压力下打开，溢流口溢流。系统中正常工作的压力阀有时突然出现故障往往是这种原因。

③ 阀芯和阀座关闭不严，泄漏严重。

④ 阀芯被毛刺或其他污物卡死于开启位置。

(2) 压力过高，调不下来的主要原因

① 阀芯被毛刺或污物卡死于关闭位置，主阀不能开启。

② 安装时，阀的进出油口接错，没有压力油去推动阀芯移动，因此阀芯打不开。

③ 先导阀前的阻尼孔堵塞，导致主阀不能开启。

(3) 压力振摆大的主要原因

① 油液中混有空气。

② 阀芯与阀座接触不良。

③ 阻尼孔直径过大，阻尼作用弱。

④ 产生共振。

⑤ 阀芯在阀体内移动不灵活。

对于上述问题，可以在回路设计、元件选择、元件参数和系统调节、管路安装、液压油使用等方面有针对性地进行改进处理。

6.10 压力控制回路液压技术应用

6.10.1 压力粘接机典型实例——压力控制回路液压技术应用

(1) 应用目的

掌握确定双作用液压缸的压力方法；理解溢流阀和减压阀的工作原理和使用场合。了解压力控制典型回路的控制原理；比较不同压力制典型回路的特点。

(2) 工作任务

① 用压粘机将图形和字母贴在木板或塑料板上。系统示意图如图 6-58 所示。

② 根据底部材料和黏胶剂的不同，应可调节印制时的压力为 30bar，当换向阀接通时可分步挤压。

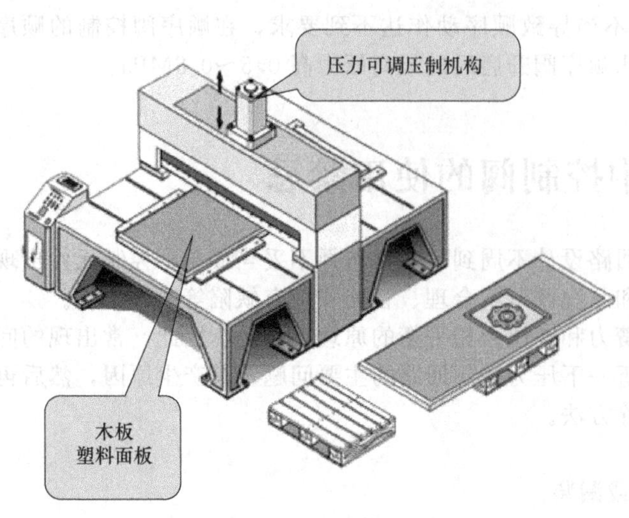

图 6-58　压力粘接机系统示意图

③ 设计一个液压系统，要求用不同的压力控制阀，并选择适合的系统。

④ 用换向阀控制液压缸的往返运动。

(3) 设计方案

① 确定液压泵的类型：训练设备采用的是 FESTO 液压培训装置，它的能源部分为双作用叶片泵，能满足本系统要求。

② 选用执行元件：因为本系统驱动装置只完成双向往返运动升降，所以可选用双（单）作用的油缸。

③ 控制回路的选择：本系统要求执行元件完成相应的压力控制，所以采用压力控制典型回路可完成控制要求；换向回路采用的控制元件（4/2、4/3）换向阀都可以，但得出的回路特点都不同。系统工作原理图如图 6-59 所示。

(4) 调试工作步骤

采用 4/3 通换向阀的换向回路；溢流阀、减压阀控制典型回路。

① 减压阀控制油缸压力

a. 采用减压阀时在活塞杆始端位置。4/3 换向阀左位接通时调节系统压力为 50bar。

b. 在活塞杆前向冲程时调节减压阀出口压力为 30bar。

c. 切换换向阀观察减压阀进口压力为系统压力（泵有足够的排流量），接通减压阀后执行元件才有 30bar 的压力。

d. 注意返程时，由于压力减少，这 50bar 的压力不足以打开减压阀的溢流口（即减压阀不能反向工作），所以必须打开关断阀。

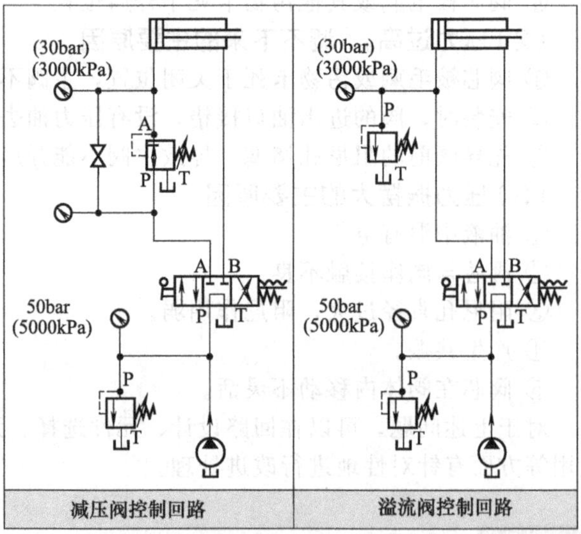

图 6-59　液压系统工作原理图

② 溢流阀控制油缸压力

a. 采用溢流阀时在活塞杆初始位置。4/3 换向阀左位接通时调节系统压力为 50bar；上端溢流阀的压力为 30bar。

b. 切换换向阀观察整个系统，压力降低至 30bar。

c. 在长时间的停机状态和阀门开启状态下，泵只需 30bar 压力便可完成系统要求。

6.10.2　装配设备典型实例——多缸动作顺序控制液压技术应用

(1) 应用目的

理解用压力控制阀设计两缸动作顺序过程，了解顺序控制回路的工作原理，特点及应

用；能正确组接回路；在调试过程中及时解决系统中的错误及其他干扰。

（2）工作任务

① 在一个安装设备上组装零部件。系统示意图如图 6-60 所示。

② 首先由液压缸 1A1 对第一个零部件加压（压紧过程缓慢并平稳执行），当压力达到或超过 20bar 时（即部件已压入），才由液压缸 1A2 将第二个部件装入。

③ 释放时，液压缸 1A2 的活塞杆必须首先返回。当 B 缸活塞杆达到最末端时，便形成压力，若压力达到 30bar 时，液压缸 1A1 的活塞杆必须返回。

④ 要求部件压入的速度不至于过快；控制泵的排流量。

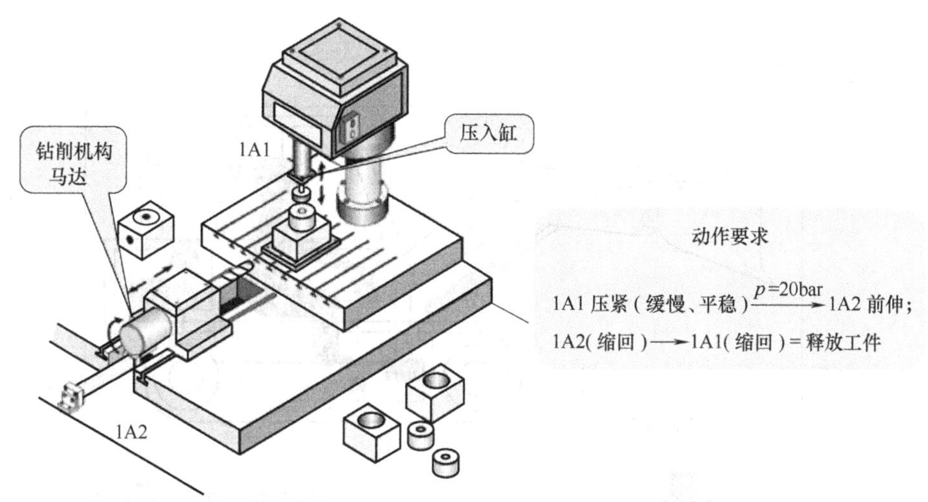

图 6-60 安装设备系统示意图

（3）设计方案及系统工作原理图

多缸顺序动作回路的功用在于使几个执行元件严格按照预定顺序依次动作。按控制方式不同，分为压力控制和行程控制。

① 采用压力顺序阀控制顺序动作回路，即利用液压系统工作过程中的压力变化使执行元件按顺序动作。

② 采用行程程序（电气行程开关）电-液逻辑控制系统。

液压系统分析及设计禁忌

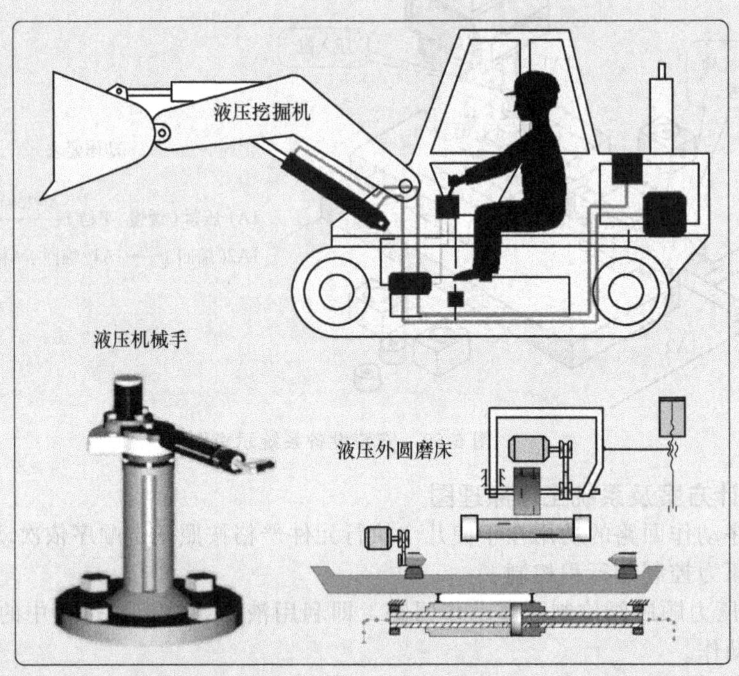

本章重点内容

- 学会液压系统阅读及分析方法
- 熟悉 YT4543 型组合机床动力滑台典型液压系统的组成、工作原理及应用
- 熟悉 YB32-200 型压力机液压系统的组成、工作原理、特点及应用
- 熟悉 180t 钣金冲床液压系统的组成、工作原理、特点及应用
- 熟悉多轴钻床液压系统的组成、工作原理、特点及应用
- 了解液压传动系统设计禁忌
- 了解液压传动系统的安装、使用和维护

液压系统是由基本回路组成的，它表示一个系统的基本工作原理，即系统执行元件所能实现的各种动作。液压系统图都是按照标准图形符号绘制的，原理图仅仅表示各个液压元件及它们之间的连接与控制方式，并不代表它们的实际尺寸大小和空间位置。

正确、迅速地分析和阅读液压系统图，对于液压设备的设计、分析、研究、使用、维修、调整和故障排除有重要的指导作用。

7.1 典型液压系统分析

组合机床是一种高效率的专用机床，它由通用部件和部分专用部件组成，其工艺范围广，自动化程度高，在成批和大量生产中得到了广泛的应用。液压动力滑台是组合机床上的一种通用部件，根据加工的要求，滑台台面上可设置动力箱、多轴箱或各种用途的切削头等工作部件，以完成钻、扩、铰、镗、刮端面、倒角、铣削及攻螺纹等工序。

为了缩短加工的辅助时间，满足各种工序的进给速度要求，动力滑台的液压系统必须具有良好的速度换接性能与调速特性。

7.1.1 液压系统工作原理图阅读与分析

(1) 阅读液压系统图

阅读液压系统图的具体方法有传动链法、电磁铁工作循环表法和等效油路图法等。

阅读液压系统图的步骤见表7-1。

表7-1 阅读液压系统图的步骤

阅读液压系统图	具体说明
全面了解设备的功能、工作循环、液压系统设计要求	Y14543型组合机床液压系统图，它是以流量控制典型回路的速度换接回路为主的液压系统，速度转换的平稳性等指标要求很高
了解控制信号的来源、转换以及电磁铁动作顺序表等，有针对性的进行阅读	
仔细研究液压系统中所有液压元件及它们之间的联系，弄清各个液压元件的类型、原理、性能和功用	要读懂各种控制装置及变量机构
仔细分析并写出各执行元件的动作循环和相应的油液所经过的路线	为便于阅读，最好先将液压系统中的各条油路分别进行编码，然后按执行元件划分读图单元。每个读图单元先动作循环后控制回路、主油路。要特别注意系统工作状态的转换时的输入信号与输出信号的逻辑关系

(2) 液压系统图的分析

在读懂液压系统原理图的基础上，还必须进一步对该系统进行一些分析，这样才能评价液压系统的优缺点，使设计的液压系统性能不断完善。系统图的分析应考虑的方面见表7-2所示。

表7-2 液压系统图分析

系统图分析步骤	液压基本回路的确定是否符合主机的动作要求
	各主油路之间、主油路与控制油路之间有无矛盾和干涉现象
	液压元件的代用、变换和合并是否合理、可行
	液压系统的特点、性能的改进方向

7.1.2 组合机床动力滑台典型液压系统实例

现以 YT4543 型液压动力滑台为例分析组合机床动力滑台液压系统的工作原理和特点。

(1) YT4543 型动力滑台液压系统工作原理图

① 工作循环要求，见表 7-3 所示。

表 7-3 工作循环

工作循环要求	工作循环状态
液压系统工作循环：快进—一工进—二工进—快退—原位停止	快进　一工进　死挡铁停留　二工进　原位　快退
快速运动速度为：6.5m/min	
工作进给：应有较大的工进调速范围，适应不同工序的工艺要求，进给速度范围为 6.6～660mm/min，在变负载和断续负载下，能保证液压动力滑台进给速度稳定	
进给行程终点要求：到终点重复精度要求较高	
最大进给力 45kN	

② YT4543 型动力滑台液压系统原理图，如图 7-1 所示。

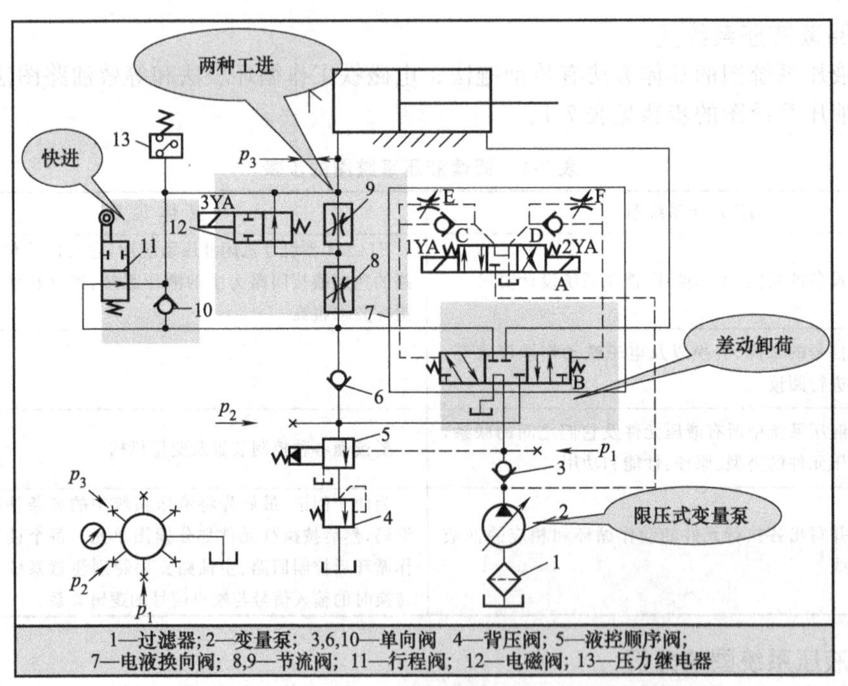

图 7-1 YT4543 型动力滑台液压系统工作原理图

③ YT4543 型动力滑台液压系统工作原理。液压系统工作循环电磁铁动作顺序表及工作原理见表 7-4 所示。

(2) 设计注意事项

① 工进时系统压力升高，变量泵自动减小其输出流量，且与一工进调速阀 8 的开口相适应。

② 调速阀 9 比调速阀 8 的开口调整得小。

③ 合理解决快进和工进速度相差悬殊的问题，提高系统效率，减少发热。

表 7-4 工作循环电磁铁动作顺序表及工作原理

工作原理	进给(电磁铁 1YA)	进油路:油箱→滤油器 1→泵 2→阀 3→阀 7→阀 11→油缸左腔
		回油路:液压缸右腔→阀 7→阀 6→阀 11→液压缸左腔
	第一次工作进给(行程阀 11 被压下切断快进通道)	进油路:泵 2→阀 3→阀 7→节流 8→阀 12→液压缸左腔
		回油路:液压缸右腔→阀 7→阀 5→阀 4→油箱
	第二次工作进给(3YA 通电)	进油路:泵 2→阀 3→阀 7→阀 8→阀 9→液压缸左腔
		回油路:液压缸右腔→阀 7→阀 5→阀 4→油箱
	死挡块停留	二工进速度运动碰到死挡铁,滑台停止运动,压力继电器 13 发出电信号给时间继电器。停留时间由时间继电器调定
	快退(停留时间 1YA、3YA 断电,2YA 通电)	进油路:泵 2→阀 3→阀 7→液压缸右腔
		回油路:液压缸左腔→阀 10→阀 7→油箱
	原位停止	当滑台快退到原位时,挡块压下终点行程开关,使电磁铁 2YA 断电,电磁先导阀 A 和液动换向阀 B 都处于中位,液压缸两腔油路封闭,滑台停止运动。这时泵输出的油液经单向阀 3 后的电液换向阀 7 排回油箱,泵在低压下卸荷
电磁铁动作顺序表	(见下表)	

电磁铁 / 工作循环	1YA	2YA	3YA
快进	+	−	−
一工进	+	−	−
二工进	+	−	+
快退	−	+	−
原位停止	−	−	−

④ 滑台返回时负载小，系统压力下降，变量泵流量自动恢复到最大，且液压缸右腔的有效作用面积较小，故滑台快速退回。

(3) YT4543 型动力滑台液压系统工作原理分析

① 采用容积节流调速回路，无溢流功率损失，系统效率较高，且能保证稳定的低速运动，较好的速度刚性和较大的调速范围。

② 在回油路上设置背压阀，提高了滑台运动的平稳性。把调速阀设置在进油路上，具有启动冲击小、便于压力继电器发信控制、容易获得较低速度等优点。

③ 限压式变量泵加上差动连接的快速回路，既解决了快慢速度相差悬殊的难题，又使能量利用经济合理。

④ 采用行程阀实现快慢速换接，其动作的可靠性、转换精度和平稳性都较高。一工进和二工进之间的转换，通过调速阀 8 的流量很小，采用电磁阀式换接已能保证所需的转换精度。

⑤ 限压式变量泵本身就能按预先调定的压力限制其最大工作压力，故在采用限压式变量泵的系统中，一般不需要另外设置安全阀。

⑥ 采用换向阀中位机能压力卸荷回路，可以减少能量损耗、系统结构也比较简单。

⑦ 采用三位五通电液换向阀，具有换向性能好，滑台可在任意位置停止，适于系统流量较大、快进时构成差动连接等优点。

7.1.3 YB32-200 型压力机液压系统实例

(1) YB32-200 型压力机系统工作原理图

① 工作循环要求，见表 7-5 所示。

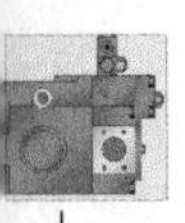

表 7-5　YB32-200 型压力机液压系统工作要求

	液压系统工作要求	工 作 循 环
1	为完成压制工艺，要求主缸驱动上滑块实现“快速下行—慢速加压—保压延时—快速返回—原位停止”工作循环	原位停止 快速下行 慢速加压 保压延时 快速返回 原位停留 上滑块 泄压换向 原位停止 停留 向下退回 向上顶出 下滑
2	要求顶出缸实现“向上顶出—向下退回—原位停止”	
3	液压系统中压力要经常变换和调节，为了产生较大压制力满足工作要求，系统的压力高，一般工作压力范围为 10～40MPa	
4	液压系统功率大，空行程和加压行程的速度差异大，因此要求功率利用合理	
5	液压机为高压大流量系统，对工作平稳性和安全性要求高	

② YB32-200 型压力机系统原理图，如图 7-2 所示。

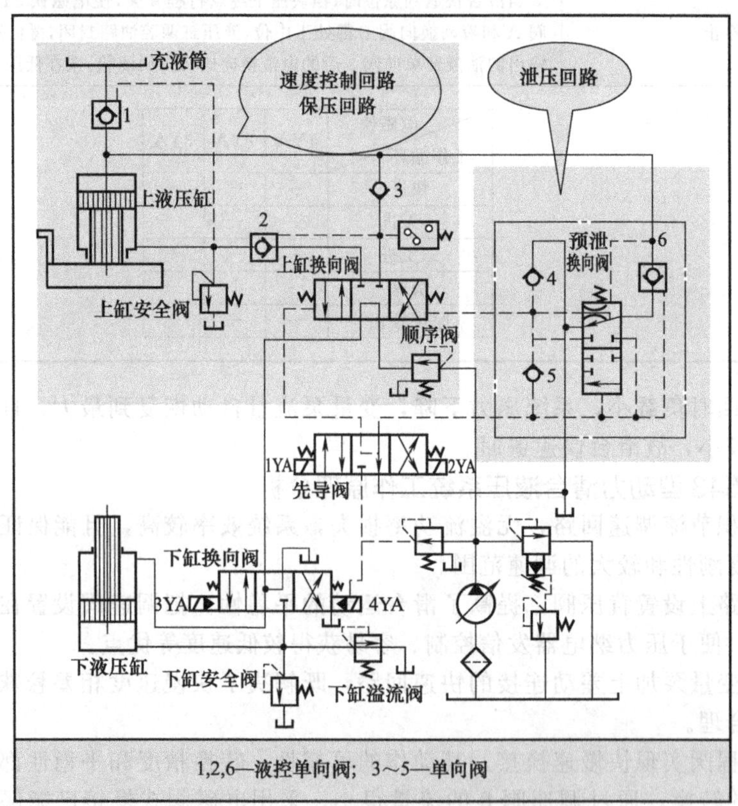

图 7-2　YB32-200 型液压机的系统原理图

③ YB32-200 型万能液压机液压系统的工作原理。如图 7-2 所示为 YB32-200 型万能液压机的系统原理图。液压泵为恒功率式变量轴向柱塞泵，用来供给系统高压油，其压力由远程调压阀调定。其工作原理见表 7-6。

表 7-6　YB32-200 型万能液压机系统工作原理

工 作 循 环	工 作 原 理
主缸活塞快速下行 按下启动按钮，电磁铁 1YA 通电。先导阀和主缸换向阀左位接入系统	进油路：液压泵→顺序阀→主缸换向阀→单向阀 3→主缸上腔
	回油路：主缸下腔→液控单向阀 2→主缸换向阀→顶出缸换向阀→油箱

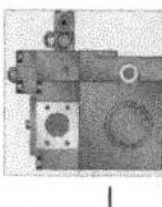

续表

工作循环	工作原理
这时主缸活塞连同上滑块在自重作用下快速下行，尽管泵已输出最大流量，但主缸上腔仍因油液不足而形成负压，吸开充液阀1，充液筒内的油便补入主缸上腔	
主缸活塞慢速加压	上滑块快速下行接触工件后，主缸上腔压力升高，充液阀1关闭，变量泵通过压力反馈，输出流量自动减小，此时上滑块转入慢速加压
主缸保压延时 当系统压力升高到压力继电器的调定值时，压力继电器发出信号使1YA断电，先导阀和主缸换向阀恢复到中位。此时液压泵通过换向阀中位卸荷，主缸上腔的高压油被活塞密封环和单向阀所封闭，处于保压状态。接受电信号后的时间继电器开始延时，保压延时的时间可在0～24min内调整	
主缸泄压后快速返回 由于主缸上腔油压高、直径大、行程长，缸内油液在加压过程中储存了很多能量，为此，主缸必须先泄压后再回程 保压结束后，时间继电器使电磁铁2YA通电，先导阀右位接入系统，控制油路中的压力油打开液控单向阀6内的卸荷小阀芯，使主缸上腔的油液开始泄压。压力降低后预泄换向阀芯向上移动，以其下位接入系统，控制油路即可使主缸换向阀处于右位工作，从而实现上滑块的快速返回	主油路为 进油路：液压泵→顺序阀→主缸换向阀→液控单向阀2→主缸下腔 回油路：主缸上腔→充液阀1→充液筒 充液筒内液面超过预定位置时，多余油液由溢流阀流回油箱。单向阀4用于主缸换向阀由左位回到中位时补油；单向阀5用于主缸换向阀由右位回到中位时排油至油箱
主缸活塞原位停止	上滑块回程至挡块压下行程开关，电磁铁2YA断电，先导阀和主缸换向阀都处于中位，这时上滑块停止不动，液压泵在较低压力下卸荷
顶出缸活塞向上顶出 电磁铁4YA通电时，顶出缸换向阀右位接入系统	进油路：液压泵→顺序阀→主缸换向阀→顶出缸换向阀→顶出缸下腔 回油路：顶出缸上腔→顶出缸换向阀→油箱
顶出缸活塞向下退回和原位停止	4YA断电、3YA通电时油路换向，顶出缸活塞向下退回。当挡块压下原位开关时，电磁铁3YA断电，顶出缸换向阀处于中位，顶出缸活塞原位停止
顶出缸活塞浮动压边	作薄板拉伸压边时，要求顶出缸既保持一定压力，又能随着主缸上滑块一起下降。这时4YA先通电、再断电，顶出缸下腔的油液被顶出缸换向阀封住。当主缸上滑块下压时，顶出缸活塞被迫随之下行，顶出缸下腔回油经下缸溢流阀流回油箱，建立起所需的压边力

（2）设计注意事项

① 采用高压大流量恒功率式变量泵供油，既符合工艺要求又节省能量，这是压力机液压系统的一个特点。

② 液压机是典型的以压力控制为主的液压系统。本机具有远程调压阀控制的调压回路，使控制油路获得稳定低压2MPa的减压回路，高压泵的低压（约2.5MPa）卸荷回路，利用管道和油液的弹性变形及靠阀、缸密封的保压回路，采用液控单向阀的平衡回路。此外，系统中还采用了专用的泄压回路。

③ 本液压机利用上滑块的自重作用实现快速下行，并用充液阀对主缸上腔充液。这一系统结构简单，液压元件少，在中、小型液压机中常被采用。

④ 采用电液换向阀，适合高压大流量液压系统的要求。

⑤ 系统中的两个液压缸各有一个安全阀进行过载保护。两缸换向阀采用串联接法，这也是一种安全措施。

7.1.4 180t钣金冲床液压系统实例

（1）180t钣金冲床液压系统的工作原理

钣金冲床改变上、下模的形状，即可进行压形、剪断、冲穿等工作。

① 工作循环要求：如图7-3所示为其控制动作顺序图及工作循环过程。

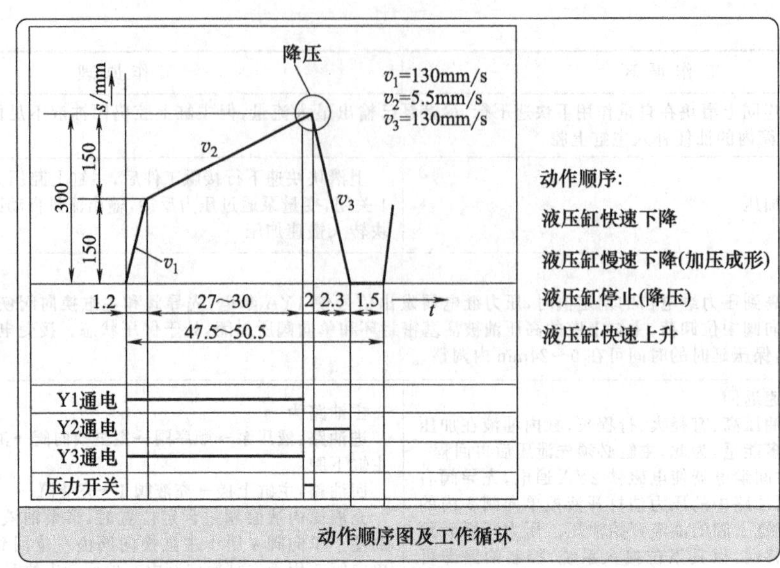

图 7-3　180t 钣金冲床液压系统动作顺序及工作循环图

② 180t 钣金冲床液压系统的工作原理图，如图 7-4 所示。

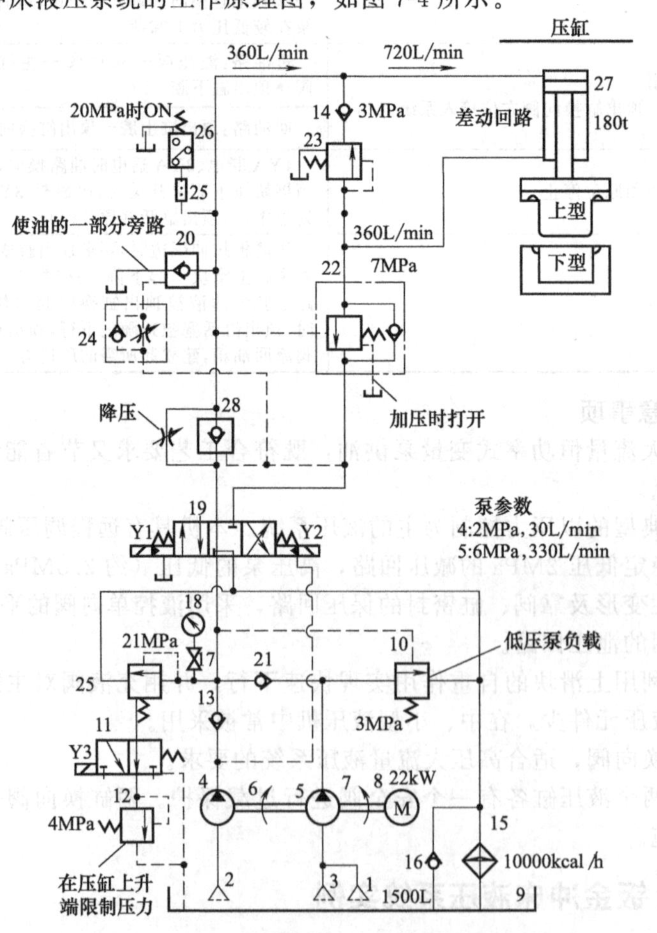

图 7-4　180t 钣金冲床液压系统的工作原理图

1～3—过滤器；4,5—泵；6,7—联杆；8—电动机；9—油箱；10,25—卸荷阀；11—二位三通换向阀；12—减压阀；13,14,16,21—单向阀；15—调温器；17—关断阀；18—压力表；19—三位四通电液换向阀；20,28—液控单向阀；22—单向顺序阀；23—顺序阀；24—单向节流阀；26—压力继电器；27—液压缸

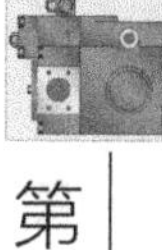

③ 180t 钣金冲床液压系统的工作原理，见表 7-7 所示。参见图 7-3、图 7-4 对 180t 钣金冲床液压系统的油路进行分析。

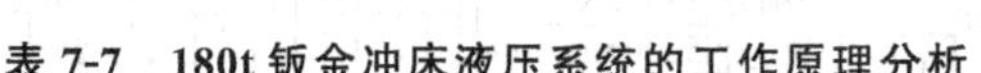

表 7-7　180t 钣金冲床液压系统的工作原理分析

工作循环	工作原理
压缸快速下降(差动回路) 按下启动按钮,Y1,Y3 通电 压缸快速下降时,进油管路压力低,未达到顺序阀 22 所设定的压力,故压缸下腔压力油再回压缸上腔,形成一差动回路	进油路线为泵 4、泵 5→电磁阀 19 左位→液控单向阀28→压缸上
	回进油路线为压缸下腔→顺序阀 23→单向阀 14→压缸上腔
压缸慢速下降(单泵 4 供油) 当压缸上模碰到工件进行加压成形时,进油管路压力升高,使顺序阀 22 打开	进油路线为泵 4→电磁阀 19 左位→液控单向阀 28→压缸上腔
此时,回油为一般油路,卸载阀 10 被打开,泵 5 的液压油以低压状态流回油箱,送到压缸上腔的油仅由泵 4 供给,故压缸速度减慢	回油路线为压缸下腔→顺序阀 22→电磁阀 19 左位→油箱
压缸暂停(降压) 当上模加压成形时,进油管路压力达到 20MPa,压力继电器 26 动作,Y1、Y3 断电,电磁阀 19、电磁阀 11 恢复正常位置	此时,压缸上腔液压油经节流阀 21、电磁阀 19 中位流回油箱,如此,可使压缸上腔液压油压力下降,防止了压缸在上升时上腔油压由高压变成低压而发生的冲击、振动等现象
压缸快速上升 当降压完成时(通常为 0.5～7s,视阀的容量而定),Y2 通电 因泵 4、泵 5 的液压油一齐送往压缸下腔,故压缸快速上升	进油路,泵 4、泵 5→电磁阀 19 右位→顺序阀 22→压缸下腔
	压缸上腔→[液控单向阀 20 液控单向阀 28→电磁阀 19 右位]→油箱

(2) 180t 钣金冲床液压回路图的特点

180t 钣金冲床液压系统包含差动回路、平衡回路（或顺序回路)、降压回路、二段压力控制回路、高压和低压泵回路等基本回路。该系统有以下几个特点。

① 当压缸快速下降时，下腔回油由顺序阀 23 建立背压，以防止压缸自重产生失速等现象。同时，系统又采用差动回路，泵流量可以比较少，亦为一节约能源的回路。

② 当压缸慢速下降做加压成形时，顺序阀 22 由于外部引压被打开，压缸下腔压油几乎毫无阻力地流回油箱，因此，在加压成形时，上型模重量可完全加在工件上。

③ 在上升之前作短暂时间的降压，可防止压缸上升时产生振动、冲击现象，100t 以上的冲床尤其需要降压。

④ 当压缸上升时，有大量液压油要流回油箱，回油时，一部分液压油经液控单向阀 20 流回油箱，剩余液压油经电磁阀 19 中位流回油箱，如此，电磁阀 19 可选用额定流量较小的阀件。

⑤ 当压缸下降时，系统压力由溢流阀控制，上升时，系统压力由遥控溢流阀 12 控制，如此，可使系统产生的热量减少，防止了油温上升。

7.1.5 多轴钻床液压系统

(1) 多轴钻床液压系统工作原理

① 多轴钻床液压系统工作顺序过程要求，如图7-5所示。

② 多轴钻床液压系统工作原理图，如图 7-6 所示。

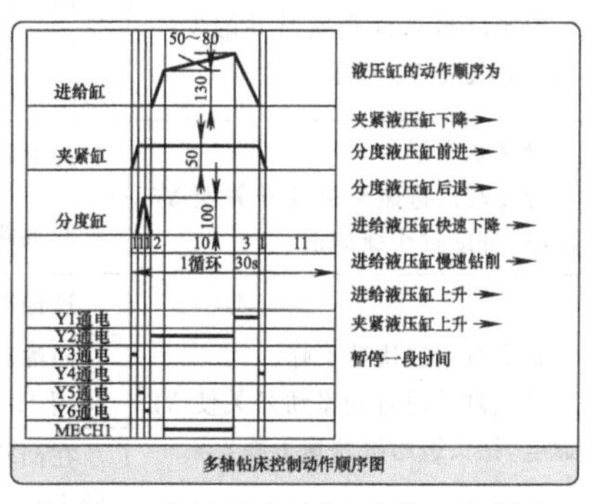

图 7-5　多轴钻床液压系统工作顺序

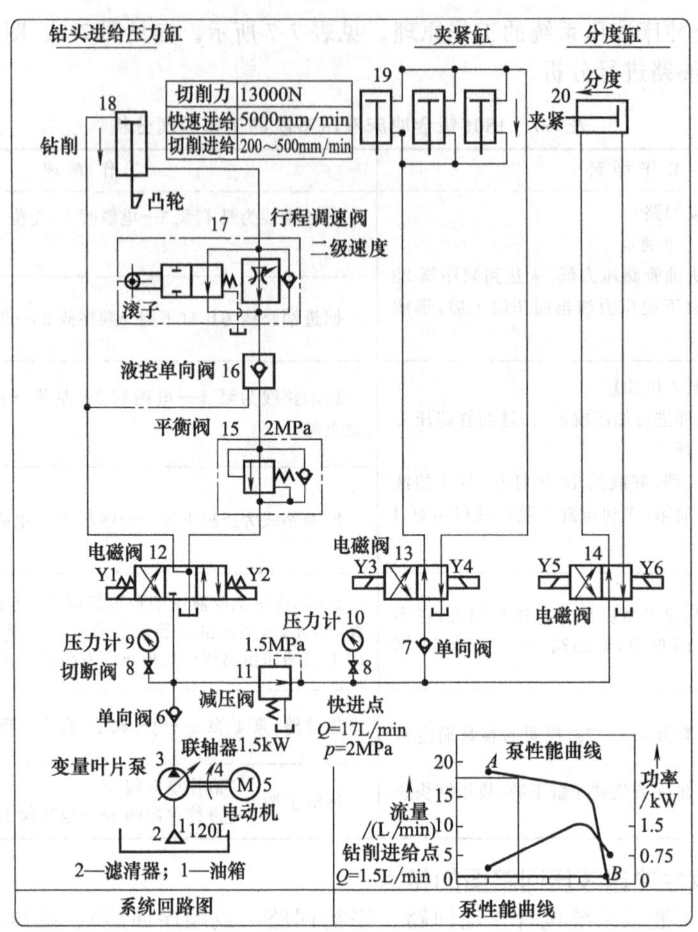

图 7-6　多轴钻床液压系统工作原理图

③ 多轴钻床液压系统工作原理分析，见表 7-8 所示。参见图 7-5、图 7-6 对多轴钻床液压系统油路进行分析。

表 7-8　多轴钻床液压系统工作原理分析

工 作 循 环	工 作 原 理
夹紧缸下降 按下启动按钮，Y3 通电。夹紧缸夹住工件时，其夹紧力由减压阀 11 来调定	进油路线为泵 3→单向阀 6→减压阀 11→电磁阀 13 左位→夹紧缸上腔（无杆腔） 回油路线为夹紧缸下腔→电磁阀 13 左位→油箱 进回油路无任何节流设施，且夹紧缸下降所需工作压力低，故泵以大流量送入夹紧缸，夹紧缸快速下降
分度缸前进 夹紧缸将工件夹紧时并触发一微动开关使 Y5 通电	进油路线为泵 3→左腔单向阀 6→减压阀 11→电磁阀 14 左位→分度缸右腔 回油路线为分度缸左腔→电磁阀 14 左位→油箱 因无任何节流设施，且分度液压缸前进时所需工作压力低，故泵以大流量送入液压缸，分度缸快速前进
分度缸后退 分度缸前进碰到微动开关使 Y6 通电，分度缸快速后退	进油路线为泵 3→单向阀 6→减压阀 11→电磁阀 14 右位→分度缸左腔 回油路线为分度缸右腔→电磁阀 14 右位→油箱
钻头进给缸快速下降 分度缸后退碰到微动开关使 Y2 通电，钻头进给缸快速下降	进油路线为泵 3→单向阀 6→电磁阀 12 右位→进给液压缸上腔 回油路线为进给液压缸下腔→凸缘操作调速阀 17 右位（行程减速阀）→液控单向阀 16→平衡阀 15→电磁阀 12 右位→油箱 在凸轮板未压到滚子时，回油未被节流（回油经由凸轮操作调速阀的减速阀），且尚未钻削，故泵工作压力 p=2MPa，泵流量 Q=17L/min，进给缸快速下降

续表

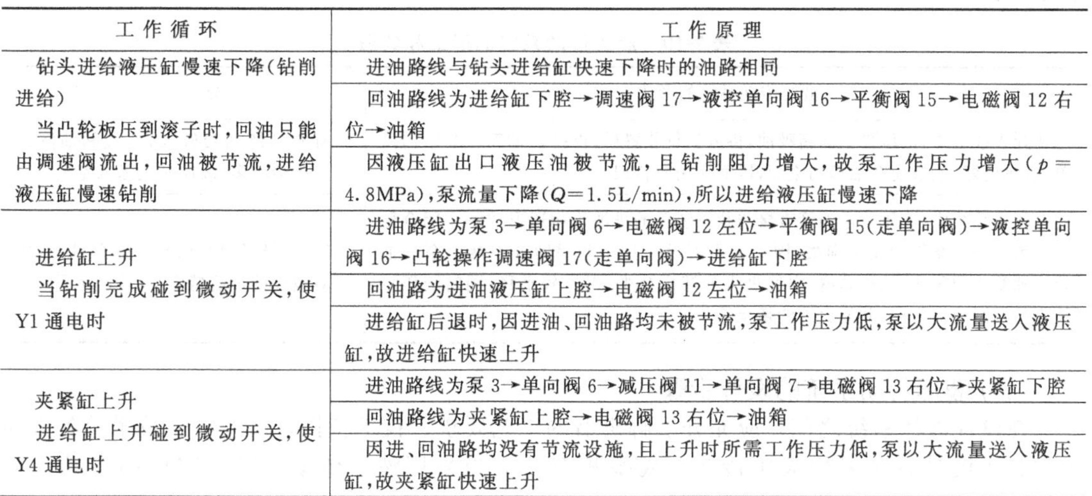

工作循环	工作原理
钻头进给液压缸慢速下降(钻削进给) 当凸轮板压到滚子时,回油只能由调速阀流出,回油被节流,进给液压缸慢速钻削	进油路线与钻头进给缸快速下降时的油路相同
	回油路线为进给缸下腔→调速阀 17→液控单向阀 16→平衡阀 15→电磁阀 12 右位→油箱
	因液压缸出口液压油被节流,且钻削阻力增大,故泵工作压力增大(p=4.8MPa),泵流量下降(Q=1.5L/min),所以进给液压缸慢速下降
进给缸上升 当钻削完成碰到微动开关,使Y1 通电时	进油路线为泵 3→单向阀 6→电磁阀 12 左位→平衡阀 15(走单向阀)→液控单向阀 16→凸轮操作调速阀 17(走单向阀)→进给缸下腔
	回油路为进油液压缸上腔→电磁阀 12 左位→油箱
	进给缸后退时,因进油、回油路均未被节流,泵工作压力低,泵以大流量送入液压缸,故进给缸快速上升
夹紧缸上升 进给缸上升碰到微动开关,使Y4 通电时	进油路线为泵 3→单向阀 6→减压阀 11→单向阀 7→电磁阀 13 右位→夹紧缸下腔
	回油路线为夹紧缸上腔→电磁阀 13 右位→油箱
	因进、回油路均没有节流设施,且上升时所需工作压力低,泵以大流量送入液压缸,故夹紧缸快速上升

(2)系统组成及特点

如以该液压缸为中心，可将液压回路分成三个子系统，其组成及特点见表 7-9。

表 7-9　多轴钻床液压系组成及特点

子系统名称	子系统组成	子系统包含基本回路
钻头进给液压缸子系统	液压缸 18、凸轮操作调速阀 17、液控单向阀 16、平衡阀 15 及电磁阀 12 组成	速度切换(二级速度)回路、锁定回路、平衡回路及换向回路
夹紧缸子系统	液压缸 19 及电磁阀 18 组成	换向回路
分度缸子系统	分度缸 20 及电磁阀 14 组成	换向回路

(3)多轴钻床液压系统的几个特点

① 钻头进给液压缸的速度控制凸轮操作调速阀 17，故速度的变换稳定，不易产生冲击，控制位置正确，可使钻头尽量接近工件。

② 平衡阀 15 可使进给液压缸上升到尽头时产生锁定作用，防止进给液压缸由于自重而产生不必要的下降现象，此平衡阀所建立的回油背压阀阻力亦可防止液压缸下降现象的产生。

③ 液控单向阀 16 可使进给液压缸上升到尽头时产生锁定作用，防止进给液压缸由于自重而产生不必要的下降现象。

④ 减压阀 11 可设定夹紧缸和分度缸的最大工作压力。

⑤ 使夹紧压力下降。

⑥ 该液压系统采用变排量（压力补偿型）式泵当动力源，可节省能源。此系统亦可用定量式泵当动力源，但在慢速钻削阶段，轴向力大，且大部分液压油经溢流阀流回油箱，能量损失大，易造成油温上升。此系统可采用复合泵以达到节约能源、防止油温上升的目的，但设备较复杂，且费用较高。

7.2　液压系统图设计及禁忌

7.2.1　液压传动系统的形式和设计步骤

(1)液压传动系统的形式和禁忌

按液流循环方式的不同，液压传动系统可分为开式和闭式两种。液压传动系统的形式和

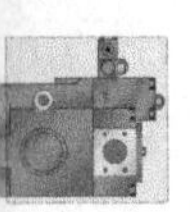

禁忌见表 7-10。

表 7-10　液压传动系统的形式和禁忌

液压传动系统的形式	禁　忌
在开式系统中，液压泵从油箱吸油，供入执行装置后，再排回油箱。其结构简单，散热良好，油液能在油箱内澄清，因而应用较普遍	开式系统油箱较大，空气和油液的接触机会较多，故应避免渗入空气
在闭式系统中，液压泵进油管直接与执行装置的排油管相通形成一个闭合循环。为了补偿系统的泄漏损失，因而常需附设一只小型辅助补偿液压泵和油箱。油箱体积很小，结构紧凑；空气进入油液机会少，工作较平稳；同时液压泵能直接控制液流方向，并能允许能量反馈	闭式系统结构复杂，散热条件差，要求有较高的过滤精度，一般避免采用

（2）液压传动系统的设计步骤

在设计液压系统之前，应充分了解机器的工艺要求、技术特性，从经济、技术等各方面考虑和比较是否应采用液压传功，或哪些部件应当采用液压传动，以及它们的自动化程度等。

液压传动系统的设计步骤见表 7-11。

表 7-11　液压传动系统设计步骤

液压系统设计步骤	明确设计依据进行工况分析
	确定液压系统主要参数
	初步拟定液压传动系统图
	液压元件选择或计算
	液压传动系统计算
	绘出正式的液压传动系统图及装配图，编制技术文件
	如有需要还需验证液压传动系统有关性能要求，如调速特性、工作平稳性等

注：上述的设计步骤只说明了一般的设计过程和内容，在设计的设计过程中，这些步骤不可能是互不联系的；同时，也不一定所有系统设计都要按照固定不变步骤次序进行。下面从液压传动系统工作原理图的设计方面禁忌加以简述。

7.2.2　初步确定液压传动系统图禁忌

（1）确定液压传动系统原理图禁忌

① 避免组合回路相互干扰　在组合基本回路时，特别要注意由于组合以后，回路中存在有相互干涉的关系，有时不能按照最初所设想的要求来动作。例如在多支回路系统中（即用一个液压泵传动一个以上的执行元件），有两个液压缸同时动作，其耗油量及压力变化情况可以从前节所述的“压力-位移时间图”及“流量-位移时间图”中看出。由于同时所需的压力不同，压力要求低的液压缸会用去全部油液，而压力要求高的液压缸则不动，甚至有把高举的负荷掉下来的危险。如果发现此种情况时，或者把它们放在两个相互分离的回路（及各用不同的液压泵传动），或者采用其他措施，如使用单向阀、背压阀、稳流阀、减压阀、顺序阀等加以控制，使它按照要求进行动作。

② 避免系统中存在多余的回路　完成机器动作的回路，应力求简单可靠。回路愈复杂，发生故障的功率愈大；另外，还要避免把液压传动作为万能工具，对回路附加过多的要求和苛刻的条件（而应全面地考虑是否有更加简单的机械或电气传动方式可以采用）。

③ 要注意系统的安全可靠性，尽可能减少故障停车时间

a. 一般在回路中采用溢流阀或其他安全措施控制最大载荷。

b. 要防止系统突然过载。

c. 要防止系统过热（详见本节关于提高系统效率，降低系统发热的概述）。

d. 当执行元件发生故障时，考虑使回路回复中位位置，以便确保机器的安全。

e. 考虑选择使用拥有互换性及可靠的标准设备，并准备必要的备品。

f. 对于重要的系统，为了避免发生故障和容易维修，必要时可考虑增设备用液压泵（或电源）及其他液压元件。

g. 除此之外，根据不同的情况，增加其他安全装置，如行程限制器、连接开关和缓冲器等。

④ 不要忽略经济问题以及建设进度　在系统中，如过于考虑理想的要求，则将增加元件的数量或要求特殊的元件和设备，使成本增加，失去了使用液压系统的意义。此外在系统中多采用标准设备，尽量地避免自行设计。

以下就拟定液压系统时需要解决的一些技术问题加以简述。

（2）液压控制禁忌

液压系统中，通常通常使用两种液压控制方式。

① 不要忽略压力值本身大小的控制。控制系统的最大压力一般采用溢流阀调整，溢流阀的调整压力必须大于系统的最大工作压力和各种压力损失的总和。如果要使回路的压力小于系统压力，可以采用减压阀。

② 当压力达到一定数值时，不要忽略对其他部分进行控制。例如，当初级回路的压力达到预先调整值时，可以采用卸荷阀或顺序阀等来开闭次级回路。具体内容和方法，详见第3章压力控制回路。

（3）系统的卸荷问题

在有定量泵的液压系统中，到非工作循环时或在有蓄能器的液压系统中蓄能器已经蓄满油液时，要求液压泵进行卸荷。否则不但造成功率的损失，而且高压油通过溢流阀流入油箱，会导致油液的发热，从而引起一系列不良后果。不仅如此，长时间的满载工作，还会加速液压泵的磨损，降低其使用寿命。通常卸荷的方法如下。

① 停止液压泵的运转。除了少数的工作情况外，一般不采用此种卸荷方法，最好是在卸荷时，液压泵仍然处于运转状态。

② 采用卸荷阀。此种卸荷的方式很多（详见第3章卸荷回路），如果没有特殊要求，以采用遥控溢流阀卸荷较为适宜，因为只增设一小型控制阀，而不添设其他大型控制元件。

③ 采用中位卸荷（即M型阀芯）的换向阀。此种卸荷方法（见第3章卸荷回路）很简单，不增设其他液压元件，适用于小流量的液压系统。

禁忌：对有蓄能器的液压系统不能采用。

（4）分支管路的功率分配问题

在用一个液压动力源同时传动两个以上不同执行元件的系统中，例如液压缸的直径相同，而所受的载荷不相等，那么各个液压缸的速度就不一样，其值决定于载荷之间的比值。在这种情况下，通常在管路分支系统中安装节流调速装置，并使液压泵的压力大于各分支中的最大压力，以保证在一定的变化范围内实现功率分配。

（5）速度控制问题

液压传动调速方法共有两类，一类是依靠改变管路系统中某一部分液流阻力（在压力不变的条件下）的节流调速法；另一类是依靠改变泵或泵组流量的容积调速法。

① 节流调速　此种调速方法结构简单、成本低、维护使用简单，且能使工作部件获得较低的运动速度，所以采用比较广泛。但是经常有一部分油液通过溢流阀（或节流阀本身）

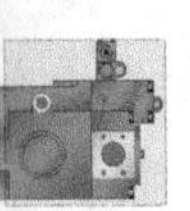

流回油箱而形成损失，并使油的温度上升，当执行元件经常在低速工作时尤甚。因此，它只适用于小功率的液压传动系统中。常用的方法如下。

a. 进油节流。节流阀装在进油管路上。这种控制方法适用于阻力负载（即负载的方向与液压缸活塞的运动方向相反）。

b. 出油节流。节流阀装在出油管路上。此种控制方法适用于超越负载（即负载的方向与液压缸活塞的运动方向相同）以及用同一定量泵多缸并联操作的情况下。

c. 旁路节流。节流阀与液压缸管道并联，将液压泵输出的一部分油量由旁路流回油箱。节流阀不会使系统的工作部分产生压降，只能对液压缸速度进行小范围的调节。

以上三种方法的比较见表 7-12。

表 7-12　三种调速方法性能比较

调速方式	节流阀在进油路上	节流阀在出油路上	节流阀在旁路上
调速回路主要参数	功率＝常数 p_0＝常数 $p_1=f(\sum p)$ $p_2\approx 0$	功率＝常数 $p_0\approx p_1$＝常数 $p_2=f(\sum p)$	功率＝常数 $p_0\approx p_1=f(\sum p)$ $p_2\approx 0$
调速范围	较大，油液进入无杆活塞腔时，可获较低的速度	较大	由于机械特性较软，低速工作不稳定，调速范围较小
运动的平稳性	没有反压力运动不够平稳，容易产生震动	反压力较大，并随负载变化，有加大的阻尼能力，运动较平稳	运动速度受负载影响很大，系统的刚度很低
发热及泄漏的影响	油通过节流孔发热，进入液压缸的油液温度高，使泄漏增加	油液通过节流阀发热后，及时排回油箱进行冷却。液压泵、液压缸及换向阀等泄漏对速度影响较小	液压泵、液压缸和换向操纵装置的泄漏都影响系统的刚性
功率的消耗	功率消耗一定，在低速低载时功率消耗相对较大	同左，但由于较大的反压力，液压泵工作压力 p_0 较高功率消耗大，发热亦多，要求油箱冷却面积也大	功率消耗随负载变化，最经济
多液压缸并联工作可能性	液压缸速度相互影响	由液压所产生的驱动力为常数，可以多液压缸并联工作	液压缸速度相互影响

注：p_0—液压泵额定工作压力，p_1—活塞工作腔压力，p_2—活塞非工作油腔压力，p—工作载荷。

② 容积调速　此类调速方法容易获得大范围的无级调速，无节流的功率损失，油液不发热，效率高。适用于大功率及无级调速的液压系统中，在许多工业部门中愈来愈得到广泛的应用。

注意：大功率的液压泵或液压马达结构较复杂，价格较高，维修也较困难，同时要求较高的制造精度和管路的刚性。

常用的容积调速方法如下。

a. 变量液压泵和定量马达组成的调速系统。此种调速系统具有较大的调速范围，是恒力矩（或力）调速，即当速度不同时，对于一定的负载，可以得到不变的转矩和变化的功率。其缺点是效率变化太大。

b. 定量泵和变量马达组成的调速系统。当液压马达在等压差情况下工作时，这种调速方法是恒功率调速，当不同转速时，能得到不同的转速和恒定的功率。此种调速系统，虽然效率变化不大，但有很大的死区存在，T_2 低于外界的负载转矩，液压马达停止不动。另外该系统不宜用作反向，其变速范围也很小（不超过 4），因此很少单独使用。

c. 变量液压泵和变量马达组成的调速系统。通常采用分段调速办法，这种调速系统具有较大的调速范围，并保证较高的传动效率（η＝0.8～0.85）。

其他还有一系列的调速方法，例如利用容积和节流方法联合调速，改变泵组的组合方法实行分级调速。

(6) 控制问题

在设计液压传动系统时，经常使用换向阀，把一个系统或多支路系统中的一个支路进行开关，或者把它分成两个或更多的支路，或者把它的油量进行反向等（例如操纵液压缸的往复运动及停止动作的油路）。换向阀一般有二通、三通、四通、五通等，主要根据压力、流量及操作要求进行选用。同时还必须考虑其他因素，如供给、备品、费用、维修等。

在换向时，注意要保证液流能在准确时间内到达准确的部位。

① 一般简单、功率小、操作不频繁的液压传动系统（例如工程机械），多使用手动换向阀，这是因为靠人工操纵可适应速度的要求，灵活掌握滑阀的开闭程度，同时还起节流作用。

② 在大功率（超过100马力）、自动联锁及远距离操纵的情况下，则需采用电磁、电液、液动或气动操纵。相应有电磁、电液、液动或气动换向阀。

③ 在自动循环中，工序之间应保持一定的间隔时间，这时应采用时间继电器。

④ 在设计中，如缺乏所需的阀门时，可考虑代用（如三通、四通换向阀，用堵死其中某些接口或改变其接口等方法，可以当做二通、三通换向阀使用，也可以从液压系统只改变回路的组成），以适应阀件的供应，而避免重新设计制造。

(7) 辅助元件在系统中的放置问题

根据操作要求，在系统中需选用一定的辅助元件及控制元件，例如过滤器、冷却器、蓄能器以及各种阀门等。在系统中，这些元件根据不同的用途，通常具有一定放置位置，可参看有关该元件的章节说明。

(8) 防止液压冲击的问题

在液压传动系统中，迅速改变液流速度时（例如换向阀迅速换向、液压缸或液压马达迅速停止或改变速度时），在系统内会引起压力的急剧增高及液压冲击。液压冲击时由于振动，会使螺纹接头松动，产生漏油，有时甚至是元件或管道破坏，引起严重事故。尤其是在高压大流量情况下影响更大。因此，在设计系统时，必须考虑如何防止液压冲击的问题。

① 液压冲击力的大小可以通过计算加以估定

a. 防止换向阀在快速动作时产生液压冲击。

b. 在保证工作周期的前提下，尽量减慢换向速度。对于电液换向阀，可控制先导阀的压力和流量来减缓滑阀的换向速度。在选择换向阀时，可考虑选择带阻尼器的换向阀。

c. 减慢滑阀关闭前（换向前）的流速。为此，可以在滑阀柱塞上开一切口或做成5°左右的锥度，还可以采用其他种种办法。

d. 采用蓄能器消除冲击。蓄能器只宜放置于引起冲击位置的附近。用作消除冲击的蓄能器，一般选择本身惯性小的，如气囊形蓄能器。

e. 适当地加大管径，缩短管道长度，尽量避免不必要的弯曲管路。

f. 采用橡胶软管。

② 急剧改变液压缸速度时产生的液压冲击的消除办法

a. 在液压缸的入口及出口处安装过载溢流阀。此种溢流阀应当采用反应快、灵敏度高的小型溢流阀。其调整压力必须按不同载荷情况决定，一般可选定为最大操作压力的5%～10%。此种装置，不论活塞在行程中的任何位置，载荷发生剧烈变动，产生急剧速度变化，停止或反转，均能消除其冲击力。

b. 在液压缸行程终点附近采用行程阀减速。用活塞杆直接操纵行程阀使活塞能在行程的终点缓慢停止。也有用电气控制的，但效果较差。

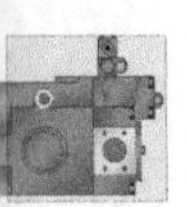

c. 在液压缸中设计缓冲机构。

(9)提高系统效率，降低系统发热

效率低的液压传动系统不但浪费动力，而且无效的功将使系统发热，油温上升。油温过高（一般情况最高不得超过70℃）会使系统的容积效率降低，油质劣化，以及油液中的挥发物汽化等。因此，在设计时需考虑采用发热少及效率高的回路。

① 系统本身发热，主要是油孔过小以及液压泵的损失所引起的，其中尤以前者为甚。因此在设计回路时，要妥善考虑，合理选择回路。

② 避免使用过多的管件，同时尽量减少管路太长、弯曲、直径的变化等，以降低管路损失。

③ 合理选择阀门，减少阀门的数量，并注意在回路中的位置。所以在设计系统时，应很好地考虑元件的位置问题。

系统经过发热计算后，如发现油的温升过高，必须采用相应的措施，或在系统中增加冷却器。

7.2.3 正式的液压系统图及装配图禁忌

正式的液压传动系统图，除系统本身以外，还应包括以下几项。

① 液压泵的性能——型号、流量、压力、功率及转速，如为变量液压泵，还应有调整范围。

② 执行元件的性能——转速或往复运动速度、最大转矩或牵引力、压力、工作行程、功率等。

③ 所有液压元件及辅助装置的型号性能。

④ 管道规格。

⑤ 操作说明及自动联锁关系等。

注意：在系统图中没有具体的安装尺寸，但各元件的方向、位置最好与实际的装配图相一致。

液压传动系统图确定后，即可绘制液压传动系统装配图，即正式的安装施工图。在图中应认真考虑到安装使用、调整和检修方便，管道应该最短，互相有油路联系的液压元件应该尽量靠近，管路转弯次数以及管接头的数目应该尽量减少。

7.3 液压传动系统的安装、使用和维护

7.3.1 配管

① 根据压力和使用场合选择油管。油管必须有足够的强度，内壁光滑清洁，没有砂、锈蚀、氧化皮等缺陷。若发现有以下情况时，即不能使用。

a. 管子内外侧已腐蚀或有显著变色；

b. 伤口裂痕深度为管子壁厚的10%以上；

c. 管子被割口，发现壁内有小孔现象；

d. 管子表面凹入达管子直径的20%以上。

对长期储藏的管子，内部腐蚀较严重，在加工前要酸洗，彻底清洗及冲刷管内壁，清洗后要检查是否耐用。

② 管子用锯切断断面与轴方向夹角为90°±1/2°，锐边倒钝并清除铁屑。

③ 管子弯曲加工时，不允许有下列缺陷：

a. 弯曲部分的内外侧呈锯齿形；

b. 弯曲部分的内外侧形状不规则；

c. 弯曲部分的内侧扭坏或压坏；

d. 弯曲部分的内侧波纹凹凸不平；

e. 扁平弯曲部分的最小外径为原管外径的 70%以下。

④ 外径在 14mm 以下，可以用手和一般工具弯管，较大钢管宜用手动式或动力式弯管机进行弯管。

管子应从套管的一端大于管子直径的 1/2 以外的距离进行弯管，弯管半径 R 一般应大于三倍管子外径 D。推荐管子弯曲半径见表 7-13。

表 7-13 推荐管子弯曲直径 mm

管子外径	10	14	18	22	28	34	42	50	63
弯曲半径	50	70	75	75	90	100	130	150	190

⑤ 管子支架距离过小，固定支架增多；距离过大，将发生振动下垂。在液压系统中，推荐支架之间的距离见表 7-14。

表 7-14 推荐管道支架之间距离 mm

管子外径 D	10	14	18	22	28	34	42	50	63
支架最大距离	400	450	500	600	700	800	850	900	1000

在轧钢车间长达百米以上的液压管道（ϕ75～90mm）上，支架距离有达 4～6m 者。但在直角拐弯处，两端必增加一个固定支架，否则管子将会引起强烈振动。

⑥ 为了防震，应将管子安装在牢固的地方；运转时，在振动的地方加阻尼来消振；或将木块、硬橡胶垫装在架子上，使铁板不直接接触管子。

⑦ 管道应用管夹固定好。管夹有三种：一种是普通管夹，根据管子数量分为单管夹、双管夹和多管夹；另外一种是高压管夹，是用包着钢板的两块柞木夹住管子，再用螺钉固定，可用于 3MPa 以上的中高压管道上；第三种是用木块托住钢管，再用螺栓紧固，多用于低中压管路中。

⑧ 管路的铺设位置应便于支管的连接和检修，并应靠近设备和基础。布管时注意以下事项。

a. 在设备上的配置，应布置成平行或垂直方向，注意整齐，管子的交叉要尽量少。

b. 平行或交叉的管子之间，须有 10mm 以上的间隙，以防止接触和振动。

c. 配管不能在圆弧部分结合，必须在平直部分结合。

d. 法兰盘安装，要与管子中心线成直角。

e. 有弯曲部分的管道，中间安装法兰接头时，不得装在弯曲或弯曲开始部分，只能装在长的直线部分，如图 7-7 所示。

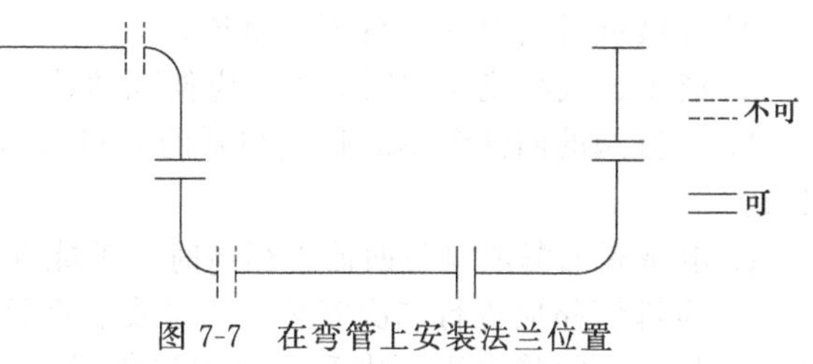

图 7-7 在弯管上安装法兰位置

f. 细的管子应沿着设备主体、房屋及主管道布置。

⑨ 在安装管道时，整个管线要求最短，转弯数量要少，尽量减少上下弯曲，并保证管

道的伸缩变形。在有活接头的地方，管道的长度应能保证活接头的安装。系统中任何一段管道或管件应能自由拆装，而不影响其他元件。

⑩ 管道的连接有螺纹连接、法兰连接和焊接连接三种。可根据压力、管径和材料选定。螺纹连接适应于直径较小的油管，低压管在50.8mm以下，高压管在25.4～1.75mm之间。管径再大时，则用法兰连接，以减少管配件。

⑪ 管路的最高部分应设有排气装置，以便启动时放掉管路中的空气。

⑫ 在安装橡胶软管时，应注意以下事项。

a. 应避免急转弯，其弯曲半径 $R \geqslant (9 \sim 10)D$（D为软管外径）。不要在靠近接头根部弯曲，软管接头至开始弯曲处的最短距离 $L=6D$。在可移动的场合下工作，当变更位置后，亦需符合上述要求。软管必须在规定的曲率半径范围内工作，若弯曲的半径只有规定的1/2时，就不能使用，否则寿命大为缩短。

b. 安装和在工作时，不应有扭转的情况。

c. 在连接处，软管应自由悬挂，应避免受其自重而产生弯曲。

d. 软管的弯曲同软管接头的安装及其运动平面应该是在同一平面上，以防扭转。但在特殊情况下，若软管两头的接头须在两个不同的平面上运动时，应在适当的位置安装夹子，把软管分成两部分，使每一部分在同一平面上运动。

e. 软管过长或承受剧烈振动的情况下，易用夹子夹牢。但在高压下使用的软管应尽量少用夹子，因软管受压变形，在夹子处会产生摩擦。

f. 软管应有一定的长度余量。软管受压时，要产生长度和直径的变化（长度变化一般约在±4%左右）。因此在弯曲使用时，不能马上从端部接头开始弯曲；在直线使用时，不要使端部接头和软管间受拉伸，要考虑长度上要有些余量，使它比较松弛。

g. 不要和其他软管或配管接触，以免磨损破裂，可用卡板隔开或在配管设计上适当考虑。

h. 软管在高温下工作寿命极短，应尽量可能使软管安装在远离热源的地方，不得已时要安装隔热板。

i. 软管要以最短距离或沿设备的轮廓安装，并尽可能平行排列。

⑬ 安装吸油管时，应注意下列事项。

a. 吸油管不得漏气。在泵吸入部分的螺纹、法兰结合面上，往往由于小的缝隙而漏入空气。另外，设置在吸入侧的闸阀（没有必要时，最好不要设置）也会漏入空气。

b. 吸油管的阻力不应太高，否则吸油困难，会产生空蚀现象。对于泵的吸程高度，对于各种泵的要求不同，一般不得大于500mm。

c. 除了个别泵（在产品说明书中或样本中有说明）以外，一般在吸入泵上应装置吸油过滤器。滤网的精度一般约为100～200目，通过面积应大于油管的两倍以上，并要考虑拆装方便（因常要卸下清洗）。

⑭ 安装回油管路应注意下列事项。

a. 液压缸或溢流阀的回油管，应伸到油箱油面以下，以防止飞溅引起气泡。

b. 溢流阀的回油管不能直接和泵的入口直接连接，一定要通过油箱，否则油箱将升得很快。

c. 电磁阀的漏油口与回油管相通时，不能存在有背压，否则应单独接油箱。

⑮ 全部管路应进行二次安装。一次安装后拆下管道，一般用20%硫酸或盐酸溶液进行酸洗，用10%的酸水进行中和，再用温水进行清洗，然后干燥、涂油以及进行压力试验。最后安装时，不准有砂、氧化皮、铁屑等污物进入管道及阀内。

⑯ 全部安装后，必须对油路、油箱进行清洗，使之能正常循环工作。

a. 以清洗主系统的油路管道为主。对溢流阀、液压阀、通油箱的排油回路，在阀的入口处遮断。

b. 液压缸一般不通油清洗。在通油中不进行换向作用。

c. 油路复杂，适当分区对各部分进行清洗。

d. 在泵的吸油侧应装有过滤器，避免杂物进入泵内。

e. 清洗油可用运动黏度为 $20\times10^{-6}m^2/s$（温度为 38℃时）的透平油，并在油箱回油口安装 80～100 目的附设过滤器。清洗油一般对橡胶有溶蚀能力，加热到 50～80℃，则管内的橡胶、煤渣等除去。

⑰ 清洗时间通常为 20min～3h 或更长。在清洗时，要对焊接处和管子反复地进行敲打、振动，以加速或促进脏物的脱落。

⑱ 清洗以后，必须将清洗油排除，但在油路中总还是有残留，以后还要混入液压油中，故不能用水、煤油、蒸汽、酒精等做清洗剂。

⑲ 清洗后要洗刷油箱，最后进行全面清洗检查。符合要求后，再将液压缸、调整阀等连接在正规系统中，从空载慢慢的运转。

7.3.2 液压元件安装

各种液压元件的安装方法和具体要求，在产品说明书中都有详细的说明，在安装时必须加以注意。以下仅是液压元件在安装时一般应注意的事项。

① 安装前元件应以煤油进行清洗，并要进行压力和密封性试验，合格后方可安装。

② 安装前应将各种自动控制仪表（如压力计、电接触压力计、压力继电器等）进行校验。这对以后的调整工作极为重要，可避免仪表不准确而造成事故。

③ 液压泵及其传动，要求较高的同轴度，即使使用柔性联轴器，安装时也要尽量的同轴，一般情况，必须保证同轴度误差在 0.1mm 以下，倾斜角不得大于 1°，在产品说明书中常有具体要求。

④ 液压泵不得采用 V 带传动，当不能直接传动时，应使用导向轴承架，以承受径向力。

⑤ 在安装联轴器时，不要大力敲打泵轴，以免损伤泵的转子。

⑥ 液压泵的入口、出口和旋转方向，一般在泵上均有标明，不得反接。

⑦ 油箱应仔细清洗，用压缩空气干燥后，再用煤油检查焊缝质量。

⑧ 系统内开闭器的手轮位置，应注意操作方便。

⑨ 泵、各种阀以及指示仪表等的安装位置，应注意使用及维修的方便。

⑩ 安装各种阀时，应注意进油口和回油口的方位，某些阀如将进油口和回油口装反，会造成事故。

⑪ 为了避免空气渗入阀内，连接处应保证密封良好。

⑫ 有些阀件为了安装方便，往往开有同作用的两个孔，安装后不用的一个要堵死。

⑬ 在安装时，阀及某些连接件购置不到时，可以代用，但应相适用，一般油的耗量不得大于技术性能内所规定的 40%。

⑭ 用法兰安装的阀件，螺钉不能拧得过紧，因为有时过紧反而会造成密封不良。原来的密封件或材料如不能满足密封时，应更换密封件的形式或材料。

⑮ 一般调整的阀件，顺时针方向旋转时，增加流量、压力；逆时针方向旋转时，则减少流量和压力。

⑯ 方向控制阀的安装，一般应使轴向安装在水平位置上。

⑰ 液压缸安装要求如下。

a. 液压缸的安装应扎实可靠。为了防止热膨胀的影响，在行程大和工作温度高的场合

下，缸的一端必须保持浮动。

b. 配管连接不得松弛。

c. 液压缸的连接面和活塞杆的滑动面，应保持足够的平行度和垂直度。

d. 对于移动缸的中心轴线应与负载作用力的中心线同轴，否则会引起侧向力，侧向力易使密封件磨损及活塞损坏。活塞杆支撑点的距离越大，其磨损越小。对移动物体的液压缸，安装时应使缸与移动物体保持平行，其平行度误差不大于0.05mm/m。

e. 密封圈不要装得太紧，特别是U形密封圈，若安装过紧则阻力特别大。

7.3.3 试压

液压系统试压的目的，主要是检查回路的漏油和耐压强度。

① 试验压力在一般情况下应符合以下规定。

a. 试验压力为常用工作压力的2倍，或为最大工作压力的1.5倍（通常，最大工作压力约为常用压力的1.25倍）。

b. 在冲击大或压力变化剧烈的回路中，其试验压力应大于尖峰压力。

c. 对于橡胶软管，在2～3倍的常用工作压力，应无异状，在3～5倍的常用工作压力下，应不破坏。

② 试验时最好是分级试验，不要立即达到试验压力，每升一级，需检查一次。

③ 在试压时，系统的溢流阀应调整到试验压力。

④ 在向系统送油时，应将系统有关的放气阀打开，待其空气排除干净后，即可关闭（当有油液从阀中喷出时，即可认为空气已排除干净），同时将节流阀打开。

⑤ 系统中出现不正常声响时，应立即停止试验，彻底检查。待查出原因并消除后，再进行试验。

⑥ 在试验时，必须切实注意安全措施。

7.3.4 液压传动系统的一般使用和维护

① 油箱中的液压油注意应经常保持正常油面。配管和液压缸的容量很大时，最初应放入足够数量的油，在启动之后，由于油进入管道和液压缸，油面会下降，甚至使过滤器露出油面，因此必须再一次补油。在使用过程中，还会发生泄漏，应该在油箱上设置液面计，以便经常观察和补油。

② 液压油应经常保持清洁。检查油的清洁应和检查油面同时进行。

a. 油桶上不要积聚雨水和尘土，也不要直接放在地上。

b. 在擦拭泵、阀和油的容器时要防止布屑之类落入油中。

c. 油箱要经常清洗，在灌油时应通过120目以上的过滤器。

d. 洗涤配管，一般应先用透平油清洗4～8h，然后用与使用油相同的油清洗4～5h。

e. 最好不使用铜管做系统的配件，一定要使用时，可放在油中浸24h以上，使表面生成非活性的薄膜后再安装。

f. 油需要定期检查和更换；工作油的情况应经常加以注意和检查。更换工作油的期限，由于使用条件、使用地点不同而有很大出入，一般来说一年更换一次，在连续运转、高温、高湿、灰尘多的地方，需要缩短换油的周期。

③ 油温应适当。油箱的温度一定不能超过60℃，一般液压机械在35～60℃范围内工作比较合适。从维护的角度看，也应绝对避免油温过高。若油温有异常的上升时，应进行检查。常见有如下原因。

a. 油的黏度过高。

b. 受外界的影响（例如开关炉门的油压装置等）。

c. 回油设计不好，例如效率太低、采用原件的容量太小、流速过高等所致。

d. 油箱容量小，散热慢（一般来说，油箱容量在液压泵每分钟排油量的 3 倍以上）。

e. 阀的性能不好，例如容易发生振动就可能引起异常散热。

f. 由于油质变坏，阻力增大。

g. 冷却器的性能不好，例如水量不足、管道内有水垢等。

④ 回路中的空气应完全清除掉。回路里进入空气后，因为气体的体积和压力成反比，所以随着载荷的变动，液压缸的运动也要受到影响（例如机床的切削力是经常变化的，但需保持进给速度平稳，所以应特别注意避免空气混入）。另外空气又是造成油液变质和发热的重要原因，所以应特别注意下列事项。

a. 为了防止回油管回油时带入空气，回油管必须插入油面以下。

b. 过滤器堵塞后，吸入阻力大大增加，溶解在油中的空气分离出来，产生所谓空蚀现象。

c. 吸油管和泵轴密封部分等各个低于大气压的地方应注意不要漏入空气。

d. 油箱的油面要尽量大些，吸入侧和回油侧要用隔板隔开，以达到消除气泡的目的。

e. 管路及液压缸的最高部分均要有放气孔，在启动时应放掉其中的空气。

⑤ 装在室外的液压装置使用注意事项如下。

a. 室外温度随着季节的不同变化比较剧烈，因此尽可能使用黏度指数大的油。

b. 由于气温变化，油箱中水蒸气会凝成水滴，在冬天应每星期进行一次检查，发现后应立即除去。

c. 在屋外因为脏物容易进入油中，因此要经常换油。

⑥ 初次启动液压泵注意事项如下。

a. 向泵里灌满油。

b. 检查转动方向是否正确。

c. 入口和出口是否接反。

d. 用手试转。

e. 检查吸油侧是否漏入空气。

f. 在规定的转速内启动和运转。

⑦ 在低温下启动液压泵时注意事项如下。

a. 在寒冷地带或冬天启动液压泵时，应该开开停停，往复几次使油温上升，油压装置运转灵活后，再进入正式运转。

b. 在短时间内用加热器加热油箱，以提高油温是较好的，但这时泵等装置还是冷的，仅仅油是热的，很容易造成故障，应注意。

⑧ 其他。

a. 在液压泵启动和停止时，应使溢流阀卸荷。

b. 溢流阀的调定压力不得超过液压系统的最高工作压力。

c. 应尽量保持电磁阀的电压稳定，否则可能会导致线圈过热。

d. 易碎零件如密封圈等，应有备品，以便及时更换。

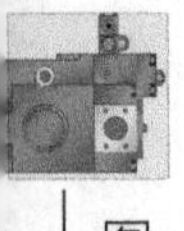

参考文献

[1] 徐灏．机械设计手册：第5卷．北京：机械工业出版社，1992.

[2] 徐福玲，陈尧明．液压与气压传动．第3版．北京：机械出版社，2007.

[3] 周曲珠．图解液压与气动技术．北京：中国电力出版社，2010.

[4] 邵俊鹏，周德繁等．液压系统设计禁忌．北京：机械工业出版社，2008.

[5] 陆望龙．看图学液压维修技能．北京：化学工业出版社，2009.

[6] 杨宗强，李杰．维修电工操作技能培训教程．北京：化学工业出版社，2012.

[7] 闫利文，蒲文禹等．液压与气压技术．北京：国防工业出版社，2011.

[8] 朱梅．液压与气压技术．西安：西安电子科技大学出版社，2004.

[9] 张利平．液压阀原理、使用与维护．北京：化学工业出版社，2005.

[10] FESTO DIDACTIC 系列 TP500 练习与解答.

[11] FESTO DIDACTIC 系列训练台使用说明书.

[12] FESTO DIDACTIC 系列 FLuidSIM 仿真软件使用说明书.